第1章　コケ

①エメラルドグリーンのコケ７種とコケに似た生物２種（図 1-1）

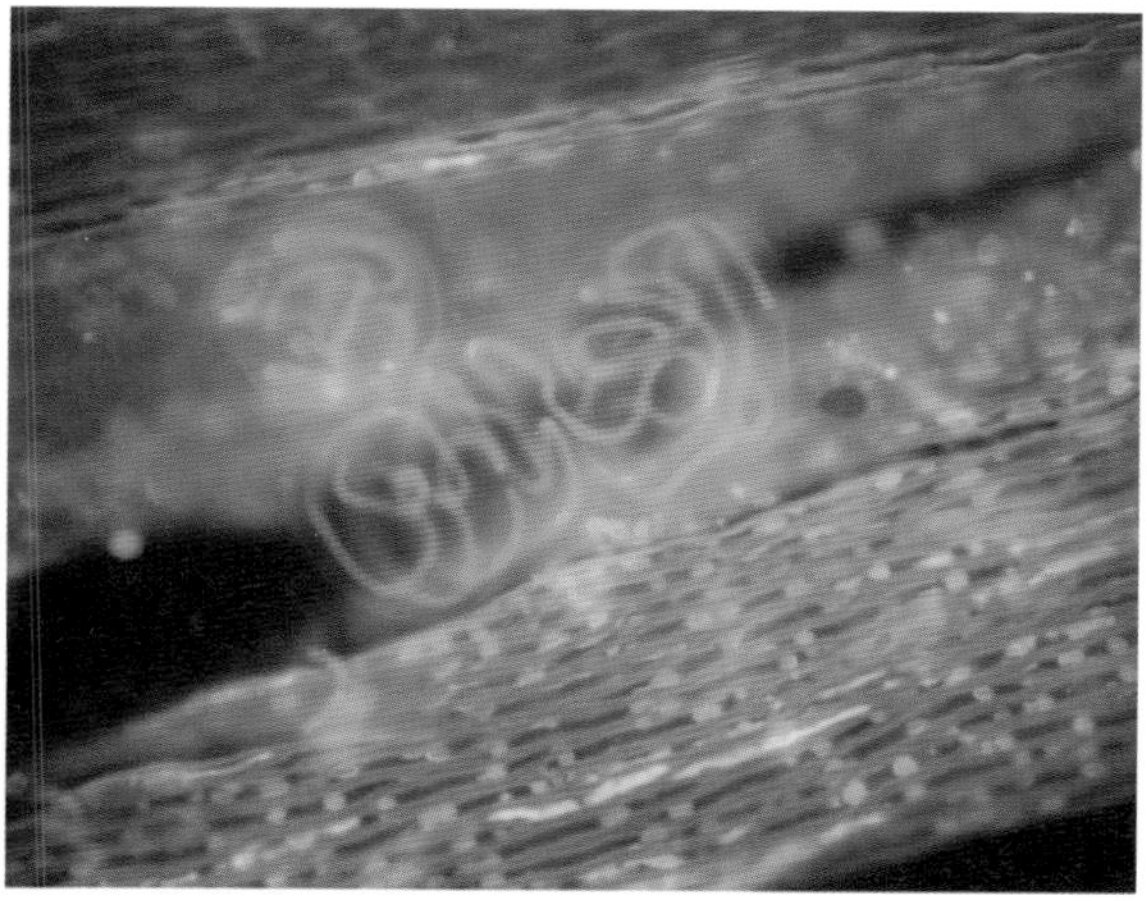

◀②コケの葉に共生する窒素固定バクテリア（図 1-2）
▲③枯木の腐朽型によるコケの成長の違いを比較するポット実験で、微塵切りにした配偶体から再生したコケ（図 1-4）

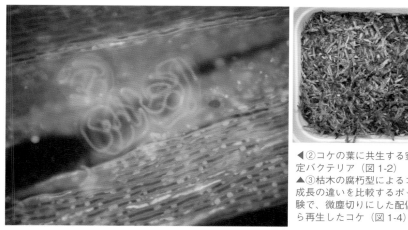

④移動しながら微生物などを捕食する、変形菌の変形体４原色

⑤胞子が詰まった変形菌の子実体。左上：ウツボホコリ、右上：キララホコリ、左下：チョウチンホコリ、右下：オオムラサキホコリ

⑥土や腐朽材の変形菌発生実験。エダナシツノホコリ（白いツブツブ）は白色腐朽材のみに発生した

⑦マツの枯木に発生した変形菌マツノスミホコリとそこにやってきたベニヒラタムシ（上）（図 2-7）

第３章　キノコ

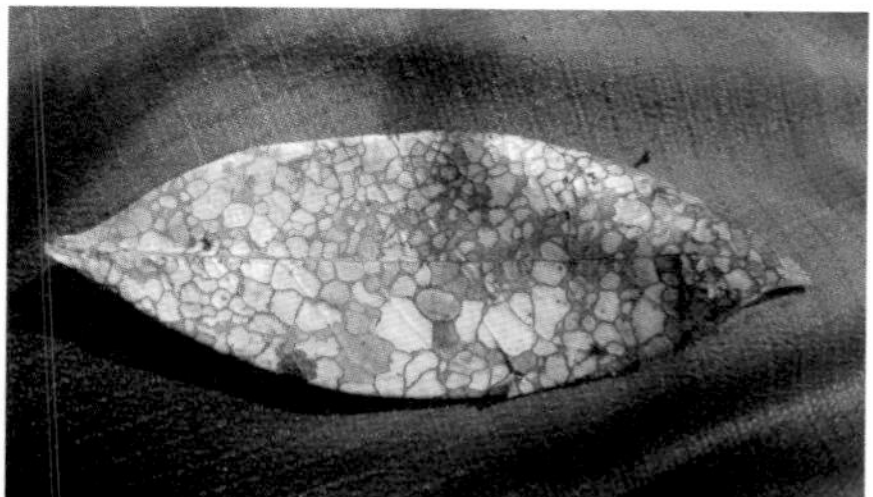

◀⑧落葉にモザイク状に広がる菌類のコロニー。それぞれのエリアが菌類の「個体」（図 3-2）

▼⑨菌糸体が餌を発見し、定着するまでの経過。最終的に小さな接種源角材から大きな餌角材に完全に移動する（引越す）（図 3-5）

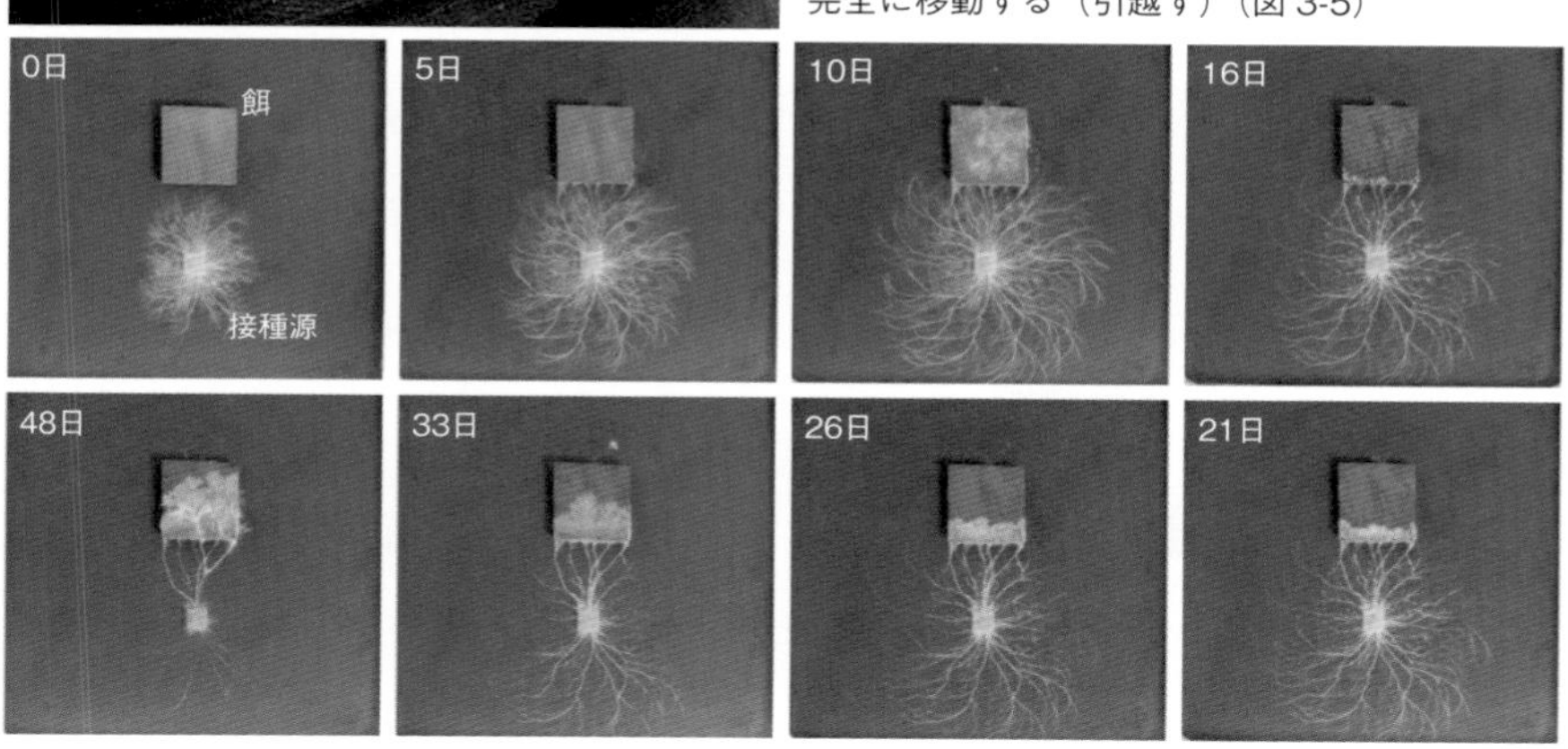

⑩植物の根に直接寄生して栄養を得る植物（図 4-5）
左上：ヤッコソウ、右上：オオナンバンギセル、左下：ヤセウツボ、右下：キイレツチトリモチ

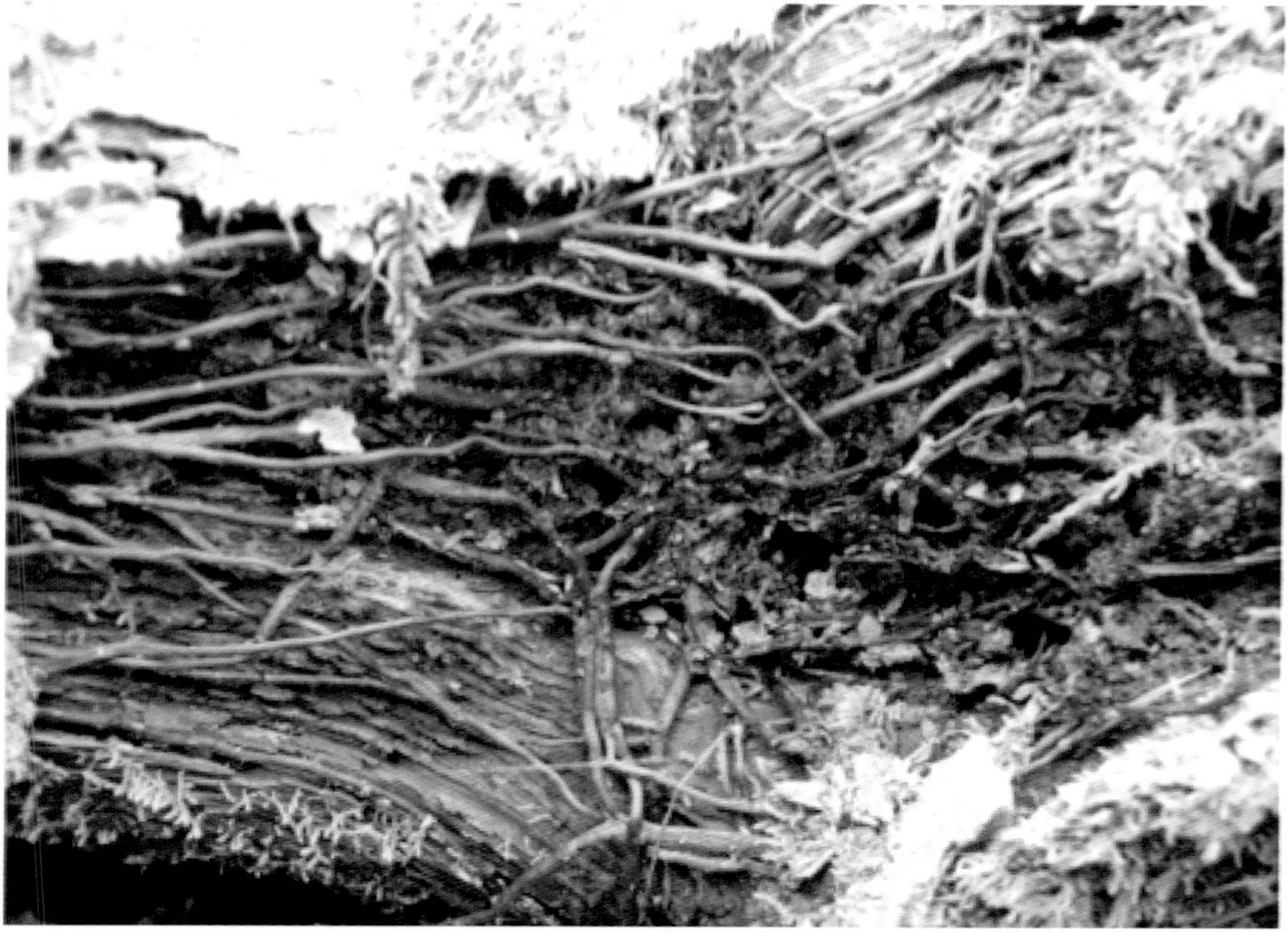

⑪ツチアケビとナラタケ属菌（図 4-6）
上：ナラタケ属菌の根状菌糸束。多数の菌糸が束になったもの。表面はメラニン化して黒く、植物の根のように見える
左下：ナラタケ属菌の菌糸から栄養を取るツチアケビ
右下：ツチアケビ果実断面。茶色い粒は種子で、非常に細かい

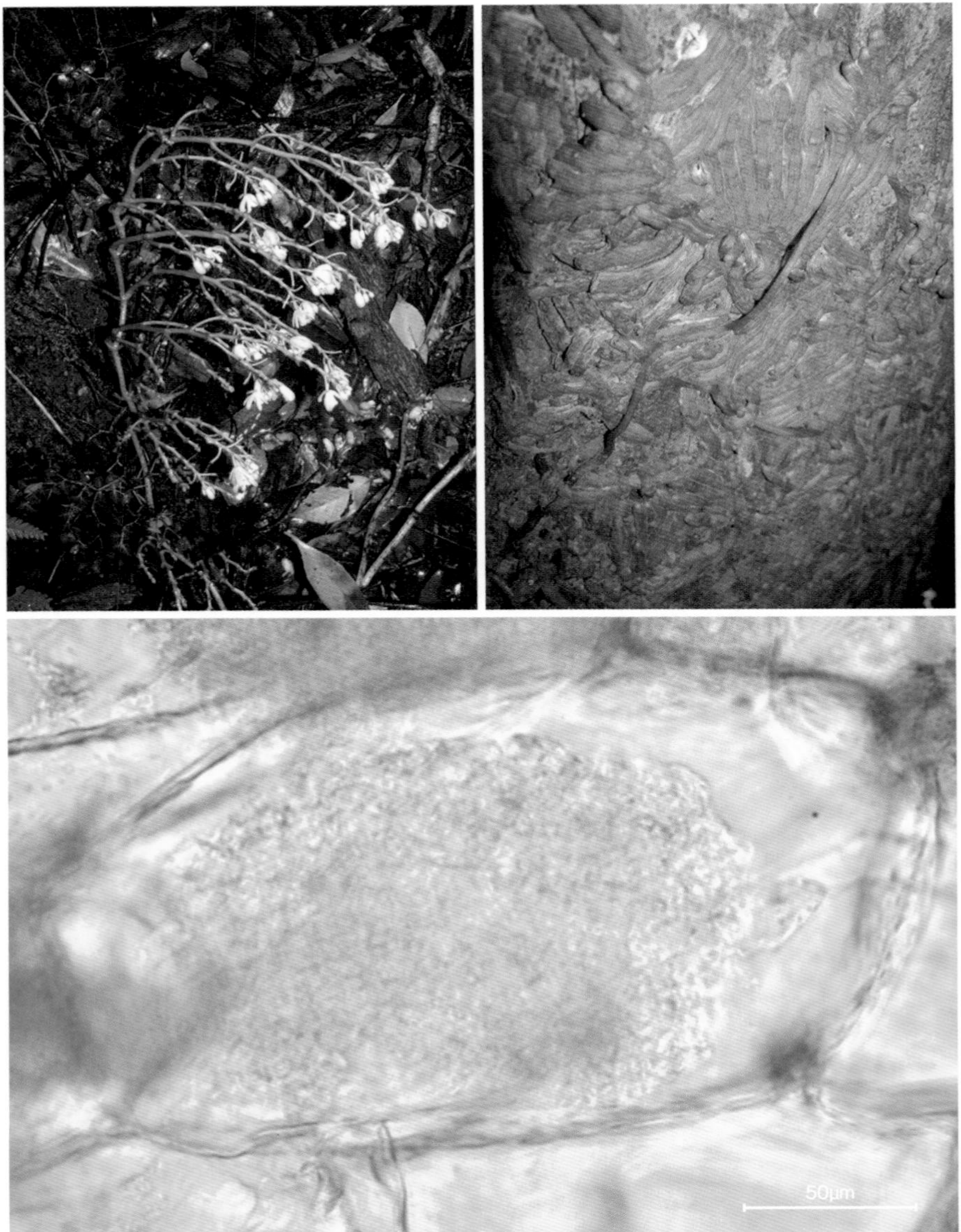

⑫木材腐朽菌の菌糸から栄養を得るタカツルラン（図 4-9）
左上：花、右上：倒木の裏に張り巡らせたオレンジ色の根、下：根の細胞の中の菌糸コイル

第5章　動物たち

⑬リスが剥いだ樹皮の下から出てきた子囊菌「ビスコ」に来たさまざまな生物（図 5-6）

⑭コナラの丸太に広がる子嚢菌ビスコグニオークシア・プラーナ（図 5-4）

⑮コナラの丸太に広がる子嚢菌ビスコグニオークシア・マリティマとコヨツボシケシキスイ（図 5-4）

⑯ウシアブを捕らえたムシヒキアブの一種。ムシヒキアブ科は獲物を捕獲すると、背後から口吻を突き刺し、神経毒を注入して動けなくする（図 5-8）

⑰ヤマトシロアリの卵に擬態する木材腐朽菌の菌核、ターマイトボール。茶色く丸いターマイトボールを、シロアリたちは卵（半透明のソーセージ型のもの）と一緒に世話する（図 5-9）

第6章　まだ出会っていない生き物たち

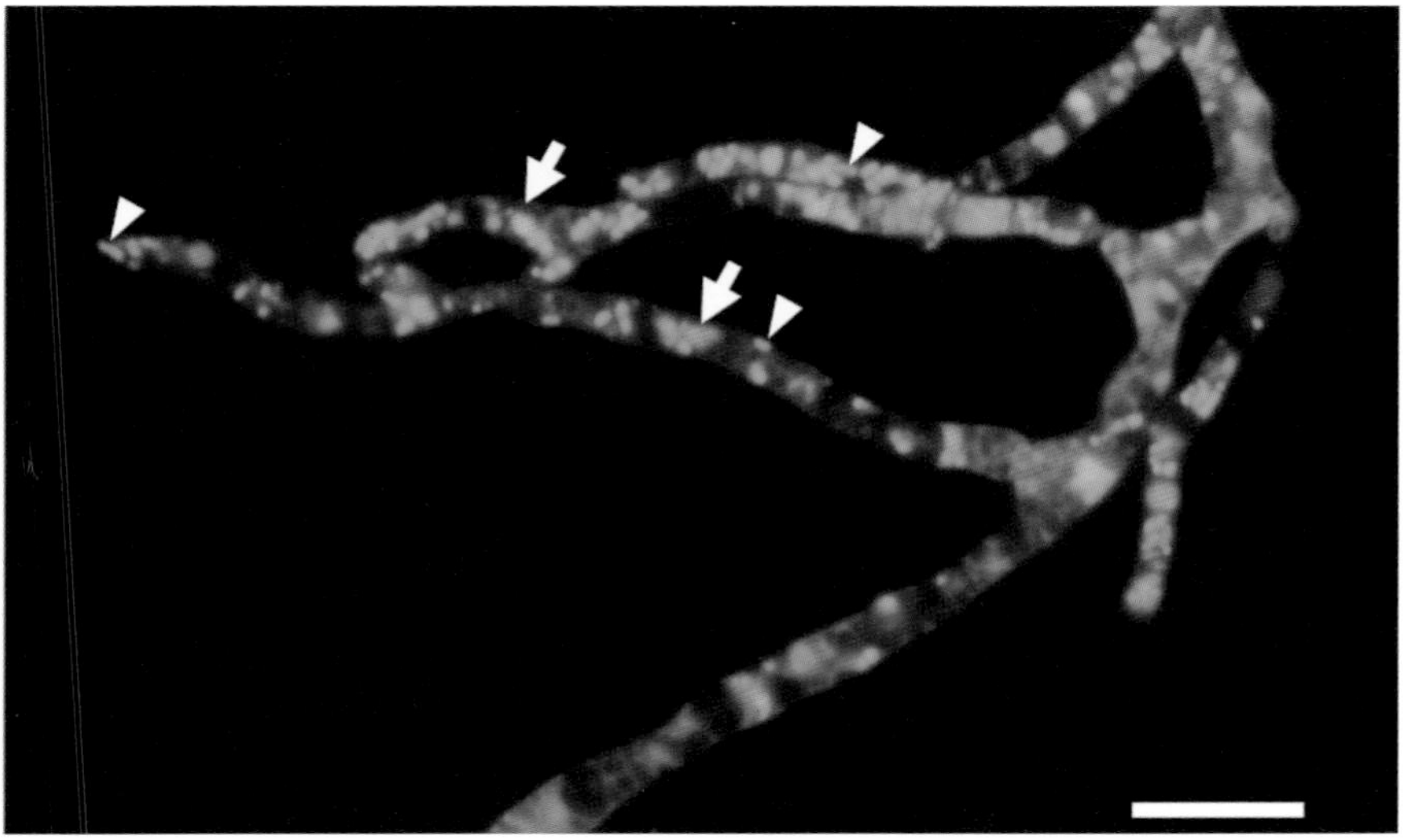

⑱菌糸に内生するバクテリア。小さな緑の粒（三角矢印）が内生バクテリアで、オレンジ色の大きめの粒（矢印）は菌糸の細胞核。バクテリアは植物病原菌の毒素生産などの機能を菌類に与えることがある（図 6-3）

⑲白色腐朽。セミロース・ヘミセルロースとリグニンを両方分解できる白色腐朽菌に分解され、白色化した（図7-5）

⑳褐色腐朽。褐色腐朽菌がセルロースやヘミセルロースだけを分解したためリグニンが残り、腐朽材は茶色になる（図7-5）

㉑コナラの枯木に生える多様な菌類。意外にも、菌類の種類が多いと枯木の分解が遅くなる（図7-7）

第８章　森が消える

㉒キクイムシが媒介する青変菌による辺材の変色（図 8-2）

㉓ドイツトウヒの大量枯死（左）とその後大発生する褐色腐朽菌ツガサルノコシカケ（右）。日本でもアカマツ枯木によく発生していたが、ヨーロッパのものと日本のものはよく似た別種である可能性もある（図 8-4）

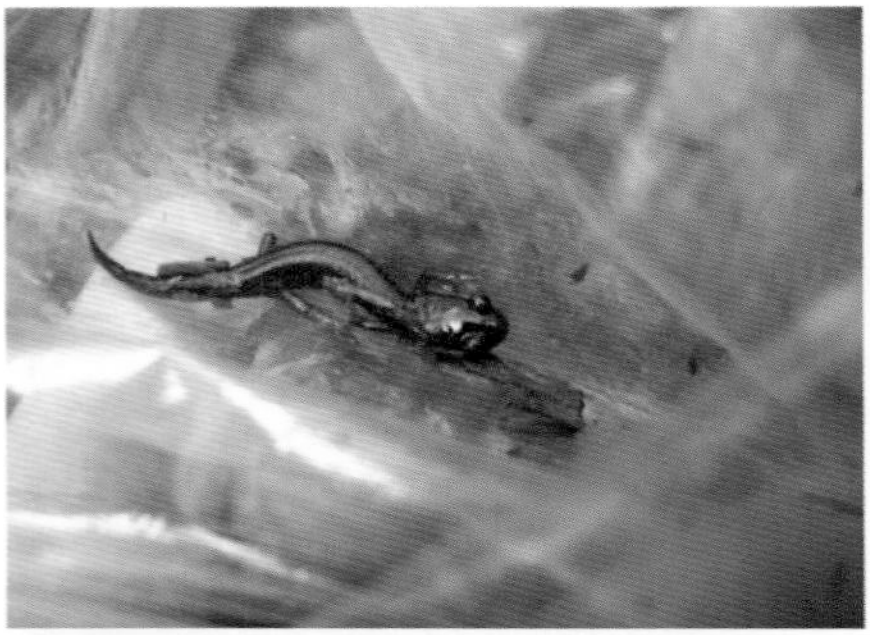

㉔倒木の下に見られる生き物。顔ぶれは地域によって異なるが、枯木がたくさんの生き物の住処や食べ物になっていることは同じである（図 9-1）
左上：サンショウウオ、右上：マムシ、下２点：ナメクジ

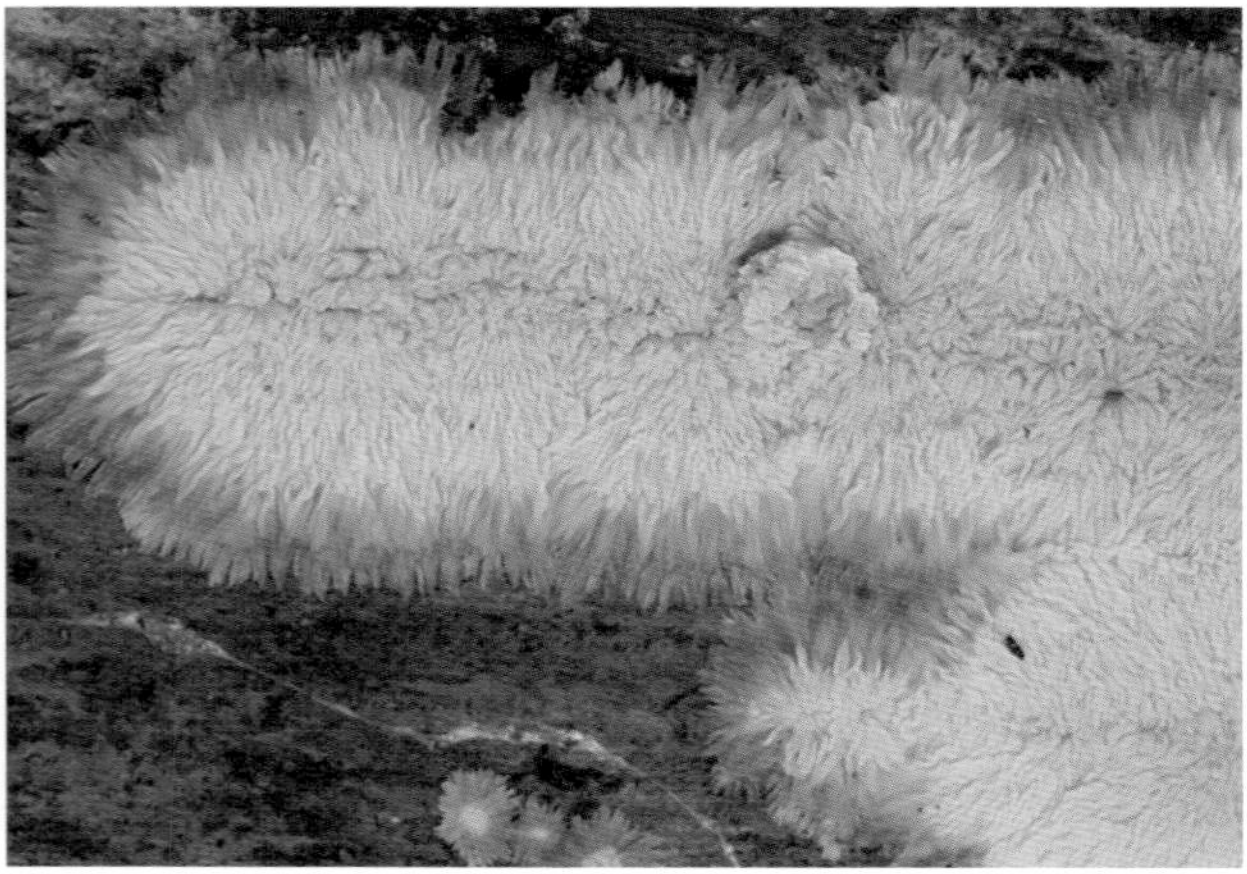

㉕北欧で準絶滅危惧に指定される菌類フレビア・セントリフーガ。直径の大きなドイツトウヒの枯木に依存するが、胞子が生きたまま到達できる飛距離が短く、自然度の高い森林の消失により激減している（図 9-5）

第 10 章　枯木の恩恵

㉖生態系サービスをもたらす生物多様性の恩恵の例
上：地衣類の色素を使う「地衣染め」で染めた赤や黄、茶色の糸（タイ）
下：店の軒先に吊るされた多様なハーブ（北大西洋マデイラ島）

㉗朽ち果てた「元」倒木。枯木は森林の炭素のうち8％を貯留しているとされるが、形がなくなるまで崩れても炭素を貯留しているため、実際には森林土壌の膨大な炭素の半分以上は枯木に由来すると推定できる（図 10-3）

㉘水分の多い粘土質や火山灰質の地中に埋まって保存されていた木材、神代木。左から、神代クリ、一つ飛んで神代スギ、神代ケヤキ。 左から２つ目は現代の木材コシアブラ（図 10-7）

第 11 章　次世代の森へ

㉙倒木上に生えたドイツトウヒ実生。大きくなると根が倒木を巻き込み、倒木が分解されると根が浮き上がったような形になる（図 11-1）

㉚倒木上と地上に生育する実生の違い。落ち葉の積もった地上にはエゴノキの実生（落ちている白い花はエゴノキ）、腐朽木（左上、落ち葉が積もっていない部分）にはリョウブの実生が生えている

◀㉛倒木の上で旺盛に成長するスギやリョウブの実生。実生1本1本に番号（ピンク色のテープ）をつけて成長を記録している

▼㉜実生の菌相タイプと腐朽材の組み合わせで実生の成長を比較するポット実験（図11-10）
左上：スギ
右上：ヒノキ
左下：ダケカンバ
右下：シラビソ

枯《かれ》木《き》ワンダーランド

枯死木がつなぐ虫・菌・動物と森林生態系

深澤 遊 著

築地書館

はじめに

宮城県にある我が家の庭に、三年ほど前に枯れたコナラの枯木が立っている。以前から樹勢が弱っていて、キクイムシの穿孔とフラス（幹に穿孔したキクイムシが外に出した大量の木屑）がたくさん見られた年もあったし、根元からカエンタケ（炎のような色と形が印象的な硬い毒キノコ）が生えた年もあったけれど、なんとか枝の一部だけ葉がついていたのだが、ついに枯れた。

この枯木、そのまま放ってある。樹高一〇メートルくらいあり、車の駐車スペースのすぐ横なので、枝が落ちてくると危ないのだが、そのままにしてある。実際、大風のたびに枯れた枝がバラバラと落ちてくるのだが、今のところ車は無事だ。

なぜ放置してあるのかというと、次々に面白いものが見られるので、切れないのだ。まず、ナラ枯れ（カシノナガキクイムシによって媒介される病原菌によるナラ類樹木の枯死。正式名称は「ブナ科樹木萎凋《いちょう》病」）とお約束のようなカエンタケの発生（ナラ枯れで枯死したナラ類樹木の根元に生えることが多い）が庭で見られることも、なかなかない。枯れかけてキクイムシの穿孔がひどかったときは、穴から樹液が大量に出るのでカブトムシやクワガタが鈴なりになって子ども（というよりも僕）が狂喜していた。

そして、枯れた直後の秋にはなんと幹からツキヨタケが生えてきた。ツキヨタケは発光することで有

ツキヨタケ。庭の枯れたコナラに生えた、光るキノコ（宮城県）

名な毒キノコで、普通はもっと標高の高い山の上のブナの枯木に生える。こんな標高の低いところ（我が家の標高はおよそ一三〇メートル）のコナラに生えるのは初めて見た（山から運んできたブナの倒木に生えているのを京都駅近くで見たことはあるが、これは強制移住であろう）。ブナの森にわざわざ行かなくても庭で光るキノコが見られるのはなかなか良い。

ツキヨタケとよく一緒に生えるムキタケもやっぱり生えてきた。この二種はもしかしたら何か寄生関係のようなものがあるのかもしれない。ムキタケは、ツキヨタケとよく似ているが、こちらはおいしい食用キノコである。翌年の春には、ひと冬越した萎《しな》びたムキタケをリスが食べに来た。幹の上のほうの安全な場所でムキタケをむしっては、枝の上で一心不乱に食べている。と思ったら、ふと動きを止めて、まだたくさん残っているムキタケを無造作に下に落とした。リスがキノコを食べることは、欧米では有名だが、日本ではなかなかお目にかかれない光景だ。

去年からは、幹の下のほうにナメコが大量に発生し始めた。

もし、枯れた時点でこのコナラを切り倒して薪にしてしまっていたら、こんなに面白いいろいろなものが見られなかったと思うと、やっぱり切れない。

「枯木も山の賑わい（つまらないものでもないよりまし）」という言葉があるが、「枯木こそ山の賑わい」といってもいいような生き物の賑わいが枯木にはある。実際、花咲か爺さんがわざわざ花を咲かさなくても、ひとたびしゃがみ込んで枯木の表面に顔を近づけてみれば、時間を忘れて見入ってしまうほどの摩訶不思議な生き物たちの営みを見ることができる。だから枯木をただの燃料として燃やしてしまうのは、もったいない。僕は焚き火も薪ストーブも好きだが、これまで枯木で見つけてきたたくさんの面白いものを想像すると、なかなか薪にできない。本書では、読者の皆さんをこのジレンマに引きずり込もうと思う。

第1部では、僕がこれまで枯木の上で出会ってきたいろいろな生き物を詳しく紹介する。基本的に僕自身の体験に沿った書き方をしているので、一人の研究者の生態としても興味をもっていただけるかもしれない。第1章では、小学校の自由研究から始まったコケとの付き合いについて、第2章では、博物館の夏休み講座での変形菌（粘菌）との衝撃的な出会いについて、第3章では、大学から今につながるキノコとの運命的な出会いについて、第4章では、共同研究者と行った腐生ランを巡る旅について、第5章では、家の庭に置いてある丸太にやってきた昆虫や動物について紹介する。

枯木に住んでいる生き物は、こういった目に見えるものたちだけではない。第6章では、バクテリアやウイルスの話もまとめた。さらに、目に見える生き物であっても、それらの栄養のやりとりなどを直接観察することはできない場合も多い。本書では、そんな〝目に見えない〟ものを可視化するために生態学で使われている「環境DNA分析」や「安定同位体分析」などについても解説している。これらの手法は本書の全体にたびたび登場するので、今や生態学にとって欠かせない手法であることを理解していただけると思う。

枯木でいろいろな生き物を見つけて喜んでいても仕方がないと思うかもしれないが、枯木は多くの自然現象とつながっている。その代表が、地球の環境変動でますます重要性を増している、炭素の貯留だ。枯木は、重量の約半分が炭素でできており、分解する過程で二酸化炭素を放出するが、すべてが分解して大気中に放出されるわけではない。分解しにくい一部の成分が残り、土壌有機物として炭素の貯留に貢献するだけでなく、養分を吸着して豊かな土壌を形成する。この分解というプロセスがどう進むかは、そこに関わる生き物の働きにかかっている。土もまた、人類の存続には必要不可欠だ。

第2部では、地球規模の出来事に枯木がどう関係するのかについてまとめた。まず第7章で枯木の分解が菌類によってどのように進むかについて紹介した後、第8章では近年世界中で多発する森林樹木の大量枯死と、それによって大量に発生する枯木が生態系に与える影響について、第9章では、逆に枯木が森の中からなくなるとどんなことが起きるのか、第10章では、そもそも枯木があることで僕らはどんな恩恵を受けているのかを説明する。そして最後に第11章では、森林が持続的に存在するための、次世代の樹木の成長に重要な倒木更新という現象について紹介する。

本書では、野外にある枯死木のことを「枯木（かれき）」、林業で生産・製材加工された木のことを「木材」と呼んで区別した。ただし、枯死木を分解する菌類に関しては、分解する対象が野外の枯木であろうと製材された木材であろうと「木材腐朽菌」という用語を用いた。

また、写真や文章では伝えきれない生物の動きを見せてくれる動画も紹介しているので参照してみてほしい。

山で、公園で、庭で枯木を見つけたときに、その枯木の中に住んでいる生き物や、枯木から始まる物語に想いを馳せていただけたら、この上ない喜びである。

もくじ

2　枯木が世界を救う

第11章　次世代の森へ――倒木更新…280

1 枯木ホテルの住人たち

枯木は、ゆっくりと分解する間に森林の多様な生き物の住処になる。

その様子はたくさんの客室を持つホテルのようだ。

第1部では、これまで僕が出会ってきた枯木ホテルの住人たちを、出会いのエピソードとともに紹介しよう。

第1章　コケ——エメラルドシティ

コケ少年

小学校三年生の夏休み。初めて作った自由研究の作品は、「リアルコケ図鑑」だった。近所で集めたコケや、家族で山に行ったときに集めてきた地衣類を押し葉（といっても結構厚いが）にして画用紙に貼りつけて名前を書き、冊子タイプにまとめた。

表紙もつけて、夏休み明けに意気揚々と学校に持っていくと、他のクラスメイトが持ってきている自由研究と違う。みんな申し合わせたように模造紙を使ってポスタータイプに仕上げてあるのだ。

なぜみんなが同じ作り方をしているのかがさっぱりわからなかったが、夏休み前の先生の話をまったく聞いていなかったか、配られたであろう自由研究のまとめ方が記されたプリントを、夏休み開始早々失くしてしまったのだろう。今、自分の子どもたちを見ていると同じことが繰り返されているのを感じる。

小学生時代、僕はコケ少年だった。なぜ小学生なのにコケなどというシブいものを好きになったかと

図1-1　さまざまなコケやそれに類似した生物（シダ・地衣類）。1段目左から、タマゴケ、ミズゴケ、クジャクゴケ。2段目左から：ジャゴケ、ホウオウゴケ、キヒシャクゴケ。3段目左から：タチハイゴケ、ウチワゴケ、カブトゴケ属の一種。どれも美しいエメラルドグリーンだが、2つだけコケ以外の生物（シダと地衣類）が混ざっている。どれでしょう？　答えは章末ページに

いうと、たぶんコンパクトなサイズ感（これは次章で紹介する変形菌にも共通している）と、あの独特の透明感のある緑色のせいだ（図1-1、口絵①）。昆虫は殺さなければ綺麗な標本にできない。植物ならあまり罪悪感なく標本を作れるが、草本や木本はサイズがいろいろで、扱いづらい。その点、コケはある程度の塊をむしり取って乾燥させれば簡単に標本にすることができる。緑の絨毯《じゅうたん》からサイズの揃った胞子体が林立する様子も可愛らしい（これも変形菌と共通する）。

　形態も多様だ。ほとんど葉を持たない種類から、シダのように立派な葉を広げる種類、古代の植物を彷彿

とさせるような種類もいる。顕微鏡で見ることのできる微細形態、湿度で開閉する胞子体の蒴歯《さくし》や葉の造形も見ていて飽きない（二七ページ参照）。

そしてなんといってもあの独特の緑色とホワホワ感。水分を含んだコケの緑色は本当に美しい。それに清潔感がある。こんもりとしたスギゴケ類の群落を見つけると、思わず顔を埋めたくなる。コケの群落が清潔なのは本当で、昔の人は吸水性の高いミズゴケ類を傷口に当てて脱脂綿のように使っていたそうだ。また、倒木の上に広がる清潔なコケの絨毯は、森林の新しい世代が育っていく上で非常に重要らしい。これについては最後の倒木更新の章で詳しく紹介する。

コケは倒木の上に

街中や校庭などでは、地面の上にコケが広がっているのを見ることが多いが、これは街中のやや特殊な状況といえる。近所の森に行ってコケを探してみると、意外と土の上に生えているコケは少ない。多くの種類は、倒木や岩、樹皮の表面など、少し高くなった場所に生えている。これは、森では落葉、特に広葉樹の葉が降ってくるので、地面の上だとどんどん落葉に埋まっていってしまうためだ。倒木や岩の上は落葉が溜まりにくく、コケにとって絶好の生息場所になっている。

逆に、そういった乾燥しやすい環境で生き延びるために、コケは水分を失うと代謝を落として休眠し、また水分を得るとそれを吸収して復活するという超能力を身につけた。乾燥してチリチリになっていても、水で湿らせればたちどころに吸水して、もとのみずみずしさを取り戻して生き返るのだ。これはコケの生存戦略なのだが、人間が標本を作ったり、それを使ってコケの種類を調べたりするときにも非常に都合が良い。乾かすだけで標本になるし、湿らせれば生きているときと同じ状態になるので、種類も調べやすい。同定（生物の名前を調べること）が簡単というわけではないが、小学生にも扱いやすい。

ただ、小学生の僕の興味は移ろいやすかった。中学生になる頃から変形菌にも興味をもち始め、コケをそれほど集中して集めることはなくなってしまった。それでも、僕の心の中にはコケに対する憧れがいつもある。本書の他の章にも、頻繁にコケが登場するはずだ。

共生バクテリアの窒素固定能力

コケの超能力は、乾燥に強いだけではない。コケの多くの種類は窒素固定バクテリアと共生していて、自前で空気中から窒素を調達できる。コケの葉を顕微鏡で見ると、美しい緑色の細胞が並んでいて、その表面の隙間に *Nostoc* や *Stigonema* といった窒素固定バクテリアが住んでいる[1・2]（図1-2、口絵②）。窒素の乏しい北方林の生態系では、森林に入ってくる窒素のうちのかなりの割合が、コケと共生するバクテリアに由来しているという報告もある。スウェーデン北部の針葉樹林では、コケと共生する窒素固定バクテリアが固定する窒素の量は、一年で一ヘクタールあたり一・六キロと試算された[3]。これは、森林に入ってくる窒素のおよそ五〇％に相当する[4]。

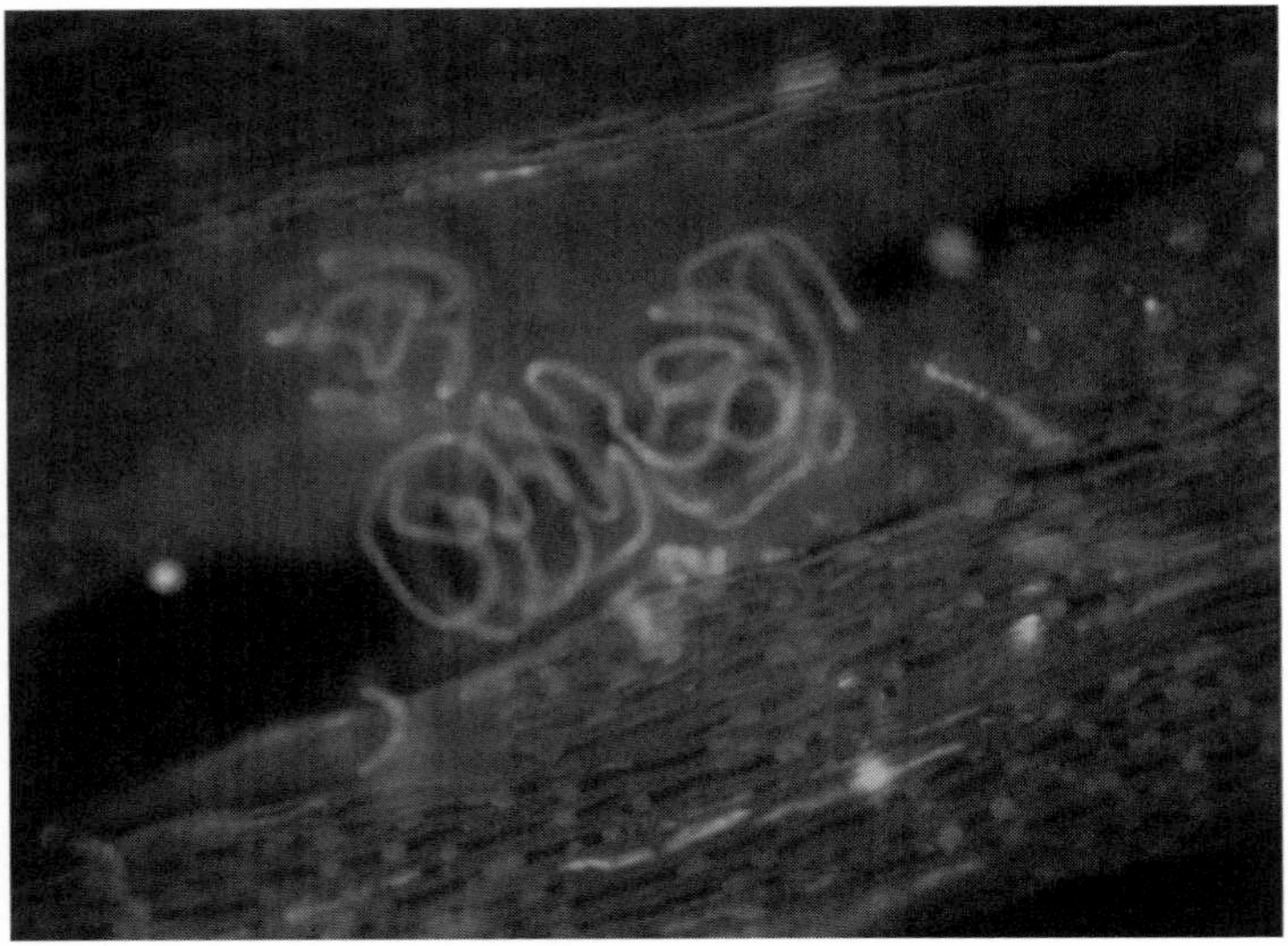

図 1-2　タチハイゴケの葉の隙間に見られるシアノバクテリア *Nostoc* spp.（コイル状に見えるもの）。倍率は 100 倍。写真：キャサリン・ロウスク氏（文献 4 より転載）

窒素を自前で調達できるコケは、水分と光さえあれば育つことができるので、湿度の高い降雨林や雲霧林では、生きている木の表面も厚くコケに覆われていることが多い。映画「もののけ姫」に出てくるシシ神の森のイメージだ。熱帯や亜熱帯の高標高域は湿度が高く、樹幹の上部にまでびっしりとコケが生えており、「蘚苔林《せんたいりん》（Mossy forest）」と呼ばれる。

日本にも、何ヶ所かコケで有名な森がある。特に「シシ神の森」のモデルにもなったといわれる屋久島の白谷雲水峡が有名だ。屋久島は蘚苔林の北限ともいわれている。蘚苔林ほど樹幹上部までコケが生えているわけではないが、本州の標高の高い山の上の針葉樹林でも、見事なコケの森を見ることができる。北八ヶ岳の白駒池周辺なども有名だ。

そういった、コケの多い森に行くと、倒木や岩の上だけでなく、地表面がすべてコケの緑色の絨毯に覆われている。ところどころ盛り上がっている場所があり、その形から、下が倒木や岩なのだとわかる。ただ、よく見ると、地上と倒木の上ではコケの種類が異なる。光や水分条件はもちろん、酸性度がコケ群集に大きく影響している。これらの条件は、樹木が生きているときと死んで倒木になったとき、さらに倒木の分解に伴って変化するので、樹木が枯死して倒木になってから分解していく過程で、コケ群集の移り変わり（遷移）が見られる。

一般に倒木は、分解が進むにつれて柔らかくなり多孔質化するため、水分が染み込んで含水率が上がる。分解が進んで柔らかくスポンジのようになった倒木の含水率は、材の乾燥重量一グラムあたりに染み込んでいる水分重量が一〇グラム、つまり重量割合で一〇〇〇％を優に超えるほどにもなる。まさに水でヒタヒタ状態だ。このため、湿ったところが好きなコケは倒木の分解が進むにつれて種数も、量も多くなる。(5)

また、分解初期は菌類が多いが、次第にバクテリアが多様になり、窒素固定バクテリアも生息するようになるため、養分含量も増える。さらに、分解に関わる菌類の種類によっては、菌類が分泌する有機酸によって倒木全体が酸性化する（第7章参照）。生息環境の酸性度は、微小な生物にとっては生理活性の維持に関わる大問題だ。胞子で増えるコケは、発芽のときに周囲の酸性度の影響を受ける。(6) また、バクテリアも酸性度の影響を強く受けるので、共生している窒素固定バクテリアにも影響があるかもしれない。[7]

クマの縄張りで調査

小学生時代からだいぶ時は過ぎ、大学の教員になってしばらくした頃、コケが好きだという学生の安藤洋子さんが研究室に入ってきた。せっかくなので、一面コケに覆われた亜高山帯針葉樹林で調査をしよう。長野県と岐阜県にまたがる御嶽山の針葉樹林には、たくさんの倒木がコケで覆われて積み重なっていた。ここで彼女と行った調査では、倒木の分解が進むにつれて、イトハイゴケやキヒシャクゴケといった、厚さ一センチ程度の薄いマットを作る種類から、次第にタチハイゴケやイワダレゴケといった、厚さ四センチ以上のマットを作る種類への遷移が見られた。

イワダレゴケは、小さなシダのように平べったい葉っぱの層を広げてから茎を伸ばしてその上にまた葉っぱの層を広げるということを毎年繰り返すタイプのコケで、最下層は順次腐っていくが、何年も生きているものはとても厚いマットを形成する。この調査地では、場所によってはイワダレゴケが倒木も地面もお構いなく地表面を広く覆い尽くし、フカフカのコケマットが広がっていた。顔を埋めるととても気持ちがいい。イワダレコケは、先に紹介した窒素固定バクテリアを葉に共生させることでも知られる。

調査地にした御嶽山では、ちょうど戦後最悪の火山災害となった噴火が起こっていた時期（二〇一四年）だったが、調査地では火山灰の堆積などは見られなかった。一方、クマの気配は濃厚に感じた。夕方、調査地から帰ろうとすると、調査用具を入れてあるコンテナボックスに穴が開いてひっくり返っていて、置いていたリュックがなくなっていたこともあった。すぐそばで作業していたはずだが、クマの狼藉にはまったく気づかなかった（リュックは、翌日少し離れた場所で見つかった）。調査地から戻る途中、来るときにはなかった大きなクマ剝ぎ（クマが樹木の樹皮を剝いで樹皮下の形成層を前歯で削り取る行為）を見つけたこともある。このときは思わず「森のくまさん」を大声で歌った。御嶽山には何度か通ったが、結局、調査中クマに出会うことはなかった。縄張りの中での調査を許容してくれたクマには感謝している。

クマの影におびえながらも、何度も通って詳しく調べると、倒木の腐朽型がコケの種類に影響していることがわかった。腐朽型というのは、第7章で詳しく解説するが、枯木を分解する菌類の種類によって分解される成分が異なることによる、腐朽材の性質の違いを類型化したものである。大雑把にいうと、枯木が茶色く腐って酸性化する褐色腐朽と、白く腐る白色腐朽がある。褐色腐朽した材が茶色くなるのは、分解しにくいリグニンという成分が残るからだ。そして、褐色腐朽材では、植物の成長に必要なカリウムやマグネシウム、リンなどの養分が少ない(8)。

褐色腐朽した倒木にはキヒシャクゴケが多かったが、白色腐朽した倒木にはタチハイゴケが優占していた。この原因を探ろうと、いろいろな実験を考えた。コケは胞子で増えるので、まずは倒木にたどり着いたコケの胞子の発芽や成長に腐朽型が影響している可能性がある。先行研究からは、酸性度がコケ

図1-3　胞子が詰まったキヒシャクゴケの蒴。右の黒豆のようなもの（長さおよそ2mm）が弾けると左のプロペラのような形になる（御嶽山）

の胞子発芽に影響するらしいことがわかった。腐朽型によって倒木の酸性度は違うので、胞子の発芽が影響を受けている可能性はありそうだ。

コケの微塵切り

タチハイゴケは、コケの中でも蘚類と呼ばれるグループで、春になると細い髪の毛のような柄の先に、ソーセージのように湾曲した緑色のカプセル（蒴）に胞子をいっぱい詰めて高く（といってもコケなので知れているが）伸ばす。蘚類の蒴は、成熟すると先端の円錐形のフタがポコッと取れて、その口には蒴歯と呼ばれる特徴的な構造が並ぶ。蒴歯は空気の乾湿に応じて開閉し、胞子を飛ばす。蒴歯は、乾いたときに開く種と、湿ったときに開く種がいるらしい（＊1）。

一方、キヒシャクゴケは苔類と呼ばれるグループで、初夏になると胞子の入った小さな黒豆のような袋を細長い柄の先に乗せて高く伸ばす。この豆粒は熟すとうるうると黒光りしてとても可愛い（図1-3）。ちなみにこの「うるうる」という表現は、僕のコケの先生である福井県立大学の大石善隆博士のものを拝借した（『苔三昧――モコモコ・うるうる・寺めぐり』[9]）。コケのみずみずしさを端的に表したとてもいい言葉だ。大石くんと僕は大学院からの付き合いで、コケの調査ではいつも同定でとてもお世話になっている。

さて、このうるうるした胞子の袋だが、中は乾燥していて、熟すと弾けて胞子を飛ばしてしまうので、弾ける前のものをいくつか採取して帰った。ただ、どうやらキヒシャクゴケの胞子は発芽条件が難しいらしい。安藤さんが修士課程の二年間で取り組むには少しハードルが高いかもしれない。そこで、もう少し簡単にできそうな他の実験方法を試すことにした。

コケのライフサイクルでは、発芽した胞子は細い糸状の原糸体としてしばらく成長した後に、芽のようなものを作り、そこから葉をつけた配偶体を伸ばす。一般に「コケ」として見られる緑色をした部分はこの配偶体だ。肉眼的なサイズで扱いやすそうである。この配偶体の成長が倒木の腐朽型によって影

＊1……YouTube「コケの花～蒴歯の開閉運動～ Moving of peristomes in 4 mosses」
ミュージアムパーク茨城県自然博物館
https://www.youtube.com/watch?v=6pyt6q8Yeq4

図 1-4　枯木の腐朽型によるコケの成長の違いを比較するポット実験。直射日光が当たらないように寒冷紗をかけて野外で栽培すると、微塵切りにした配偶体から再生してきた

響されるかどうか、調べられないだろうか。

コケは園芸資材としても需要があり、コケの栽培キットが市販されている。そういったものをインターネットで検索してみると、微塵《みじん》切りにしたコケの配偶体がパック詰めされたものが販売されていた。どうやら配偶体は微塵切りにしても再生するらしい。これは実験がしやすそうだ。さっそく調査地からキヒシャクゴケとタチハイゴケの配偶体を採取してきて微塵切りにし、褐色腐朽や白色腐朽の枯木を粉砕したものと一緒に小さなポットに詰めたところ、うまいこと成長してくれた(図1-4、口絵③)。

褐色腐朽材のポットと白色腐朽材のポットでコケの成長を比較すると、野外で褐色腐朽した倒木に多かったキヒシャクゴケは、白色腐朽材より褐色腐朽材の上で確かに成長が良かった。一方、タチハイゴケの成長は白色腐朽材と褐色腐朽材で差がなかった[10]。

面白いことに、どちらか一方の種だけで栽培するとキヒシャクゴケの成長量はタチハイゴケよりも大きかった（特に褐色腐朽材で）が、これらのコケ二種を混ぜて栽培すると、キヒシャクゴケの成長量はタチハイゴケに比べとても小さくなった。タチハイゴケはアレロパシー作用により他の植物の成長を阻害することが知られているので[11]、キヒシャクゴケの成長を阻害したのかもしれない。つまり、キヒシャクゴケは競争力の弱い種なのだ。タチハイゴケのいない褐色腐朽材の上でだけ成長することができるのだろう。

どうも褐色腐朽材は、酸性、貧栄養、難分解と三拍子揃った、生物にとって過酷な生息場所らしく、キヒシャクゴケのように、他種との競争を逃れて住んでいる生物が多いようだ。例えば、本書でも第5章で紹介する甲虫類にもそういった傾向が見られる。

ポットでの栽培実験で、腐朽型の違いによるコケ二種の優占度の違いを、配偶体の成長に対する腐朽型の影響から説明することができた。倒木上にどんな種類のコケが生えるかは、変形菌との関係（第2章）、動物との関係（第5章）、そして樹木の倒木更新（第11章）にも非常に重要になってくる。コケのエメラルドシティは、めくるめく枯木の世界への入り口だった。

図1-1の答え：ウチワゴケ（シダ）、カブトゴケ属の一種（地衣）

フィールドノートから

コケを同定するときには、全体的な形でだいたい分類群のあたりをつけ、顕微鏡で微細な形態を確認して近縁種との区別をしていくことになる。葉の細胞の形や配置、葉の細胞表面にある「パピラ」という突起、葉の付け根から生える「偽毛葉」という毛のような構造、細胞の中に含まれる「油体」という泡のような構造など、たくさんの構造を観察する必要がある。クローン繁殖する種なら、「無性芽」という繁殖体の有無や形も重要なポイントだ。

しっかりした図鑑にはたいてい「検索表」というものがついていて、これらの形態に基づいて「はい」「いいえ」方式で進んでいくと、最後には種名にたどり着くという寸法だ。ただ、この検索表、使いこなすには上記のようなたくさんの専門用語を理解する必要があるので、はじめのうちはなかなか確信をもって種名までたどり着けない。学名も結構頻繁に変更されるので、図鑑に載っている学名が正しいとは限らない。たくさんの種がいる分類群では、そもそもすべての種が掲載されている図鑑は存在しないので、個別の論文をあたることになる。

これは、変形菌やキノコ、昆虫など他の生物でも基本的に同様なので、ごく限られた場所（家の庭など）だとしても、そこにいるあらゆる生物のリストアップを個人ですることは至難の業だ。第6章で紹介するDNAメタバーコーディングは、これを可能にする技術だが、まだ問題も多い。それについては第6章の「フィールドノートから」にて。

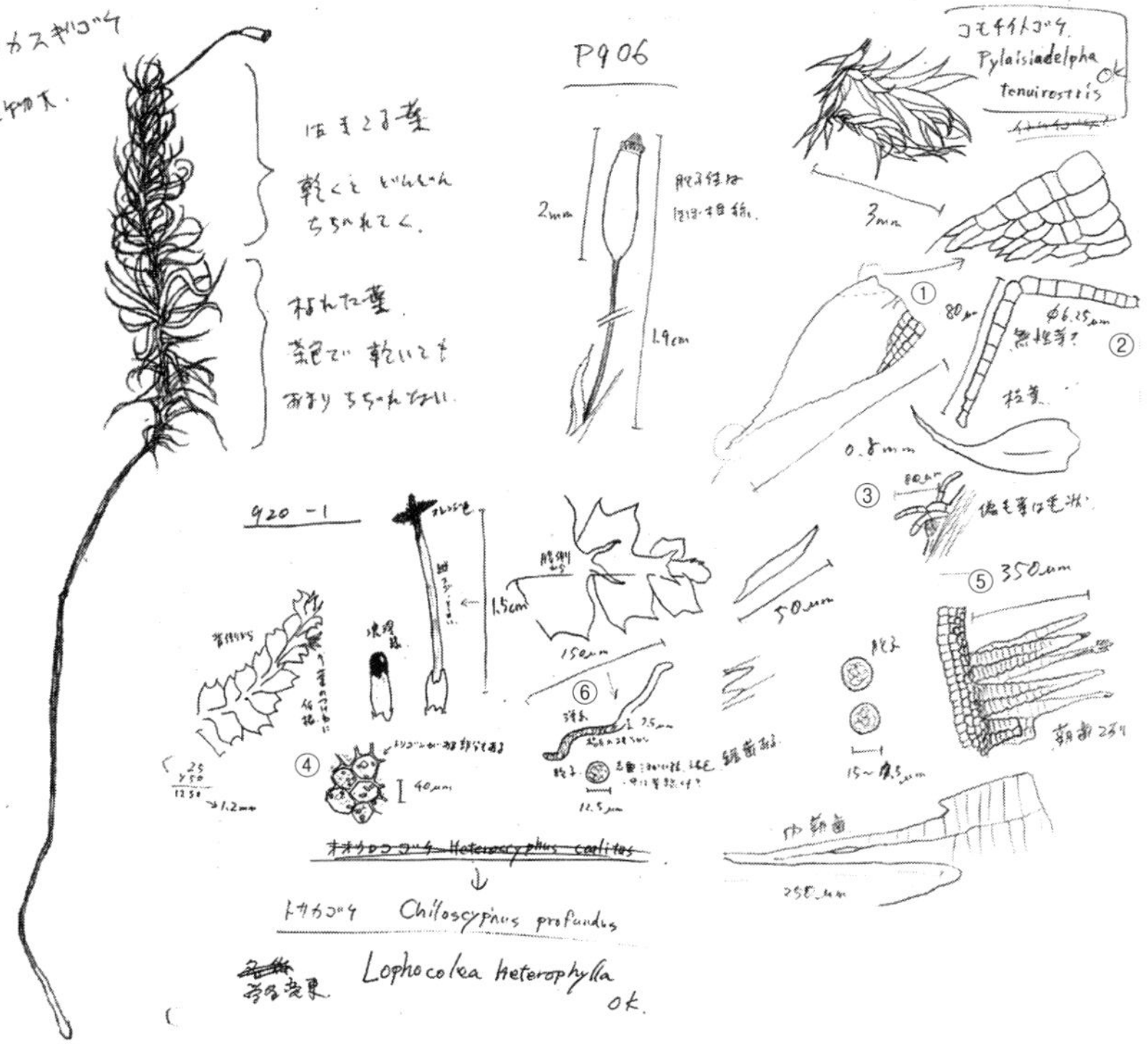

コケの同定用スケッチ。コモチイトゴケのような蘚類では葉の縁の細胞の配置（①）や無性芽（②）、偽毛葉（③）などが同定のポイントになる。トサカゴケのような苔類では油体（④）が特徴的。そのほかにも蘚類の蒴の口に並ぶ蒴歯（⑤）や胞子を弾き飛ばす弾糸（⑥）など面白い構造がたくさん

第2章　変形菌——森の宝石

変形菌との出会い

変形菌（粘菌）との出会いも小学生時代に遡る。当時、国立科学博物館（かはく）で、夏休みサイエンススクエアという、子ども向けのさまざまな科学イベントが行われていた。我が家では、かはくの情報誌「国立科学博物館ニュース」を購読していたのだが、あるとき、その中になんとも不思議な写真があった。それは今でも目に焼きついているが、緑色のコケの上に真っ赤なベタベタしたものがくっついている。そしてその隣の写真には、コケの上に可愛く立ち並ぶ赤いマッチ棒のようなものが写っていた。写真だけ見て説明文を読んでいなかった僕は（うちの小学生の子どもたちも同じ。細かい説明文を読むのは小学生には億劫なのだろう）、その写真のベタベタしたものを顕微鏡で拡大していくと隣の写真のマッチ棒のようなものが見えるのだろう、と早合点していた。しかしそれは間違いだった。

そのベタベタしたものは変形菌の変形体（肉眼で見える大きさのアメーバ状態。移動しながら他の微生物などを捕食する）で、マッチ棒は子実体（胞子を作って散布させる状態。動かない）になった後の変形菌の写真だった（口絵④⑤）。とにかくその写真の強烈なインパクトにやられた僕は、親に頼んでその年の夏休みにかはくに連れていってもらい、変形菌の講座に参加したのだった。参加者には「変形菌飼育セット」なるものが配布されるというのも、生き物を飼うのが大好きだった僕には大きな魅力だった。

あの、ネバネバしているのかマッチ棒なのかよくわからないものが、飼える？？　頭の中をたくさんの「？」で満たした状態でかはくに着いた僕は、整理券の一番をもらい、講座に参加した。

講座の内容はよく覚えていない。ただ、当時かはくの研究主幹でその日の講師を務められていた萩原博光先生には、その後も自分で見つけた変形菌のスケッチや疑問などを手紙で書いて送っては、その都度丁寧な手書きの返信をいただいていた。この萩原先生の丁寧さに、僕の変形菌熱が育まれたことは疑いない。

その日にもらった変形菌の飼育セットには、変形菌の一種モジホコリの菌核（乾燥して休眠状態になったもの）と少しのオートミールが入っていた。確か、菌核から変形体を再生させるのに一度失敗してしまい、萩原先生にお願いしてもう一度送っていただいた記憶がある。リベンジした菌核は無事変形体になり、オートミールを食べてたちまち大きくなった。僕は夏休み中、変形体が這い回るのを観察して、至福の時を過ごした。その記録は、夏休みの自由研究になった。

萩原先生に、もし変形菌に強い興味があるなら「日本変形菌研究会」に入会してはどうかとお誘いいただき、入会したのも確か小学生の終わりか中学生になるくらいのことだったと思う。この会では、毎年夏に全国のどこかで「合宿」を行っている。森に近い宿に泊まり、三泊四日ほどで昼は変形菌の採集、夜は顕微鏡を覗いて同定会という、変形菌好きにはたまらない会なのだが、研究会に入会したばかりの頃は、大人の集まりの中に入っていく勇気がなく、高校を卒業するまでは送られてくる会報を読んだり、自分で変形菌を探してみたりするくらいだった。でも、どんなところに変形菌がいるのかいまいちわからない。ゲッチョさんこと盛口満さんのいうところの「変形菌眼鏡」（『歌うキノコ——見えない共生の多様な世界』(1)）をまだかけていなかったのだ。そんなこともあり、高校生のときは変形菌からちょっと離れていた。

ゲッチョさんの『僕らが死体を拾うわけ——僕と僕らの博物誌』(2)を高校生の頃に書店で見つけたときの衝撃は今でも覚えている。当時、僕も死体を拾っていたのだ。こう書くとなんだか物騒だが、拾っていたのは主に昆虫の死体。前章で書いたように、昆虫は自分で採って殺さなければ綺麗な標本にできないと思っていた。ところが、死んだばかりの死体を拾えば綺麗な標本が作れることに気づいたのだ。注意して道を歩いていると、結構昆虫の死体が落ちている。中には死にたてあるいは死にかけのものも多い。慣れてくると、死にたての昆虫ばかり目につくようになった。そんなときにゲッチョさんの本に出会った。本の中には、生き物の死体を拾うという行為で生き物と付き合う距離感や、生き物好きの人が研究（仕事）として生き物に関わると、生き物を嫌いになってしまうのではないかといった、ゲッチョさんの大学生の頃の葛藤などが書かれていて、悩ましい高校生の僕は大いに共感し、胸をかき乱された。当時の僕は研究の「け」の字も知らなかったけれど。

ゲッチョさんの本の特徴は、なんといっても生き物の美しい線画だ。最近の本では綺麗な彩色が施されているが、初期の本はすべてモノクロの線画で表現されていた。僕が生き物の線画を描くようになったのは完全にゲッチョさんの影響である。

大学キャンパスの変形菌

変形菌から話が逸れた。

僕の変形菌熱が再燃したのは、やっと大学生になってからである。大学一年生だった一九九七年の冬には、国立科学博物館で「森の魔術師—変形菌（粘菌）の世界—」が開催された。もちろん見にいき、宝石のようにきらきら輝く子実体の美しさや、大きなアクリルケースの中を這い回る巨大な変形体の迫力に心奪われたのを覚えている。僕の部屋の入り口のドアには、いまだにこのときのポスターが貼ってある。

とはいえ、大学一〜二年生の頃は山岳部で山登りばかりしていたので、変形菌をゆっくり探す時間はあまりなかった。ただ、山岳部の報告書に「深澤は途中で出会った粘菌を連れて帰った」と書かれていた記憶がかすかにあるので、ずっと変形菌への興味はもち続けていて、偶然見つけたら採集してはいたのだろう。ただ、自己流で探していてもあまり芳しい成果はなかった。

変化が訪れたのは、大学二年生の頃だったと思う。勇気を出して、例の「合宿」に参加したのだ。島根県の三瓶《さんべ》山で行われた合宿では、三泊四日の日程で、就寝中の夢にまで変形菌が出てくるという至福の時間を過ごした。これに味を占め、翌年のゴールデンウィークに八丈島で行われた採集会にも参加した。

百聞は一見にしかずとはまさにこのことで、採集会に参加するようになってから、僕にも森の中で変形菌が見つけられるようになってきた。「変形菌眼鏡」を手に入れたのだ。

当時在学していた信州大学農学部は、長野県伊那市、ではなく隣の南箕輪《みのわ》村に位置し、構内演習林という広大な森の中にある（つまり演習林の中にキャンパスがある）。

朝の講義が始まる前に大学に行き、森の中をひとしきりうろついて変形菌を探すのが日課になった。食堂で昼食を食べた後は、そのまま食堂横の森に座り込んで変形菌を観察する。

気づいてみると、変形菌はいたるところにいた。

森の中で昼寝を始めたのもこの頃だ。昼食を食べて満腹になって森の中で変形菌を探してしゃがみ込んでいると、陽気のいい日などは眠くなってしまう。そのまま遊歩道の上に寝転がってウトウトしていると、こちらに近づいてくる足音がする。僕の他にも昼休みに森の中を散歩しようという奇特な人がいるのだ。まどろみながら足音を聞いていると、僕のところまで来る手前で足音は遊歩道を外れて大きく迂回していった……。やばい人（あるいは死体）だと思われたのかもしれない。

このようにして、家には変形菌の標本が溜まっていった。おそらく一人暮らしの狭い部屋の中で空気中に変形菌の胞子の密度が高かったのだろう。この頃は流しのシンクのジメジメしたところに、よく変形体が発生した。

ちなみに、変形菌の乾燥標本は、タバコの箱くらいの空き箱に入れて保管しておくのが一般的だ。変形菌研究会では、専用の箱を販売しているのだが、その頃の僕はそれを知らなかったのか、ケチっていたのか、空き箱の確保が最重要ミッションだった。

お気に入りは、駅のキオスクで必ず売っているボンタンアメの箱だったが、そんなに頻繁に電車に乗るわけでもないし、たくさん食べるものでもない。道端に落ちているタバコの空き箱を拾うのが日課になった。高校生のときの「死にたての昆虫」を見つける目と同じく、今度は「捨てられたばかりの綺麗なタバコの箱」を見つける目が身についた。そのうち、変形菌だけでなくタバコの箱を拾うことにもときめいていることに気づき、少し慌てた。

常に箱が不足するほど、変形菌はどんどん見つかった。心やさしいスモーカーの先輩がタバコの箱を大量にとっておいてくれたりした。ただ、信州大学農学部には変形菌を研究している研究室はなかった。

結局僕はキノコの研究室に入り、ここから現在に至る菌類の研究を始めることになる。僕と変形菌との関わりが、単に標本を集めて喜ぶだけの段階から、データを取って解析する研究の段階に進むのは、京都大学の大学院で昆虫の研究者、杉浦真治さんに出会い、変形菌に来る昆虫のデータを一緒に取るようになってから、さらには、博士号を取得して就職し、職場近くの山で枯木のデータを取り始めてからだ。

変形菌に来る虫

大学院から進学した京都大学で在籍した森林生態学研究室では、樹木をはじめ昆虫や菌類などさまざまな生物を対象に研究をしている人たちがいた。生物よりも生態系自体を対象として物質の移動や変化を調べる「生態系生態学」を専門にしている人もいた。その中で昆虫と植物の関係を研究していた杉浦さんは、興味・知識の守備範囲が広い上に論文を書くのが速く、憧れの先輩だった。当時博士課程の学生をされていたが、昆虫が関わる面白そうな研究テーマがあればサッとデータを取って次々と論文を出していた。

そんな杉浦さんが、僕が変形菌好きということで興味をもってくれた。変形菌に来る昆虫の研究を一緒にやらないかという。確かに変形菌を採集してくると、胞子まみれになってモゾモゾしている奴らがいる（図2-1）。放っておくと変形菌の乾燥標本がみんな食われてしまうので、変形菌屋にとっては厄介な存在なのだが、その姿かたち自体は可愛い。いろいろな変形菌でどんな昆虫が来るのかを調べたら面白そうだ。二つ返事で共同研究が始まった。

共同研究といっても、研究室に入ったばかりの修士一回生と、すでに何本も論文を書いている杉浦さんとでは研究力が月とスッポンで、実際には僕は変形菌の同定部分をお手伝いしただけだ。しかも自分では確信がもてない標本の同定は、変形菌研究会の大先輩、川上新一さんにお願いしたので、自分では大したことはやっていない。

図 2-1　マメホコリの子実体に来た甲虫。白丸の中の子実体の上に小さい甲虫がいる。マメホコリの直径はおよそ 5mm。このサイズ感を見てほしい（宮城県）

当時杉浦さんは、博士課程の研究テーマの一環で、モチツツジという葉の表面がねばねばしているツツジの葉を利用する昆虫類のデータを取るために、ほぼ毎日のように上賀茂にある京都大学の研究林（上賀茂試験地）に通っていて、この調査の合間に変形菌のサンプリングもされていた。すごいバイタリティだ。

上賀茂試験地は、約五〇ヘクタールの敷地の六〇％程度が天然生の二次林で、かつてはアカマツがそれらの林の主要樹種としてヒノキや広葉樹と混交していた。ところが一九六〇年代中頃から発生したマツ枯れによりアカマツは次々と枯死し、現在ではほぼ全滅してしまっている（『マツ枯れは森の感染症——森林微生物相互関係論ノート』）[3]。

ただ、その結果、林内にはほどよく腐ったアカマツの倒木が豊富に残っている。上賀茂試験地でのマツ枯れのピークは一九九一年頃なので、二〇〇一年当時は枯死後一〇年ほど経ったアカマツの倒木や切株が林内にたくさんあったことになる。

杉浦さんは、これらの倒木二六五〇本（！）と切株四〇九個を定期的にチェックし、発生していた変形菌の子実体を見つけ次第採取して、表面や中にいる昆虫やダニなどの節足動物と変形菌を標本にするという作業を二〇〇一年の六月から九月まで繰り返した。その結果、変形菌の標本が一五種三一八個、節足動物が一七七一個体得られた。

変形菌の同定は僕の担当だったのだが、本当に申し訳ないことに、自分の修士論文の研究で手一杯で、なかなか同定を終わらせることができなかった。やっと同定を終わらせることができたのは、大学に職を得て身辺が落ち着いた、二〇一三年のことである。杉浦さんがサンプリングしてから一〇年以上経ってしまった。その頃には杉浦さんも森林総合研究所の研究員としてさまざまなプロジェクトを手がけて多忙な日々を送っており、節足動物と変形菌のデータが合わせられて論文として発表されるのは、さらにその六年後、二〇一九年のことになる。(4)

論文の内容を紹介すると、変形菌ではシロススホコリ、キフシススホコリ、ムシホコリなどモジホコリ科や、サビムラサキホコリなどムラサキホコリ科の子実体が高頻度で見つかった。一方、節足動物ではマルヒメキノコムシやクリイロヒメキノコムシなどヒメキノコムシ科（図2-2）や、デオキノコムシ類などハネカクシ科の甲虫類（鞘翅目《しょうしもく》）が高頻度で見つかった。ハエ類（双翅目）が優占するキノコ

図 2-2　変形菌の子実体にいたマルヒメキノコムシ（左、体長 1.5 ～ 1.8mm）とクリイロヒメキノコムシ（右、体長 1.7 ～ 2.2mm）。全身胞子まみれ（杉浦真治博士提供）

（菌類の子実体）の昆虫群集とは異なり、甲虫類が優占するのが変形菌子実体の昆虫群集の特徴だ。

マルヒメキノコムシやクリイロヒメキノコムシは成虫だけでなく幼虫も変形菌子実体で見つかった。ヒメキノコムシ類は変形菌の子実体の上で生活史を回しているのだろう。成虫の体表は無数の毛で覆われており、変形菌の胞子が大量に付着している。また、成虫は枯木周辺を活発に飛び回るので、胞子散布に役立っているのかもしれない（ただ、変形菌の胞子は基本的には風で散布されると考えられている）。変形菌の胞子表面に見られる微細な毛も、けむくじゃらの昆虫の体表に付着しやすそうだ。ちなみに、成虫も幼虫も消化管の中には変形菌の胞子が詰まっていたが、顕微鏡で観察すると胞子は潰れて消化されているので、糞によって胞子散布している可能性は低そうだった（図2‐3）。

変形菌と節足動物の関係をもう少し詳しく眺めてみよう（図2‐4）。マルヒメキノコムシの成虫はススホコリ属やムラサキホコリ属、アミホコリ属、フンホコリ属、ウツボホコ

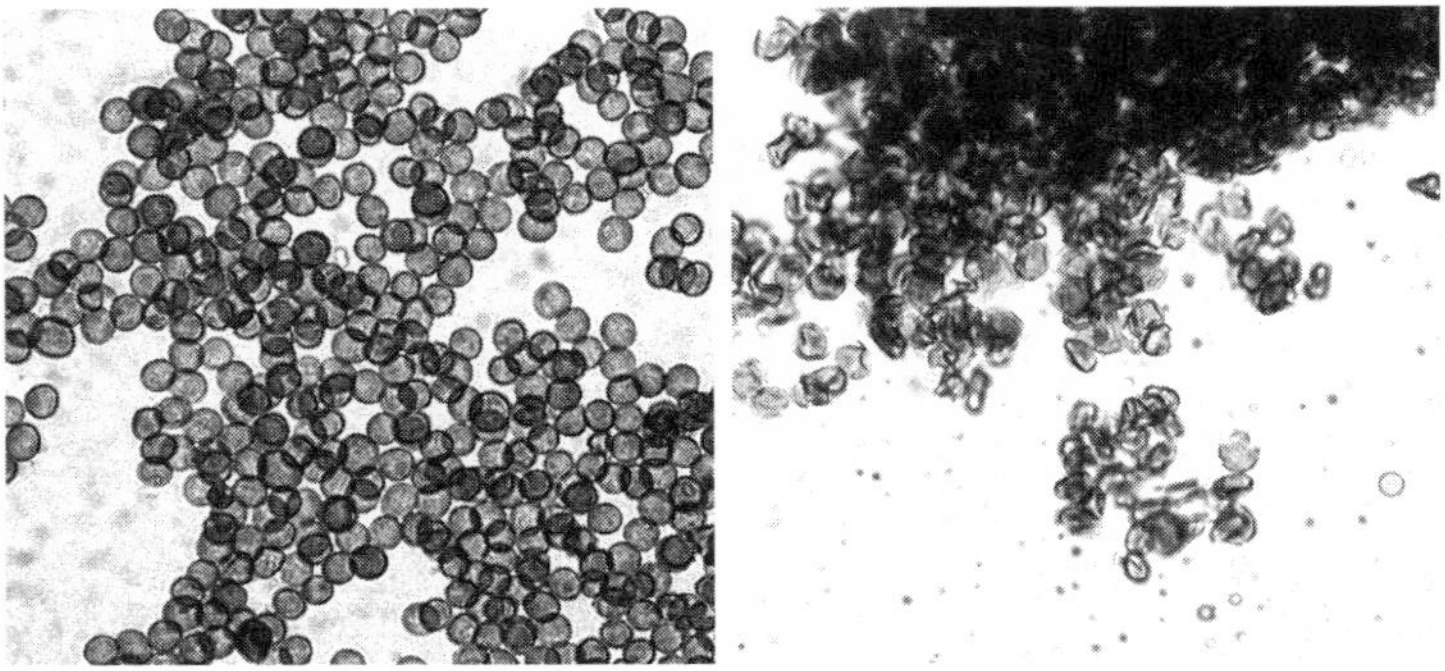

図 2-3　変形菌ススホコリの正常な胞子（左）とマルヒメキノコムシ成虫の消化管内の破壊された胞子（右）（杉浦真治博士提供）

昆虫	成長段階	ススホコリ属3種	ムラサキホコリ属4種	アミホコリ属1種	フンホコリ属1種	ウツボホコリ属2種	クダホコリ属1種	マメホコリ属1種	ツノホコリ属1種
クリイロヒメキノコムシ	幼虫	626	0	0	0	0	0	0	0
	成虫	339	117	0	0	0	0	0	0
マルヒメキノコムシ	成虫	67	83	18	17	46	30	1	3
ナカネマメデオキノコムシ	成虫	0	13	62	20	0	0	0	10
スメタナホテイケシデオキノコムシ	成虫	0	19	28	5	9	6	0	19
マルヒメキノコムシ属 sp. (rubidus)	成虫	10	14	2	2	4	1	13	2
ヒメキノコムシ属 sp.	成虫	0	1	0	39	0	8	0	0
トビイロホテイケシデオキノコムシ	成虫	8	8	5	0	7	0	1	1
その他 25 種		35	14	40	11	4	2	1	0

図 2-4　変形菌の子実体で採集された昆虫の個体数（杉浦真治博士提供）。8 種の変形菌すべてに訪れていたマルヒメキノコムシの成虫は広食性（ジェネラリスト）、幼虫・成虫ともに一部の属のみで見られたクリイロヒメキノコムシは狭食性（スペシャリスト）といえる

リ属、クダホコリ属、マメホコリ属、ツノホコリ属といった他の変形菌にも幅広く訪れていたので、広食性だといえた。一方、クリイロヒメキノコムシは幼虫がススホコリ属のみから見つかり、成虫もススホコリ属とムラサキホコリ属に限られていたので、より狭食性といえるかもしれない。広食性、狭食性はそれぞれジェネラリスト、スペシャリストと言い換えることができる（ただしこの場合、五種の変形菌を食べるクリイロヒメキノコムシは単食性という意味でのスペシャリストではない）。

変形菌の側から見ると、ススホコリ属やムラサキホコリ属の子実体は、おおむね一〇種以上の甲虫に利用されていて人気だったため、ジェネラリストといえる。こういった、ジェネラリスト種もスペシャリスト種も共に相手のジェネラリスト種と結びつき、スペシャリスト種同士が結びつくことが少ないような生物間相互作用の構造を「入れ子構造」と呼ぶ。入れ子構造は、花を訪れる昆虫群集のような送粉共生や種子散布など、植物と動物の関係や、樹木と菌根菌の共生関係でもよく知られているものだ（ただ、観察された個体数が少ない甲虫種では、十分なサンプリングができていないために入れ子構造が見られているだけかもしれないので、厳密には飼育実験などで食性を確かめる必要がある）。

こうして、杉浦さんのお手伝いをする形で、子どもの頃から好きだった変形菌でようやくアカデミックなことができた。

都市公園の変形菌

二度目のチャンスは、博士号を取ってから就職してすぐに巡ってきた。当時の僕は、博士号を取りたてで、生態学の面白さを広く一般に紹介したいと思っていた。また、アカデミックに学問を追究するだけでなく、自然保護などの実践につなげたいと考えていた。それで、埼玉県所沢市周辺でナショナルトラスト活動をしている「トトロのふるさと財団（現・トトロのふるさと基金）」に就職した。研究職ではなく、事務局の職員としての採用だったので、いろいろな仕事を経験させてもらったが、やはり研究者としては何か研究をやらずにはいられない。幸い、職場の仕事の一つに、トラスト活動で買い取った土地やその周辺の自然環境調査があったので、それを拡大解釈して、東京都東大和市にある「都立東大和公園」（第11章参照）で倒木の調査を始めた。

ひとまず大学院時代にやっていたような枯木に生えるキノコの調査をしようと思った。職場では地元の自然環境に詳しい方と知り合う機会が多かったので、どこか枯木の多い場所がないか聞いたところ、東大和公園を紹介していただいたのだ。教えてくれた方は、僕が食用キノコでも狙っていると思ったようだったが。

東大和公園は素晴らしい場所だった。京大の上賀茂試験地と同じく、マツ枯れで枯死したアカマツの倒木がいたるところにある。都立公園なのでしっかり管理されており、遊歩道沿いの木は枯れたら太い枝などが来園者に被害を与えないようすぐに切り倒されていたが、搬出されることはなく林床に横たえ

図2-5　公園内に放置されているアカマツの丸太。生き物観察に最適（東京都）

られているところも気に入った（図2−5）。マツ枯れによって全国でアカマツが枯死したので、これは現代の人里周辺のいわゆる里山の典型的な姿なのだろう。のちに、アカマツの枯木を訪ねて日本全国を巡り歩いたときも、「森林公園」の類を訪ねると大抵はたくさんのアカマツの枯木に出会うことができた。

東大和公園では、まずひたすらアカマツの倒木に番号テープをつけ、倒木を区別できるようにした。その数二〇〇〇本以上、これで本数だけは杉浦さんの変形菌調査と同じくらいまでいけた。あとは暇さえあれば倒木に通って、表面に発生している変形菌とキノコを記録した。週末はほぼ公園にいた。平日も自然環境調査の時間を捻り出し、公園に通った。

野外で見ただけでは種類がわからない変形

菌やキノコは、標本として採取して顕微鏡観察をした。標本は乾燥させて保存する必要があるが、大学のように大型の送風乾燥機があるわけでもない。仕方ないので布団乾燥機を大きい段ボール箱につなげて送風し、箱の中に作った棚に標本を並べて乾燥させた。温風で内部が蒸れてしまわないよう、段ボール箱の側面は開閉できるように工夫した。

幸い変形菌の標本はコンパクトだし、顕微鏡観察が必要なキノコはほとんどが倒木表面に平面的に広がったコウヤクタケ類だったので、標本はそれほどかさばらなかった。それでも膨大な数の標本はとても段ボール箱には収まり切らず、側面の扉から溢れ出し周囲の床を占領していた。布団乾燥機につながった段ボール箱の側面から放射状に変形菌やキノコの標本が床上に広がる光景はなかなかシュールだったと思う。一度訪ねてきた父親が驚いていた。息子にマッドサイエンティストの匂いを感じ取ったに違いない。

そんな調査を続けるうち、あることに気づいた。

調査対象はすべてアカマツの倒木なのだが、腐朽の進んだ倒木は茶色くブロック状に崩れているもの（褐色腐朽）と、白く繊維状に柔らかくなっているもの（白色腐朽）があり、どうも発生する変形菌の種もこれらの腐朽型の間で違っているようだった。

ただ、こんな大量の標本を顕微鏡で観察して同定する作業を、会社勤務の傍らこなすのは不可能だった。この標本も、同定に腰を据えて取り組めたのは大学に職を得てからで、結果が論文として公表されたのは、二〇一五年になってからだ。このときにも、変形菌研究会の大先輩、高橋和成さんに同定を手伝っていただいた。

二〇一〇年の一シーズンの調査で記録された変形菌の種数は四一種(七変種含む)だった。これは一ヶ所の調査地でアカマツ一樹種の倒木に絞った調査としてはだいぶ良い成果だと思う。高橋さんが西日本の八ヶ所の調査地でアカマツ倒木の変形菌を二年間にわたり調査した例では四一種三変種が記録されている[5]。

データを解析した結果、やはり倒木の腐朽型は変形菌の種組成に影響していた。褐色腐朽した倒木によく出ていた変形菌はアミホコリやフシアミホコリなどアミホコリ属の種が多かった。一方、白色腐朽した倒木にはツノホコリ属のエダナシツノホコリがよく生えていた[6](口絵⑥)。

腐朽型の違いはなぜ変形菌の種組成に影響するのだろう? 変形菌の変形体は強固な細胞壁に守られておらず、細胞膜が露出しているので、周囲のpHなど環境条件の影響を受けやすい。褐色腐朽した材はpHが低下するので、pHに対する好みが種組成に影響するのかもしれない。

また、pHは変形菌の餌であるバクテリアにも強い影響があることが知られている。pHが倒木のバクテリア群集に影響することで間接的に変形菌群集に影響している可能性もある。

ちなみに、このときの調査では欲張って倒木上のコケもサンプリングしていた。コケのデータも解析してみると、コケにも褐色腐朽を好むものとそうでないものがいた。例えばナガハシゴケは褐色腐朽を好むようだったが、コモチイトゴケやシシゴケは白色腐朽を好むようだった。これは第1章で紹介した御嶽山の亜高山帯針葉樹林での調査結果とも一致するが、コケの種類は異なる。場所によって登場する種類も違って面白い。

また、コモチイトゴケは変形菌のウツボホコリと同じ倒木に発生する傾向があるようだった。これは、これら二種がただ単に同じ環境が好きなだけかもしれず、もっと詳しく調べなければなんともいえないが、変形菌とコケにも何か関係性があるのかもしれない。例えばメダマホコリ（*Colloderma oculatum*）という変形菌は、水の滴る岩や倒木上のコケの上で見つかることで有名だ。[7] メダマホコリの特徴は、黒い球状の子実体が透明なゼラチン質に覆われていることで、この様子が目玉のように見えるので、この名がつけられた（*oculatum* は「眼を持つ」という意味）。同じ属に、オオメダマホコリという種類もいる。なんだか怒られそうな名前だ。他にも、バルベイホコリという変形菌は、フクロヤバネゴケやヤバネゴケ属の苔類の上によく見つかる。[8]

変形菌の飼育実験

変形菌は枯木の中のバクテリアや菌類などの微生物を食べていると考えられている。枯木は炭素が豊富なのに比べ窒素をはじめとした養分が乏しいので、バクテリアや菌類は枯木を分解して得た養分を自分の体の中に溜め込み、生きている限りなかなか放出しない。一方、これらの微生物を餌としている変形菌は、養分を含んだ排泄物を環境中に放出する。つまり、変形菌は枯木の中で養分の放出（タンパク質などの有機物だった窒素などの養分が分解されて無機物として放出されるので、「無機化」と呼ばれる）

に関わっていると考えられる。

枯木の腐朽型が変形菌の種組成に影響するということは、枯木内部の微生物を食べることによる養分の無機化にも腐朽型が影響する可能性がある。学生の駒形泰之くんと、飼育実験でこの効果を確かめることにした。プラスチックのケースの中に、褐色腐朽材、白色腐朽材を砕いたものを詰める。腐朽材は、これまでも調査してきたアカマツのものを野外から採取してきて使った。滅菌はしていないので、枯木の中には野生の微生物群集がいる。この中に、変形菌イタモジホコリの変形体を放し、一ヶ月ほど培養してから、腐朽材から水で養分を抽出して、腐朽型による違いを調べる。変形体が腐朽材の中の微生物を食べて排泄すれば、腐朽材の養分濃度は上がるだろう。イタモジホコリの変形体は、川上新一さんからいただいた。

生きた変形体の影響を調べるには、対象区実験として変形体を入れないケースも作る必要がある。ただし、この実験では「変形菌が無機化した養分」だけでなく、「もともと変形体に含まれていた養分」も検出される可能性があるので、「変形体を入れない実験」ではなく、「死んだ変形体を入れた実験」が比較対象として良いだろうと考えた。でもいったいどうやって変形体を殺せばいいのだろう？　いつも微生物を滅菌するときのように高温高圧滅菌（オートクレーブ）をすると、培地の寒天ともども溶けてしまいそうだ。悩んでいたところ、駒形くんがつぶやいた。

「凍らせたらどうですか？」

確かに、凍らせれば変形体はおそらく形を保ったまま死ぬので実験に使いやすそうだ。駒形くんのアイデアで実験がうまく進んだ。

結果は予想していた通り、生きた変形体を入れて培養すると腐朽材の養分濃度は増加した。変形体が腐朽材の中の微生物を食べて養分の一部を排泄したのだろう。特にカルシウムやマグネシウムの濃度が増加していた。カルシウムは変形体がアメーバ運動をするときの原形質流動に重要で、活動中の変形体には高濃度のカルシウムが含まれている。これが周囲に放出されることで、変形体の活動は周囲のカルシウム濃度に影響しているのだろう。

注意してほしいのは、この実験では実験後の腐朽材から水で抽出した養分を測定していることだ。腐朽材の中には、有機物に結合した養分や微生物が体内に保持している養分がある可能性はあるが、それは測定できていない。あくまで無機物として水に溶け出してきた養分だけを測っている。

面白いことに、窒素（硝酸）濃度への変形体の影響は、白色腐朽材と褐色腐朽材で逆だった。褐色腐朽材では生きた変形体がいると硝酸濃度が高まった一方で、白色腐朽材では逆に低下してほぼゼロになった。白色腐朽材には微生物が利用可能な炭水化物がたくさん含まれているので、それを利用して窒素固定バクテリアが増え、空気中の窒素を固定したのかもしれない。変形体がいて窒素固定バクテリアを食べてしまうと、窒素が固定されないため、硝酸濃度が低下した可能性がある。一方、褐色腐朽材には難分解性のリグニンが蓄積していて、pHも低いので窒素固定バクテリアは増えにくく、窒素分はもともと少ない。生きた変形体を入れると褐色腐朽材で硝酸濃度が高まる理由はよくわからないが、腐朽型による微生物群集の違いが、変形体による養分無機化に影響していそうだ。

変形体は何を食べるのか――安定同位体分析

では実際、枯木の中で変形体はどんな微生物を食べているのだろうか？　変形菌を胞子から発芽させて培養するときには、餌として大腸菌（バクテリア）を使うことが多く、このことから変形菌は主にバクテリアを食べていると考えられている。しかし、培養が成功している変形菌の種は限られており、野外でどんなものをどのくらいの割合で食べているのかはよくわかっていない。

一方で、森で観察していると、這い回っている変形体がキノコに覆い被さって消化しているのをよく目にする。胞子から発芽したばかりの微小なアメーバのときにはバクテリアを食べているかもしれないが、巨大な変形体になった後はキノコ（菌類）を主に食べている種類も多いのではないだろうか。このことを、炭素・窒素の安定同位体分析という方法で確かめてみることにした。

あらゆる物質を構成する原子は原子核とその周りを回る電子からできている。太陽（原子核）の周りを回る地球などの惑星（電子）のようなイメージだ。電子は負の電価を帯び、原子核はその中に含まれる陽子のために正の電価を帯びていて、電子と陽子は数が等しいために、電気的に釣り合いが取れている。

原子核の中には、陽子の他にも電価を帯びない中性子が含まれている。中性子の数は、陽子の数と同じか、それより一つか二つ多かったり少なかったりする。つまり、同じ元素の原子でも、中性子の数が微妙に違うものがあるということだ。例えば炭素原子の原子核は陽子を六つ含むが、中性子は六つ、七つ、八つの原子が存在する。それぞれ、質量数は陽子と中性子の数を足して一二、一三、一四となり、^{12}C、^{13}C、^{14}Cと表記する。本書ではそれぞれ炭素12、炭素13、炭素14と書く。これらを炭素の同位体と呼び、自然界での存在量は大きく異なる。炭素12が九九％程度と大部分を占め、炭素13が一％程度、炭素14はごく微量しか存在しない。

陽子と中性子の数のバランスにより、原子核が不安定な原子と安定した原子がある。炭素の場合は、炭素12と炭素13は安定だが、炭素14は不安定で、放射線（ベータ線）を出しながら崩壊していく。安定な炭素原子を炭素の安定同位体と呼び、不安定な炭素原子を炭素の放射性同位体と呼ぶ。福島の原発事故で放出されたセシウムは原子番号が55（つまり陽子を五五個含む）だが、少なくとも三九種類もの同位体をもつらしい。セシウム１３３（中性子は七八個）が唯一の安定同位体で、セシウム１３４（中性子七九個）、セシウム１３７（中性子八二個）などは放射性同位体だ。

このうち、安定同位体が食物網の研究に古くから使われている。これは生物の代謝における、炭素と窒素の同位体分別といわれる仕組みに基づいている。

まず炭素について考えてみよう。植物は光合成で炭素を固定するので、植物を形作っている炭素は光合成したときの大気中の炭素の同位体比（炭素12と炭素13の比）を反映している。そしてその植物を食べた生物の炭素同位体比も、植物の同位体比を反映したものになるのだが、その生物は呼吸をしているので、食べた炭素のうちの一定の割合は呼吸で飛んでいくことになる。このときに、中性子数が少なくてやや軽い炭素12のほうが優先的に呼吸に使われて飛んでいくので、生物の体内では炭素13の比率がわずかに上がる。これが同位体分別だ。そして、この生物を食べた生物の炭素13の比率もまた、わずかに上がる。このようにして、炭素13の比率は、もとの植物の値を基準として、食物網の段階が上がるにつれて少しずつ上昇していく。

炭素と同様に、窒素にも安定同位体がある。窒素の原子番号は7で、天然に存在する窒素の九九％以上は中性子が七つの窒素14（^{14}N）だが、中性子が八つの窒素15（^{15}N）も微量に存在する。炭素の場合と同様に、窒素も軽いほうから優先的に排泄（尿など）されていくので、食物網の段階が上がるにつれて窒素15の比率が少しずつ上昇していく。

炭素13も窒素15も、自然界での存在量はごく微量なので、比率の計算には炭素12や窒素14との直接的な比率ではなく、標準物質との違いを比率で表したものを使用する。それでも変化はごくわずかなので、変化量を千分率（‰）で表したものを使う。炭素の標準物質は矢石（べレムナイト、白亜紀末に絶滅したイカに似た頭足類の化石）、窒素の標準物質は大気窒素が使われる。

ある生物が他の生物に食われると（「栄養段階が一つ進む」という）、炭素13の比率は約一‰、窒素15の比率は約三‰上がることが知られているので、その場所で食物網の起点となっている植物の同位体比と、対象となる生物の同位体比がわかれば、その生物が何を食べているか、大まかに把握できる。

図2-6　ニガクリタケの柄に生える2mmほどの「こけし」。シロジクモジホコリの子実体（山形県）

変形菌のお食事メニュー

安定同位体分析の説明が長くなってしまったが、この方法で変形菌が何を食べているのかを調べた。倒木上に生えている変形菌と、餌候補のキノコ、さらにそのキノコが炭素源として利用しているであろう倒木自体をサンプルとして持ち帰り、それぞれの炭素と窒素の安定同位体比を測定した。

こう書くと論文のようにあっさりしているのだが、変形菌のサンプルを集めるのが大変だった。まんじゅうのような形をした大型の変形菌は問題ないとして、小型の変形菌を集める作業では、顕微鏡を覗きながら二ミリくらいの「こけし」型をした子実体を一つひとつピンセットで集めた（図2-6）。サンプルに枯木などが入ると値が信頼できなくなってしまうので、純粋に変形菌だけを集めなければならない。つまんでもつまんでもなかなか十分量（乾燥重量で三ミリグラム程度）が集まらなかったが、肩こりになりながらなんとか集めることができた。

このように苦労して集めたサンプルを、京大のときの先輩である兵藤不二夫さん（岡山大学）に送って分析していただいた。すると、変形菌のサンプルはやはり多くの腐生菌のキノコよりも窒素15が三‰ほど高い位置に表示され、キノコを食べているらしいことがわかった。また、生きた植物から炭素を受け取っていて同位体分別が進んでいないと考えられる菌根菌のキノコは、倒木上に生えていたにもかかわらずちゃんと腐生菌のキノコよりも炭素13が低いところに表示されていたが、面白いことに菌根菌のキノコよりも窒素15が高いところに表示される変形菌はまったくいなかった。つまり、同じキノコでも菌根菌のキノコを食べる変形菌はいないようなのだ。今回調査した枯木にいる変形菌はもっぱら腐生菌のキノコを食べているらしい。

もう一つ面白かったのは、マツノスミホコリがとても低い炭素13の値を示したことだ。この種は新鮮なマツの枯木に発生することで知られる(図2-7、口絵⑦)。分析したサンプルが一つしかないのではっきりしたことはいえないが、もしかするとマツの枯死直後にはまだ残っていると思われる師管液の中の糖をじかに利用しているのかもしれない。マツノスミホコリは真っ黒で大型の子実体を作るので見つけやすい。この研究では調査地を決めて変形菌の調査をしたので、マツノスミホコリのサンプルが一つしか得られなかったが、調査地を決めず全国を調査対象にすればたくさんのサンプルが集められるかもしれない。日本変形菌研究会を通じて会員の方々に呼びかけていただいたところ、たくさんのサンプルを集めることができた。これを使って分析すればマツノスミホコリが何を栄養にしているのかがわかるかもしれない。楽しみだ。

その他の変形菌も、同位体の値は種類によってかなりばらついていた。おそらく、食事のメニューに占める腐生菌の割合は、

図 2-7　マツの枯木に発生したマツノスミホコリと、それにやってきたベニヒラタムシ。大人の目線くらいの高さに発生していた（宮城県）

変形菌の種類によってだいぶ異なるのだろう。やはりバクテリアなど他の微生物をそこそこの割合で食べている種類もいるのかもしれない。とはいえ、野外のバクテリアの同位体比を測定することは難しい（分析に必要な量のバクテリアを野外から集めるのは不可能だ）。バクテリアだけが純粋に塊になっていてくれれば話は別だが、今のところそんな都合のいいものは見つけられていない。

変形菌は種類によっては培養できるので、与える餌をいろいろ変えてみて、それによって変形菌の同位体比が本当に変わるかを確かめる実験も必要になる。バクテリアだけを与えて育てた変形菌とキノコだけを与えた変形菌で、同位体比が違うことを示せれば完璧だ。ただ、これも簡単ではない。変形菌にはバクテリアが一緒に付着していることが普通だからだ。なんとかしてバクテリアフリーの変形菌を作

らなければ厳密な実験はできない。抗生物質でバクテリアの増殖を制限しながら培養を繰り返す必要があるが、まだ成功していない。ちょっと油断するとバクテリアがすぐに抗生物質への耐性を獲得してしまってなかなか完全な「フリー」にできないのだ。

そんなことで、「変形菌のお食事メニュー」プロジェクトは足踏み状態だ。野外でバクテリアの塊を見つけられた方はぜひご一報ください。

フィールドノートから

変形菌好きが集う「日本変形菌研究会」は、僕と年齢が同じらしい。三〇歳のとき、研究会の三〇周年の記念品として「変形菌バンダナ」の図案デザインを担当した。ここに載せたスケッチは、そのときの図案の一部である。デザインするのは楽しい時間だった。最近はスケッチする時間も野外調査中に昼寝する時間もあまりないが、意識してそういう時間を作ったほうがいいのかもしれない。

変形菌は不思議な生き物である。フサホコリのように一つの変形体が「こけし型」のたくさんの子実体に分かれる種もいれば、それがいくつも合体したようなタチフンホコリやハチノスケホコリのような種もいる。アメーバ状態で動き回っていた変形体が盛り上がってそのまま子実体になったようなススホコリのような種もいる。子実体が形成されるときのタイムラプス映像を見ると、変形体がリズミカルに動きながら一斉に小分けになり、一斉に立ち上がり、一斉に動きを止める。変形体がリズミカルに動く様子を眺めていると時間を忘れるし、子実体形成で小分けになった後に空高く（といっても数ミリ）柄を伸ばしてから力尽きるように動きを止める様子には感情移入してしまい、見終わると僕も疲れ果てたような気がする。このＢＢＣの動画（＊１）も良いが、子実体形成についてはこちらの動画（＊２・＊３）もおすすめだ。

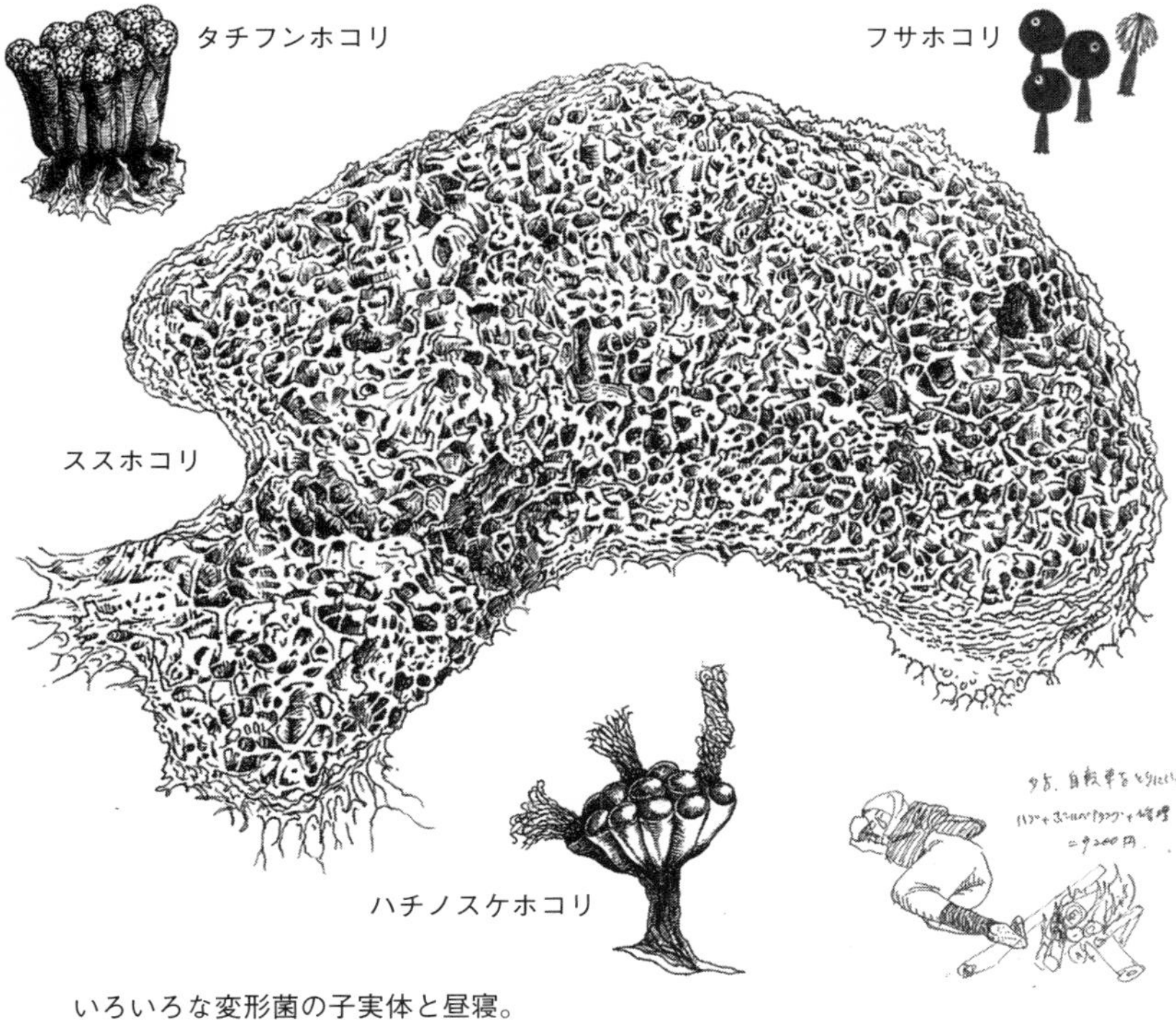

いろいろな変形菌の子実体と昼寝。

＊1……YouTube「Mould Time-lapse-The Great British Year: Episode 4 Preview-BBC One」BBC
https://www.youtube.com/watch?v=GY_uMH8Xpy0

＊2……YouTube「Slime mold sporangia development」Daniel Brunner
https://www.youtube.com/watch?v=B8dl_CuwQhk

＊3……YouTube「真正粘菌 Slime mold」株式会社アイカム
https://www.youtube.com/watch?v=EBAP-u4hYbM

第3章　キノコ――記憶し決断するネットワーク

キノコはかりそめの姿

　コケや変形菌と違い、子どもの頃はキノコにはそれほど興味がなかったように思う。なぜかはわからない。サイズが大きかったからかもしれない。しかしキノコは菌類のかりそめの姿（胞子を散布するための器官）であり、その本体が「菌糸」という細い糸状をしていていてネットワークをいたるところに張り巡らせているということを知ってからは、その面白さに取り憑かれてしまった。つまり僕は「キノコ」よりも「菌糸」に興味がある。

　キノコに本格的に興味をもったきっかけは、大学の講義で菌根菌について知ってからだったと思う。四億年前の植物の陸上進出の立役者ともいわれる菌根菌は、現在ではタデ科やアブラナ科などごく限られた植物以外、ほぼすべての植物の根に入り込み、共生関係を築いているという。さらに面白いことに、菌根菌は土壌中に菌糸を張り巡らせ、あちこちの植物と共生関係を結ぶことにより、植物同士を地下でつないでいるらしい。これは最近のホットなトピックでもあるので、一九九八年の大学の講義でそこまで紹介されていたか、定かではない（でも菌根菌を介した植物間の炭素の移動の可能性を野外で初めて報告したスザンヌ・シマード博士の論文は一九九七年に出ている。第4章参照）。もしかしたら記憶が改変されているのかもしれないが、いずれにせよ、その頃伝統的な植物社会学（野外の植物集団の種組成や時間的な変化を調べ、種間相互作用や環境との関連を調べる学問分野）に触れ、その方向に進みたいと考えていた僕にとって、地下の菌類が地上の植物に大きな影響を与えていそうという話は衝撃的だった。明らかに、伝統的な植物社会学ではカバーできなそうであった。

そんなことで、それまで熱心に参加していた植物社会学の研究室からあっさりキノコの研究室に鞍替えすることにした。幸い、信州大学農学部にはキノコを専門に研究している研究室があった。その名も「応用きのこ学研究室」。卒業研究ではマツタケ菌糸の培養特性に取り組み、秋は大学構内のカラマツ林で豊富なキノコを採ってキノコ鍋というキノコ三昧の生活を送ることになった。ちなみに、このときはマツタケの菌糸を寒天培地で培養していただけで、マツタケのキノコを栽培していたわけではない。マツタケは、菌糸は寒天培地でも伸びるが、菌根菌なので生きたマツなどの根と共生関係を築かないとキノコを出さない。

黒光りする糞

ただ、やはりもっと生態学的な研究がしたい。野外でキノコはどんな暮らしをしているのだろう？

二〇〇〇年三月、広島大学で開催された日本生態学会の年次大会に参加してみることにした。生態学会は大きな学会で、あらゆる生物を対象とした研究者や、生物だけでなく物質循環などの研究者も集まるので、菌類の研究はマイナーなのだが、その年「森林の日陰者に光を」というタイトルの菌類関係の自由集会が行われることになっていた。

そのときの講演者の中に、カワウという鳥の黒光りする糞について関西弁で力説する怪しげなお兄さんがいた。当時京都大学の森林生態学研究室の大学院生だった大園享司さんだ。大園さんは糞の研究をしていたわけではなく、落葉を分解する菌類の研究をしていた。そのときは、琵琶湖の伊崎半島に住み着いたカワウの大量の糞が落葉の菌類と分解に与える影響について発表していたのだった。

落葉は、枯木と同じように細胞壁を持った植物の細胞からできている。細胞壁にはリグニンやセルロースが含まれるので、構造を形作っている物質は枯木と同じだ。ただ、枯木は死んでから時間が経った細胞が多いのに対し、落葉はごく最近まで生きていた細胞が多く、窒素やリンなどの養分の含有率が高い。

植物にとっても養分は貴重なので、葉を落とす前になるべく取り戻そうとする。これを養分の引き戻しという。秋に紅葉する理由の一つはこれだ。葉緑体タンパク質クロロフィルは窒素を含むので、落葉前に分解され、樹体に引き戻される。緑色のクロロフィルがなくなるので、残ったカロテノイドの黄色やアントシアニンの赤が見えるようになる。

このようにして養分が引き戻されても、落葉の養分濃度は枯木に比べ一桁高い。枯死したばかりの枯木の窒素濃度が〇・二％程度だとすると、落葉の窒素濃度は二％程度である。

たった二%と思うかもしれないが、枯木と比べて一〇倍の差は大きい。落葉には枯木とはまたガラッと違う種類の菌類が発生する。落葉の中で縄張り争いを繰り広げる小さな菌類や、降り積もった落葉の層全体に大きなコロニーを広げる菌類もいる。前者はどちらかといえば葉が落ちた直後に生える菌類で、後者は分解が進んだ落葉層に生える菌類だ。

生きた葉に潜む内生菌

面白いことに、葉が落ちた直後に生える小さな菌類の多くは、葉がまだ生きているうちから葉の中に潜んでいるらしい。葉（などの植物組織）に病気を引き起こすわけでもなく潜んでいるこういった菌類のことを「内生菌」と呼ぶ。「病気を引き起こすわけでもなく」という表現自体が、すでに「菌＝病気」という偏見を含んでいる気もするが、内生菌の定義がこうなっているのだから仕方がない。内生菌が植物にもたらす良い効果がわかってきたのは、ごく最近のことだ。

内生菌は、その定義が示す通り、生きた葉（などの植物組織）にいる、というだけの大雑把な括りなので、じつにさまざまな菌類が含まれる。葉が元気なうちは内生菌としてじっとしているが、葉が弱ってくると病気を引き起こすような種類や、逆に他の病原菌から葉を保護する効果がある種類も知られている。

特に後者は農業への応用が期待されていて、研究が盛んだ。チョコレートの原料になるカカオや、「奇

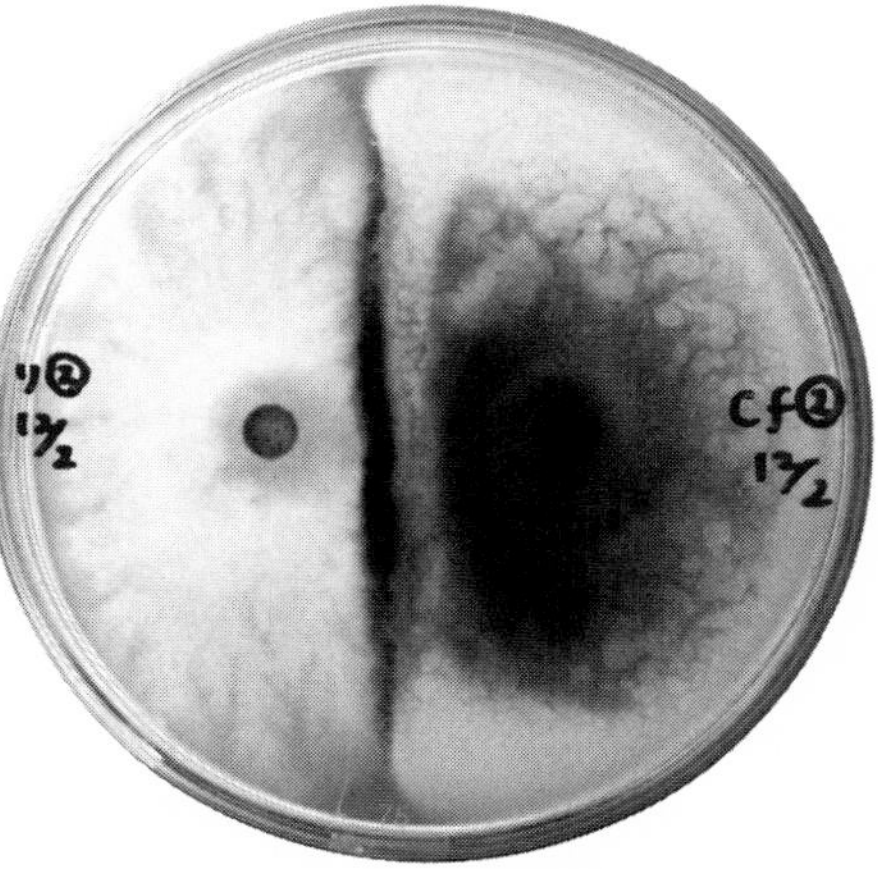

図3-1　内生菌コレトトリクム（右）は、寒天培地上でも病原菌（左）の成長を妨げる。左右のコロニーがそれぞれ相手の菌糸の侵入を阻止するために着色物質を分泌することで、黒い境界線ができる。カカオなど作物の葉に内生菌を接種しておくことで、病原菌の感染を抑えることができる。これは農薬の使用を減らした農業に応用できるかもしれない

跡のリンゴ」として有名になった青森県の自然栽培でも、葉の内生菌が病気を抑える効果があることが報告されている。

カカオの木は、ファイトフトラという病原菌に感染すると、葉の壊死が起こって収量が減少してしまう。ファイトフトラは、一八四〇年代のアイルランドで大飢饉を引き起こして北アメリカへの大量移民の引き金となったジャガイモ疫病菌や、近年ではアメリカでナラ類樹木の大量枯死（Sudden oak death）を引き起こしたファイトフトラ・ラモルムなどを含む病原力の強いグループだ。

そこで、カカオの木に、あらかじめ内生菌のコレトトリクムやフザリウムを感染させておく。すると、その後にファイトフトラの胞子を振りかけてもカカオの葉が病気

になりにくい。[1] これは農薬の使用を抑えた農業に応用できそうだ（図3-1）。ただ、内生菌の存在は、常に体に居候を抱えているようなものなので、植物にとってコストになるかもしれない。病気にならない代わりに成長に悪影響が出たりしないのだろうか。

まだあまり研究例は多くないが、二〇一九年の論文によると、内生菌コレトトリクムを感染させたカカオの木は、内生菌のいない木に比べ窒素の吸収量が多く、大きく成長した。[2] つまり成長へのデメリットはなかったどころか、むしろ成長がよかったのだ。

こうしてみると、内生菌は植物にとってなくてはならない存在に思える。私たち人間にも、皮膚に常在菌と呼ばれるバクテリアがおり、皮膚の健康を守ってくれている。それと同じようなものなのかもしれない。

ただ、コレトトリクムは、か弱い芽生えや弱った葉など、条件や種類によっては植物に病気を引き起こすことが知られている。[3] また、それ以外の内生菌も、落葉した後は急に菌糸を伸ばし、落葉を分解する。植物を守っているといっても、あくまで自分が後で利用することになる植物をライバルの菌に取られないように守っているに過ぎないのかもしれない。

落葉の分解プロセス

大園さんの落葉分解の研究に話を戻そう。

葉が落ちると、含水率の低下を感じ取った内生菌は、急に菌糸を伸ばし、落葉を占有する。早い者勝ちだ。このために内生菌はこれまで葉の中でじっと待っていたのだ。

新鮮な落葉の中には光合成産物の糖がまだ豊富に含まれている。内生菌はこれを使って成長して縄張りを確保すると、すぐに胞子を作る。落葉には、内生菌の縄張り争いの跡が綺麗なモザイク模様となって現れる（図3-2上、口絵⑧）。

内生菌はなぜ大急ぎで胞子を作って落葉から去っていくのだろうか。それは、葉が土に触れたが最後、土の中にいる競争力の強い菌類が落葉に侵入してくるからだ。侵略者たちは、落葉層に大きなコロニーを作っている種も多く、新しく落ちてきた落葉を次々と呑み込んでいく（図3-2中）。また、複数の菌糸が束になった菌糸束《きんしそく》を伸ばしてたくさんの落葉や枯枝をつなぐようにネットワークを作る種もいる（図3-2下）。

すでに内生菌が糖を食べてしまった後なので、侵略者たちにはリグニンやセルロースといった分解しづらい成分しか残っていない。そのため、侵略者たちはリグニンやセルロースに対する分解力も併せ持っている場合が多い。

これらの菌類が順番に定着することで、落葉は分解されていく。最終的には、リグニンの一部は分解されずに残り、ミミズやダニなどの土壌動物に食べられて排泄されることで土壌団粒を形成し、土となっていく。また、土壌動物の消化管を通過する過程でタンパク質と結合して土壌腐植物質となる。つまり、この段階で糞に含まれる炭素の量が、土壌に貯留される炭素の量となる。

落葉にモザイク状に広がる菌類のコロニー。それぞれのエリアが菌類の「個体」。一枚の落葉の中でこれだけの数の菌類がせめぎ合っている。白くなっている部分はリグニンが分解されている（種子島）

大きなコロニーが複数の落葉にまとめて定着してリグニンを分解している様子（アメリカ、ミネソタ州）

枯枝に広がる菌類のコロニーから、左に向かって菌糸束が伸びている（アメリカ、ミネソタ州）

図 3-2　菌類が落葉や枯れ枝を分解する様子

カワウの糞の影響を調べる――リターバッグ法

だいぶ話が遠回りしたが、カワウによる大量の糞は、この落葉分解のプロセスにどんな影響を与えるのだろうか?

網袋に落葉・落枝を入れて一定期間放置したのちに葉の重量や養分量を調べる「リターバッグ法」を使って大園さんたちが調査した結果、カワウの糞が大量に降り注いでいる場所では落葉・落枝の分解が遅くなっていることがわかった。特に落葉・落枝の成分のうちリグニンの分解が遅くなっていた(4)。

分解研究の世界的大家、スウェーデンのビョルン・バーグ博士によれば、窒素の豊富な条件では落葉・落枝のリグニン分解は阻害されるらしい。これには三つの説明が考えられる。一つ目は、菌類群集が変化してリグニン分解力のある白色腐朽菌が少なくなる可能性、二つ目は、個々の菌類がリグニンをあまり分解しなくなる可能性、三つ目は、豊富な窒素がリグニンに結合し、リグニンに類似した化合物が二次的に合成される可能性だ。

大園さんたちがこの調査地で菌類群集の調査も行ったところ、リグニン分解力のある担子菌類の菌糸がほとんど見られなくなっていた(5)。また、調査地の落葉から菌を純粋培養して、実験室でも落葉の分解実験を行ったところ、培地の窒素濃度が高いと個々の菌種のリグニン分解力も低下した(6)。

さらに、調査地で回収したリターバッグの落葉・落枝から、窒素安定同位体を測定した。すると、リターバッグを設置した直後から落葉・落枝の窒素15の割合が非常に大きくなっていた。これは、落葉・

落枝がカワウの糞由来の窒素を吸収していることを意味する。カワウは琵琶湖の生態系の最上位捕食者なので、第2章で紹介した通り、その糞に含まれる窒素15の割合は相当高くなっているからだ。

他の養分も測定したところ、落葉・落枝は窒素だけでなく、リンやカルシウムも吸収していた。カワウの糞が堆積した場所で落葉・落枝の分解が遅くなり、糞由来の窒素やリン、カルシウムを吸収している。これは、落葉・落枝が養分の貯蔵庫として機能していることを意味する。糞の過剰な窒素やリンが森林の落葉・落枝に吸収されることで琵琶湖に直接流れ込む養分量が減り、琵琶湖の富栄養化を少しでも遅らせる効果があるかもしれない。

特に落枝は、重量あたりのリンの吸収力が落葉の一〇倍にも達した。このことは、落枝つまり枯木が、森林の養分貯留に重要であることを示唆している。この章の冒頭で紹介したように、枯木は落葉に比べ養分濃度が非常に低い上に分解に時間がかかるので、地上に落ちた後は養分を吸収して長期にわたり養分貯蔵庫として働くのだ。

菌糸の養分輸送力

生態学会の自由集会後の懇親会で大園さんに詳しい話を聞き、腐朽菌類の生態に興味をもった僕は、大園さんのいる京都大学の森林生態学研究室に進学し、腐朽菌の研究を始めた。ブナの天然林を舞台に、枯木の分解の研究をすることになるが、そのときの話は前著『キノコとカビの生態学――枯れ木の中は戦国時代』(共立出版)に書いたので、ここでは卒業後の話を書こうと思う。

枯木が養分貯蔵庫として働くのは、土から枯木に定着してきた菌類の菌糸体が土と枯木をつなぎ、ポンプのようにして養分の豊富な土から枯木に養分を流し込むからだ。

菌糸は細長い細胞が連なってできている。細胞と細胞の間には隔壁と呼ばれる細胞壁があるが、隔壁には孔が開いていて、水や養分、低分子量の物質は細胞間を移動することができる(*1)。一グラムの土目に見えないほど細い菌糸のポンプといえど、それが幾万と集まれば強力な力になる。一グラムの土の中には数百メートルの生きた菌糸がいる。[7] 一グラムの土はおよそ〇・四立方センチメートルなので、爪の先くらいの中に長さ二センチの菌糸が数万本あることになる。

菌類は微生物だが、一つの菌糸体の広がりはかなり大きくなる。腐ったミカンの上に円形に広がった青カビを見たことがある人も多いだろう。あれが一つの菌糸体の広がりだと思っていい。土の中には、さらに大きな菌糸体が広がっている。数メートルの範囲に広がることはザラで、アメリカ、オレゴン州で見つかった最も大きい記録だと、総面積九六五ヘクタールに広がっていたというものがある。[8] ほぼ一つの森の面積だ。推定された菌糸の重量は、一五ヘクタールの菌糸体でも一〇トンを超える。[9] 九六五ヘクタールの菌糸体ではシロナガスクジラの重量(一四〇トン程度)を大きく上回るだろう。これほど大きいと物質の輸送がどのくらいの量と範囲に及ぶのか、見当もつかない(図3-3)。

そこまで大規模な菌糸体ではないが、野外の菌糸体でリンの輸送速度を測ったところ、五日間で七五センチの距離を輸送したそうだ。[11] 実験室の培養菌糸体では、炭素の輸送速度はもっと速く、二〇分で

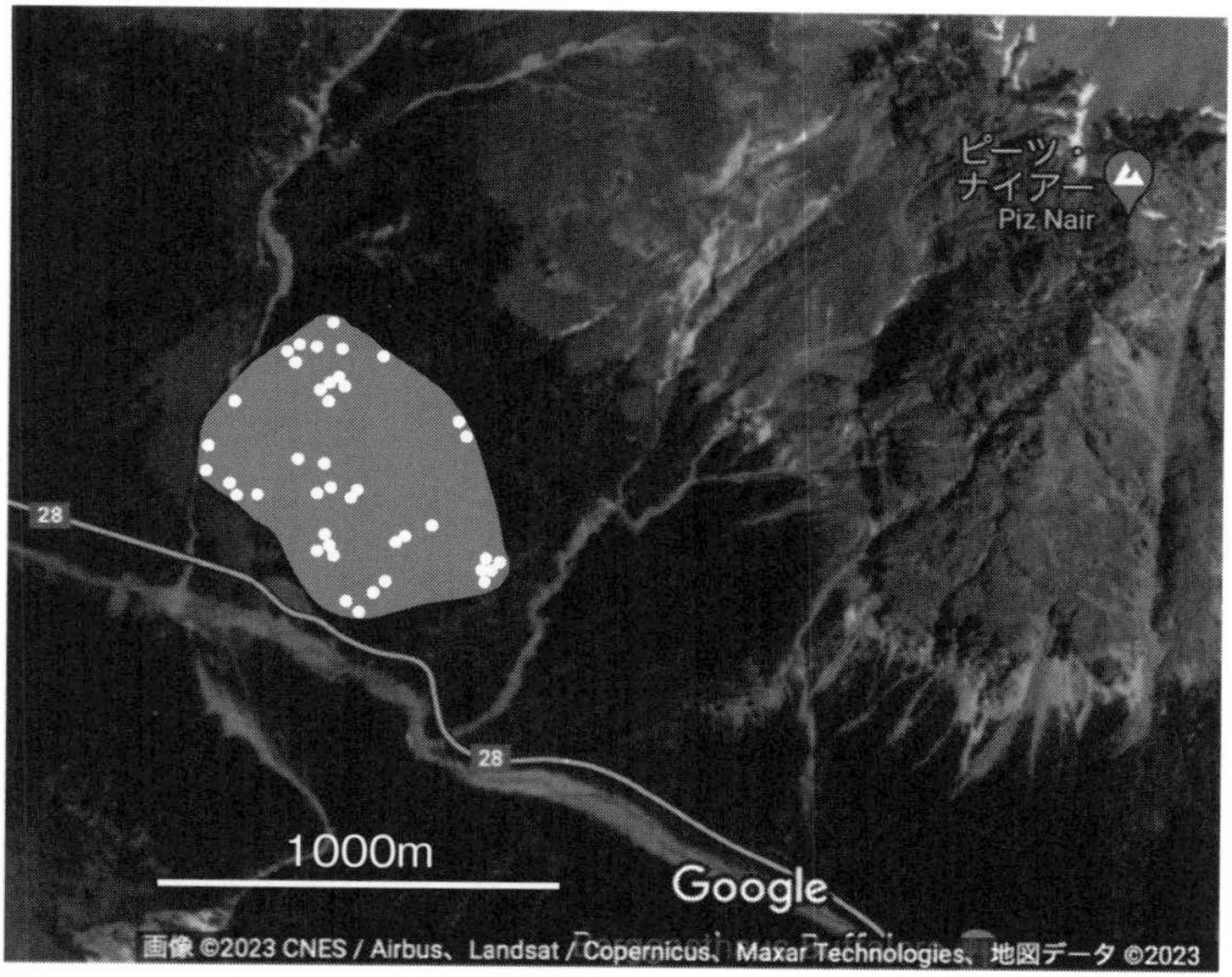

図 3-3　森に広がる菌糸体の同様な例はヨーロッパでも見つかっている。図はスイス国立公園、標高 2,000m 付近のモンタナマツ林で見つかったオニナラタケの巨大コロニー（灰色部がその推定範囲。およそ 37ha）。白い点はオニナラタケの感染したマツを示す。文献 10 をもとに、Google Map 上に描いた

一八センチという記録がある。[12] このスピードで五日間輸送すれば六五メートル程度輸送される計算だ。

　つまり菌糸体は、森の土の中で養分や炭素をせっせと輸送しているのだ。菌糸体の中の余っているところから足りないところに物質を届けるためである。

　木材腐朽菌は枯木を分解して炭素を得ているが、枯木には窒素やリンなどの養分が非常に少ない。僕らがご飯（炭素）ばかり食べて

＊1……YouTube「Fungal Freeways」SciFri https://www.youtube.com/watch?v=WpgAA1mh7lo

いても栄養が偏ってしまうのと同じで、枯木を食べるためには、相応のおかず（窒素・リンなどの養分）が必要だ。

イギリス、ウェールズ地方の首都にあるカーディフ大学のリン・ボッディ教授のグループは、炭素やリンの放射性同位体を菌糸体に吸収させ、その移動を追跡する実験により、菌糸体の物質輸送を詳しく調べた。

まず、炭素とリンでは輸送の方向がまったく違うことがわかった。新しい枯木を見つけた菌糸体は、その枯木にリンを運び込む。大きい枯木を見つけたときほど、大量のリンを運び込むこともわかった。炭素の塊である枯木に養分を持ち込んでバランスを取ろうとしているのだ[13・14]。

一方、新しい枯木から吸収された炭素は、菌糸を遡って輸送され、古い枯木がある菌糸体の中心部へ運ばれていく。そこではむしろ炭素が足りなくなっているのだ[12]。

菌糸体が森の落葉の下に隠れるように菌糸を張り巡らせているのは、枝や倒木が落ちてくるのをじっと待っているのだろう。ひとたびこの網に枯木が〝かかれ〟ば、その状態に応じて養分や水分を送り込み、分解して炭素を吸収する。

菌糸体を飼う

菌糸体は、その網の目状の体のあちこちでそんなことをしているのだ。

同じことは、植物の根と養分や炭素のやりとりをしている菌根菌の菌糸体でも知られている。オランダ、アムステルダム自由大学のトビー・キアーズ博士は、菌根菌と植物の共生関係において、双方の栄養状態を操作することによって、物質の移動がどう変化するか調べた。菌根菌と植物の共生関係では、光合成産物であるブドウ糖やショ糖、脂質などの炭素が植物から菌根菌に受け渡され、菌根菌からは土壌中で吸収した養分や水分が植物に受け渡される。

菌根菌の菌糸体は、複数の植物と同時に共生関係を結ぶので、共生相手を取捨選択できる。面白いことに、炭素をあまりくれない植物には菌根菌が養分を渡さず、共生関係も打ち切ることがわかった。(15) キアーズ博士はこれを〝罰〟と呼んでいるが、要は木材腐朽菌の菌糸体がやっていたように、見つけた炭素源の状態に応じて運ぶ養分量を〝決めて〟いるのだろう。

菌糸体には意思決定できる知能があるのだろうか。二〇一七年、ボッディ教授の研究室に滞在して、菌糸体の知能を調べる実験を行った。

ボッディ教授の研究室では、一九九〇年代から土の上で菌糸を培養して行動観察をする方法でさまざまな研究が行われてきた。先に紹介した養分の輸送に関する一連の研究もそのうちの一つだ。

一辺二四センチの正方形の平たいトレイに、教授の家の裏山で取ってきた土を敷き詰め、その上に菌糸体を放して餌を与えたりして行動を観察する。こう書くとなんだか菌類ではなく動物を飼う話をしているようだ。

実際、この方法は菌類の培養方法としては異色である。普通、菌類を培養する場合は、滅菌した培地

図 3-4　菌類飼育の例。角材から菌糸束を広げ、2 週間で 4cm くらい伸びた。角材の 1 辺は 1.5cm

の上に純粋培養した菌糸体を植えつけて成長させるので、トレイの中にはその菌しかいない。複数の菌糸体を植えることもあるが、その場合にも研究者がどんな菌を培地に植えたか、把握していることが多い。

　しかしボッディ教授の方法では、土を滅菌していないので、土の中には（教授の家の裏山の）自然界の微生物がそのまま入っている。ちなみにそこは見事なブナ林だったので、菌類だけとってみても土の中の種多様性は高いと思う。トレイには土を二〇〇グラム入れるので、少なくとも数百種類は菌類がいるはずだ。もちろんバクテリアもいる。今まで、極力雑菌が入り込まないように神経を使いながら菌類の実験をしてきた僕にとって、この培養方法は新鮮だった。普通に、菌類を、飼える！（図

3-4）
じつはこの滅菌していない環境が実験のミソになる。滅菌した純粋培養だと、ライバルがいないので菌糸体は安心して好きなだけ成長できる。一度広がった菌糸体は伸びっぱなしだ。もちろん菌糸の内部では物質や細胞質が輸送されていて、細胞活動の活発な部分とそうでない部分はあるだろうが、少なくとも外見には変化が見られない。しかし周りに他の微生物がいると、途端に効率的な資源配分が重要になる。無駄なところに資源を使っていてはライバルに負けて餌を取られてしまうのだ。

実際に、同じ菌株の菌糸体を滅菌した培地と滅菌していない土の上で成長させると、姿かたちがまったく違ってくる。滅菌した培地ではふわふわとした綿毛のような菌糸体が同心円状に広がるが、滅菌していない土の上では複数の菌糸が束になって成長する。シュッとして、まるで外敵から身を守っているかのようだ。

さらに面白いことに、滅菌していない土の上では、菌糸体の中で不要な部分、効率の悪い部分はどんどん消去されていく一方で、必要な部分の菌糸の束はどんどん太くなっていく。土の上に、菌糸体がいる角材と、餌となる新しい角材を置いてやると、はじめは土の上に広く広がって探索していた菌糸体は、餌に到達するやいなや、餌と関係ない方向の菌糸をどんどん消していき（おそらく細胞質の引き戻しと細胞死によると思われる）、最後には二つの角材をつなぐ太い菌糸束だけの状態になってしまった（図3-5、口絵⑨）。

こういった輸送ネットワークの要不要に基づく最適化は、変形菌モジホコリでよく研究されていて、

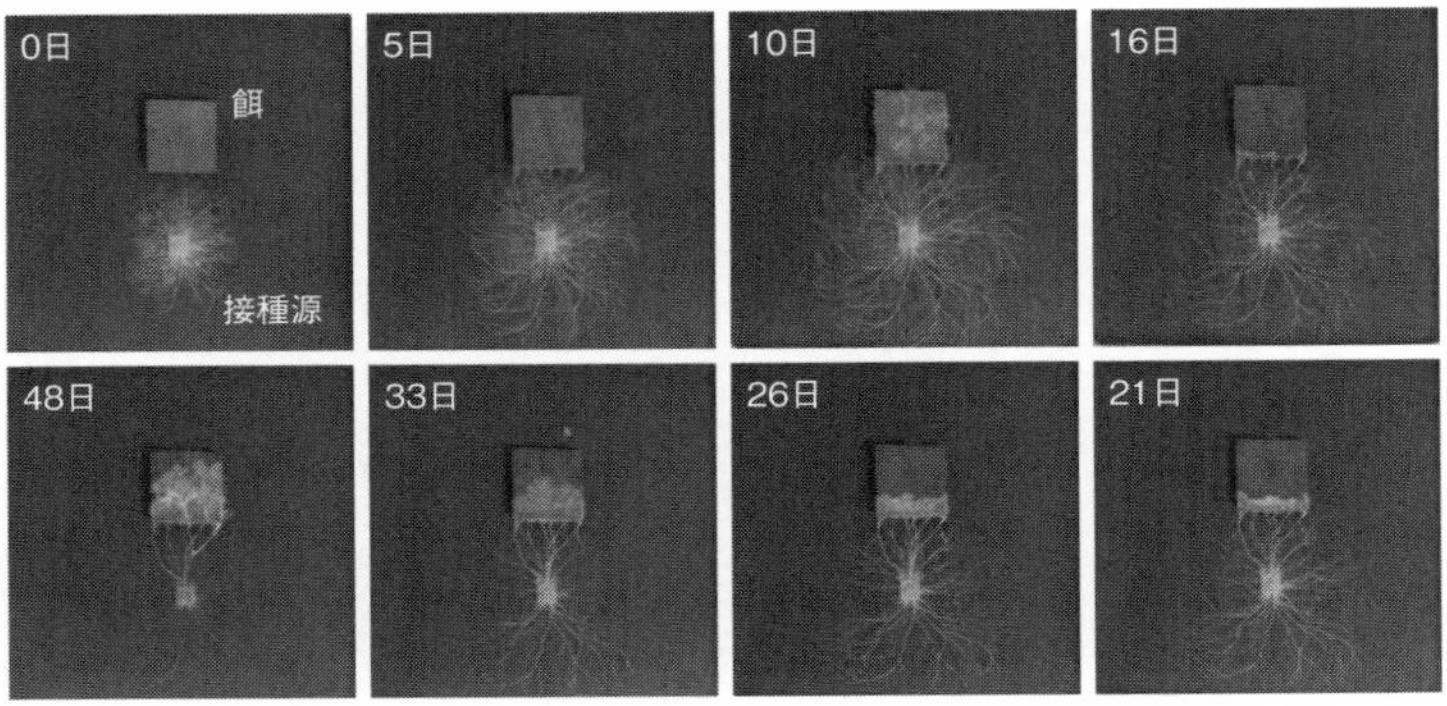

図 3-5　菌糸体の行動（時間の経過は時計回り）。接種源角材（1 × 1 × 0.5cm）から菌糸がある程度伸びてから餌角材（4 × 4 × 1cm）を近くに置くと、菌糸体は餌に徐々に定着しながら、土壌の上に展開していた探索用の菌糸を徐々に引っ込め、接種源と餌を結ぶ菌糸の束を太くしていく。10日目に餌全体にホワホワと菌糸が見られるのは、土壌中にいたカビが繁殖したもの。角材に含まれていたわずかな糖分などを使い果たすと、カビはすぐに衰退する

流量強化則と呼ばれている。[16] 原形質の流量が多い管は太り、少ない管は痩せてなくなっていく。変形菌はこの仕組みを使って、迷路の最短経路を見つけることもできるし、[17] 関東周辺の鉄道網を再現することもできる。[18]

変形菌は単細胞だが、最適ネットワークの構築だけでなく、記憶や予測の能力があることがわかっている。つまりかしこいのだ。記憶の仕組みも、環境からの刺激物質そのものを細胞内に吸収・保存して記憶として使ったり、[19] 逆に自分が環境中に放出した物質を標識として空間的な記憶を作ったり、[20] 自分の体の形（ネットワーク）自体を記憶に使ったりと、[21] 脳が生み出す記憶を前提として生活している我々人間からすると奇抜なものばかりだが、逆にいえばこういった仕組みを使えば脳がなくても記憶はできるわけだ。仕組みが単純なだけに融通も利き、変形体同士の融合により記憶を共有することもできる。[22]

菌糸体の記憶力・決断力

変形菌がこれだけかしこいのなら、同じようなネットワーク状の体で生活している菌糸体も似たようなことができるに違いない。ちょうどその頃、脳科学の本をたくさん読んでいたせいもあってか、ある朝目が覚めると、菌糸体の記憶力を確かめる実験アイデアを思いついた。

さっそくボッディ師匠に相談すると、「いいね！　ちょうど学部生が土トレイでの培養実験を始めるところだから、それを使ったらいいよ」とのこと。あまりのタイミングの良さに鳥肌が立った。

実験は、接種源の角材から土の上に伸びてきた菌糸体の決まった方向に、餌となる角材を一つ与える。そのまましばらく培養して餌に菌糸体が定着したら、接種源の角材を取り出し、新しい土の上に置いて再び菌糸体を成長させる。このとき、もともと餌のあった方向に菌糸体がよく伸びたら、餌の方向を覚えているといえるだろう。

学部生たちの実験は、いろいろなサイズの接種源角材と餌角材の組み合わせで菌糸体の行動の違いを比較するというものだった。その実験が終わった後のトレイをすべてもらい、接種源の角材を僕が作った新しい土培地に移し替えるだけだ。学部生たちと一緒に土培地を作り、実験の準備をした。

実験の結果、予想通り餌があった方向の菌糸成長が良いトレイがあった。菌糸体は餌の方向を覚えているのだ！

さらに、もっと面白かったのは、新しい土に移しても菌糸が伸びてこない接種源があったことだ。こ

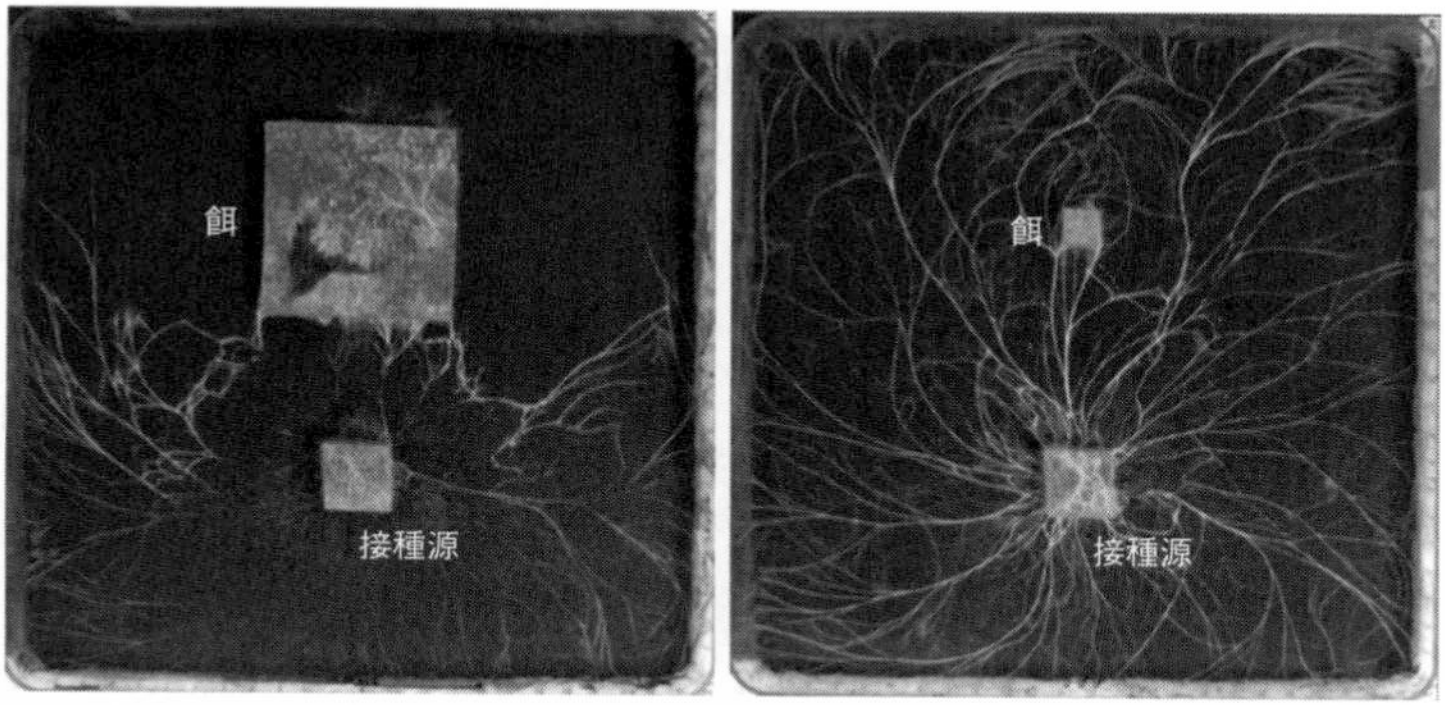

図3-6　餌のサイズによる菌糸体の行動の違い。大きい餌（6×6×1cm）を見つけた菌糸体は接種源（2×2×1cm）からはいなくなり餌に引っ越してしまう（左）が、小さい餌（1×1×0.5cm）では引っ越さない（右）

れがなんで面白いのかというと、接種源にいないということは、新しい餌の角材に引っ越してしまったということを意味しているからだ。そしてこの引っ越すかどうかが、餌の角材のサイズと見事に関係していた。新しい角材が小さいと菌糸体は引っ越さないが、大きいとそちらに引っ越してしまう（図3-6）。つまり菌糸体は新しく見つけた餌の大きさに応じて行動を「決断」しているのだ！

改めてボッディ研究室で過去に行われた研究を漁ってみると、菌糸体の「記憶」や「決断」と考えられる実験結果が他にも見つかった。ある実験では、接種源の角材から土の上に伸びてきた菌糸体を、一方向を残してすべて刈り取ってしまう。一回刈り取られても、菌糸体はめげずにまた伸びてくるのだが、二回刈り取られるとそちらの方向へ伸びるのをやめてしまい、刈り取られていない方向の成長が良くなるのだ（図3-7）。これは、一回刈り取られたという過去の記憶をもとに、二回目に刈り取られた後の行動を決断しているといえる。[23]

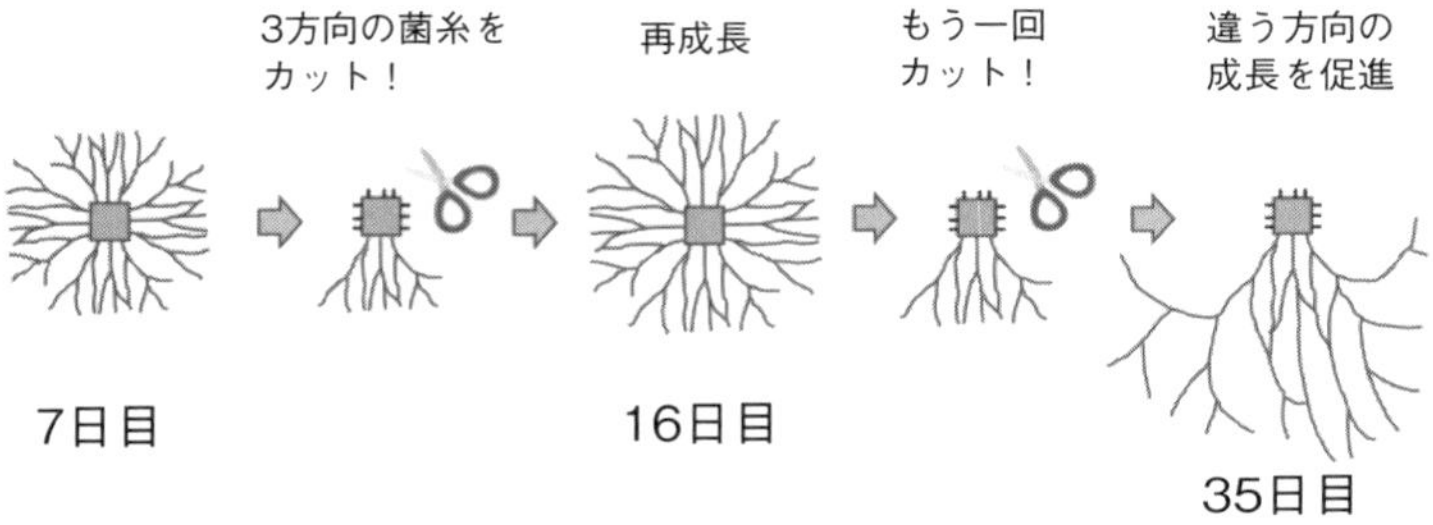

図 3-7　過去の出来事の「記憶」によって行動を変える菌糸体。１回菌糸を切られてもその部分を再成長させるが、２回切られるとその方向への再成長は諦め、違う方向の成長を活発化させる（文献 23）

面白いので、日本に帰国してからも引き続き同様の実験を続けている。「焦らし実験」と名づけた、餌を与えるタイミングを遅らせる実験では、焦らされた菌糸体は新しい餌に引っ越す確率が高くなった。空腹（菌類にお腹はないが）で焦ったのかもしれない。

こういった、菌糸体の知的な行動がどういった仕組みで起きているのかはまだよくわからない。ただ、菌糸体を構成する一本一本の菌糸の先端には細胞レベルの方向記憶があることが知られていて、最近そのメカニズムがわかってきている。

成長方向を決める菌糸の記憶

菌糸は先端がどんどん伸びて成長していくが、障害物に当たるとそれに沿って屈折して成長を続ける。ここまでは当たり前だ。しかし、再び障害物がなくなって好きな方向に伸びられるようになると、驚いたことに障害物に当たる

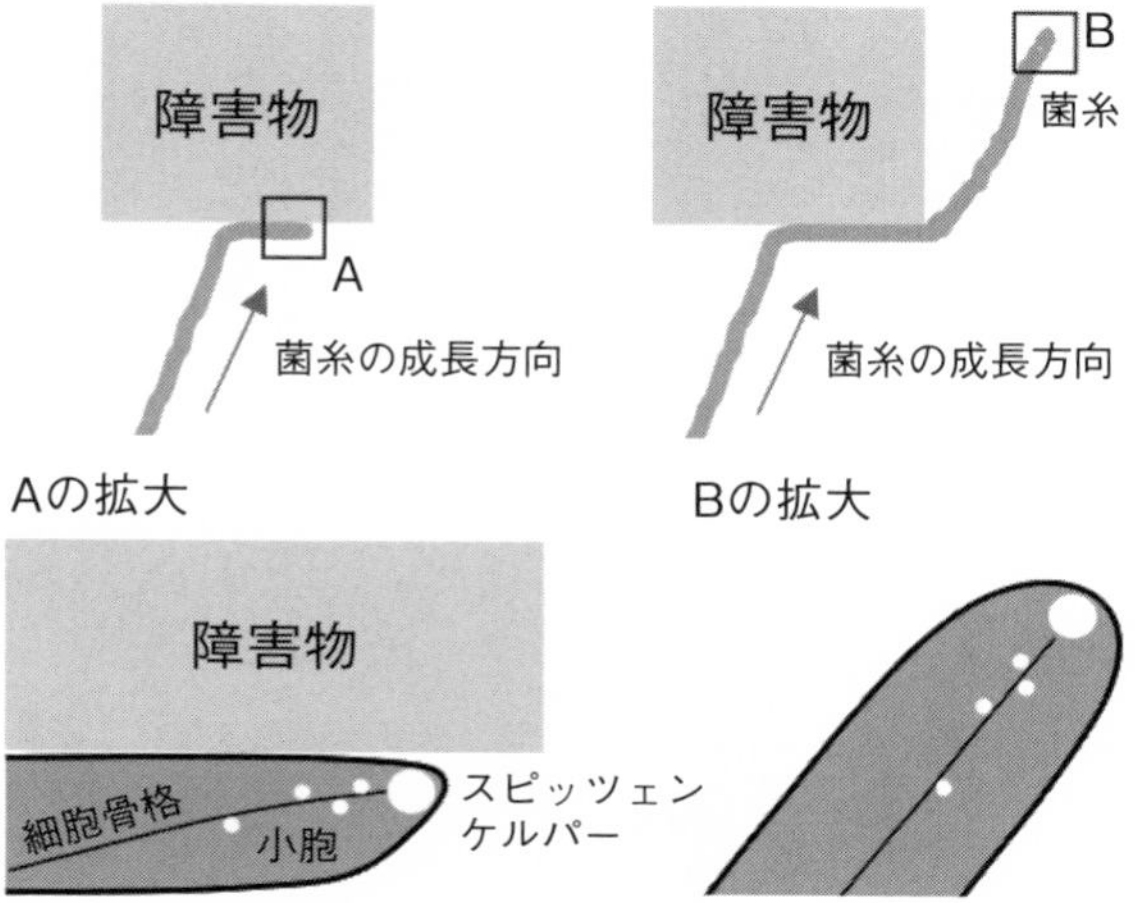

図3-8　菌糸先端の成長方向の記憶。成長する菌糸は、障害物に当たるとそれに沿って成長する（A）が、障害物がなくなるともとの成長方向を思い出して軌道修正する（B）。細胞骨格に沿って菌糸先端に送られてくる小胞が集まったものをスピッツェンケルパーといい、これがジャイロスコープのように働くことで菌糸の成長方向の記憶が維持される（文献24）

前までの成長方向に軌道修正して成長を続けるのだ（図3-8）。

　この細胞レベルでの方向記憶には、菌糸先端の細胞小器官の働きが重要であることが最近報告された[24]。菌糸の先端では、細胞の中から送られてくる細胞膜の「もと」となる小胞が次々と細胞膜に融合することで細胞膜が拡張され、菌糸が伸びていく。蛍光顕微鏡で菌糸先端を観察すると、この小胞が集合して一つの塊のように見える。これをスピッツェンケルパー（Spitzenkörper、ドイツ語で「先端にあるもの」という意味）という。つまりこのスピッツェンケルパーがあるあたりの細胞膜が拡張するので、そちらの方向へと菌糸が伸びるわけだ。

　菌糸が自由に伸長成長しているとき、スピッツェンケルパーは菌糸の先端中央にある。菌糸が障害物にぶち当たると、菌糸の成長自体はその障害物に沿ったものになるが、そのときスピッツェンケルパーは菌糸の先端中央ではなく、中央よりも障害物に近いほうに寄っていて、先端の形も障害物側にゆがんだまま菌糸は伸びていく（図3-8A）。そして障害物がなくなると、もとの成長方向の記憶に従い軌道修正する（図3-8B）。つまり菌糸は、障害物に沿って伸びながらも、スピッツェンケルパーがジャイロスコープのように方向を維持することで、常にもとの方向へ伸びようとしているのだ。

スピッツェンケルパーが方向を維持するには、細胞骨格が重要らしい。細胞骨格はタンパク質からなる繊維状の構造で、細胞質の中にあり、細胞の構造維持や物質輸送などを担っている。細胞骨格のアクチン繊維（筋肉と同じ）の上を滑るように輸送されてゆく物質の中には先ほどの小胞もある。つまり細胞骨格の繊維の方向がスピッツェンケルパーの方向、すなわち菌糸の伸長方向を決めているのだ。

菌糸体の知能

確かに仕組みとしては面白いけど、これが「記憶」と言えるんかい？という声が聞こえてきそうだが、言えるんです。「覚えて」いるから。金属の性質を使ってもとの形状を復元する「形状記憶合金」という言葉はあまり違和感なく使われている。どうも僕らは生き物の話になると、「記憶」とか「知能」という言葉を無意識のうちに「脳」と結びつけてしまい、脳や神経を持たない生物の「知能」といわれると違和感を抱くようだ。

しかし考えてみてほしい。当たり前のことだが、自然環境からの過酷な試練に対処する必要があるのは、脳を持つ生き物に限った話ではない。なんとか工夫して生き延びなければならないのは、どんな生物も一緒だ。そのときに使うのが脳だろうが、何か他の仕組みだろうが、それらに線引きをせずに「知能」として扱い、連続的なものとして研究するほうが、生物の知能の進化の解明やAGI（汎用人工知能）の開発など、幅広い分野の研究を発展させていく上ではるかに有用ではないだろうか。

同じく脳や神経を持たない生物として、植物分野ではもう少し研究が進んでいる。例えば、触られると葉を閉じることで知られるオジギソウも、何度も触られるとそれが無害であることを「学習」し、無視するようになる[25]。眠っているように見える種子ですら、お隣同士でコミュニケーションを取りながら発芽のタイミングを調節している[26]。知能が人間特有のものだという先入観から逃れるためには、知能を「問題解決できる能力」と、その仕組みに関係なく広く定義してみることも必要かもしれない[27]。

一方で、脳の研究でも、近年の計測技術の発達により、脳内の神経細胞のネットワークが意識や知能の創出に重要であることがわかってきているらしい（『意識はいつ生まれるのか――脳の謎に挑む統合情報理論[28]』）。このことは逆に、意識や知能が脳に特異的な現象ではなく、単純な情報処理を行う構成単位同士の情報のネットワークによって創出しうるものであることを示唆している。こうした認識は意識・知能の概念の幅を飛躍的に広げ、脳や神経系を持たない生物における知能や、生物の「群れ」の知能、さらには人工知能までを統一的に研究する学際的学問分野が誕生しつつある[29]。

菌糸体であるというのはどういう心持ちがするのだろう。コンピュータ上で人工的な菌糸体を動かすシミュレーション研究では、菌糸先端に「成長方向の記憶」など単純な性質を付与するだけで、菌糸体が迷路を解く時間が速くなったそうだ[30]。菌糸体は柔軟に変化するネットワークでつながった、先端成長する菌糸の集合体だ。その無数の菌糸先端ではさまざまな環境からの刺激が感知され、ネットワーク内部では物質やシグナルが輸送されている。そう考えると、菌糸体が脳のようなものに思えてくる（＊2）。

＊2……Twitter「シャーレを超えて繋がる菌糸のネットワーク」
Yu Fukasawa 深澤遊 @Fukasawayu
https://twitter.com/Fukasawayu/status/1613818198704680960

フィールドノートから

今、菌類に関する僕の興味は、圧倒的に菌糸の行動に向いているのだが、昔描いたキノコの絵を見ていて、菌糸の絵を描きたいとはあまり思わないことに気づいた。直接肉眼で細部が見えにくいというのも理由の一つだと思う。顕微鏡を介したり、画像になってしまうと、それを絵にしようとはあまり思わないようだ。大きな生物でも写真から絵を描こうとはあまり思わない。ただ、土壌の上に伸びた菌糸体のネットワークのように、肉眼でよく見える状態の菌糸も存在する。このネットワーク自体はフラクタル的な美しさがあるのだが、やはりそれを手書きの絵にしようとはなぜか思わない。不思議だ。自分がトビムシくらいのサイズになって菌糸を握ったりして観察できたら、絵にしたいと思うのかもしれない。そのくらいのサイズになれば、菌糸や胞子の表面の模様なども目で見ることができるだろう。うん、確かに絵に描きたいと思いそうだ!

フィールドノートから話を起こそうと思ったら、すっかり妄想の世界に入ってしまった。クックック、マジックマッシュルームなどをやっているわけではありませんよ（ドラゴンボールのフリーザ風に）。

野外でキノコの絵を描こうとすると、地面にどっかりと腰を下ろして描くことになる。しばらく集中して絵を描いていると気配が消えるらしく、すぐ横をアカネズミが歩いていったりする。ぜいたくな時間だ。

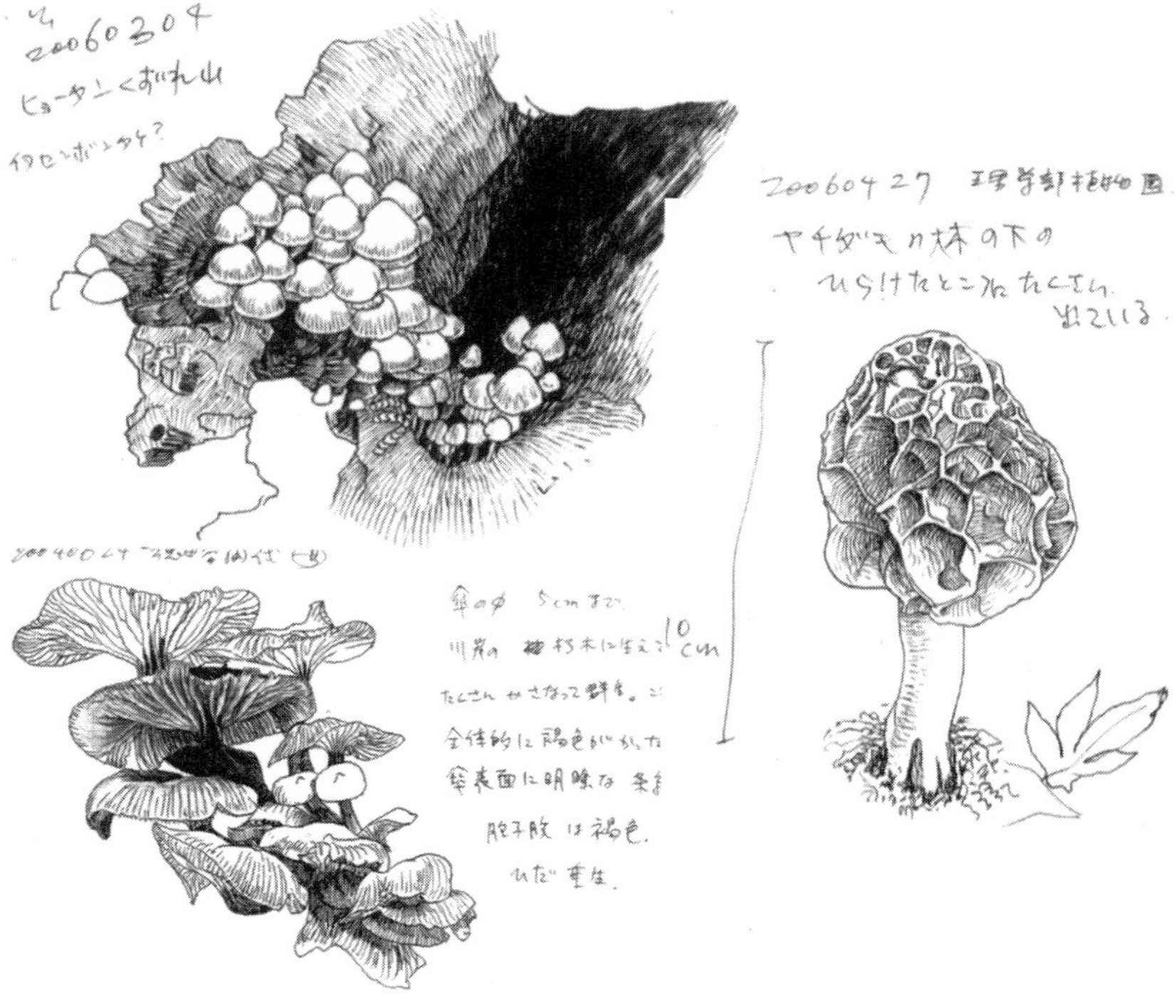
20060304
ヒョータンくずれ山
イヌセンボンタケ?
20060427 理学部植物園
ヤチダモの林の下の
ひらけたところにたくさん
出ている
傘のφ 5cmまで
10cm
胞子紋は褐色。
ひだ垂生。

いろいろなキノコのスケッチ
左上：イヌセンボンタケ
左下：エノキタケ
右：アミガサタケ

第4章　腐生ラン——菌を食う植物

菌根菌ネットワーク

第3章で紹介したように、ほぼすべての陸上植物の根の中には菌根菌の菌糸が入り込んで、植物と炭素や養分、水分だけでなく、情報伝達物質のやりとりが行われている[1]。菌根菌の菌糸体は、自分の近くにある無数の根の中に菌糸を入り込ませ、菌根を形成している。つまり、菌糸体を介して根と根がつながっている可能性がある。菌根菌の菌糸体を介したこの植物間のネットワークは、ワールド・ワイド・ウェブ（WWW、インターネット）をもじったウッド・ワイド・ウェブ（こちらも頭文字はWWW。森のインターネット、というような意味）などと呼ばれ、有名になった。ただ、菌糸体を介した植物間の物質の輸送が野外で実証された例はほとんどなく、過剰な一般化は禁物だが[2]、ランの話の前にまずこの菌根菌ネットワークの紹介から始めよう。

菌根菌は、菌の種類によっていくつかのグループに分けられる。特に森林を構成する樹種では、担子菌や子嚢菌が主に含まれる外生菌根菌と、グロムス門の菌類からなるアーバスキュラー菌根菌との共生関係が大部分を占める（図4-1）。どちらのグループの菌類と共生関係を結ぶかは樹種によってほぼ決まっているため、グループ間で共生菌を共有することはないと一般的には考えられている。つまり、樹木もアーバスキュラー菌根菌と共生するグループと外生菌根菌と共生するグループに大別できる。

ちなみに、アーバスキュラーというのは、このグループの菌類が形成する菌根の特徴である樹枝状体（arbuscule）からきている。アーバスキュラー菌根菌は、樹木の細胞壁を貫通して中に進入し、その中であたかも樹木の枝のように複雑な分岐を繰り返した構造を発達させる。細胞壁は貫通しているが、細胞膜は貫通しないので、樹枝状体の輪郭に沿って樹木の細胞膜も変形しているわけだ。これによって表面積を増やし、菌と植物の間で物質交換が効率よく行われるのだろう。アーバスキュラー菌根（arbuscular mycorrhiza）は略してＡＭと呼ばれる（アーバスキュラー菌根菌は、ＡＭ菌）。アーバスキュラー菌根菌と共生するグループの樹種も、長いのでＡＭ樹種と呼ぼう。ＡＭ菌が細胞内で作る構造には、他にも嚢状体（vesicule）やコイルなどがあり、一昔前はvesiculeとarbusculeの頭文字を取って、ＶＡ菌根と呼ばれていた。ただ嚢状体やコイルが作られない場合も多く、現在ではアーバスキュラー菌根と呼ばれている。

外生菌根菌の菌糸は、ＡＭ菌と異なり樹木の根の細胞壁を貫通することはないが、代わりに根の細胞と細胞の間に隙間なく入り込む。さらに根の表面を複雑に絡み合った菌糸の層で覆うので、根の先端が厚手の靴下を履いたように太くなる。また、根の枝分かれも特徴的なものになるので、外生菌根は肉眼で容易に見分けられることが多い。ＡＭに合わせて、外生菌根（ectomycorrhiza）も、ＥＣＭと略そう。

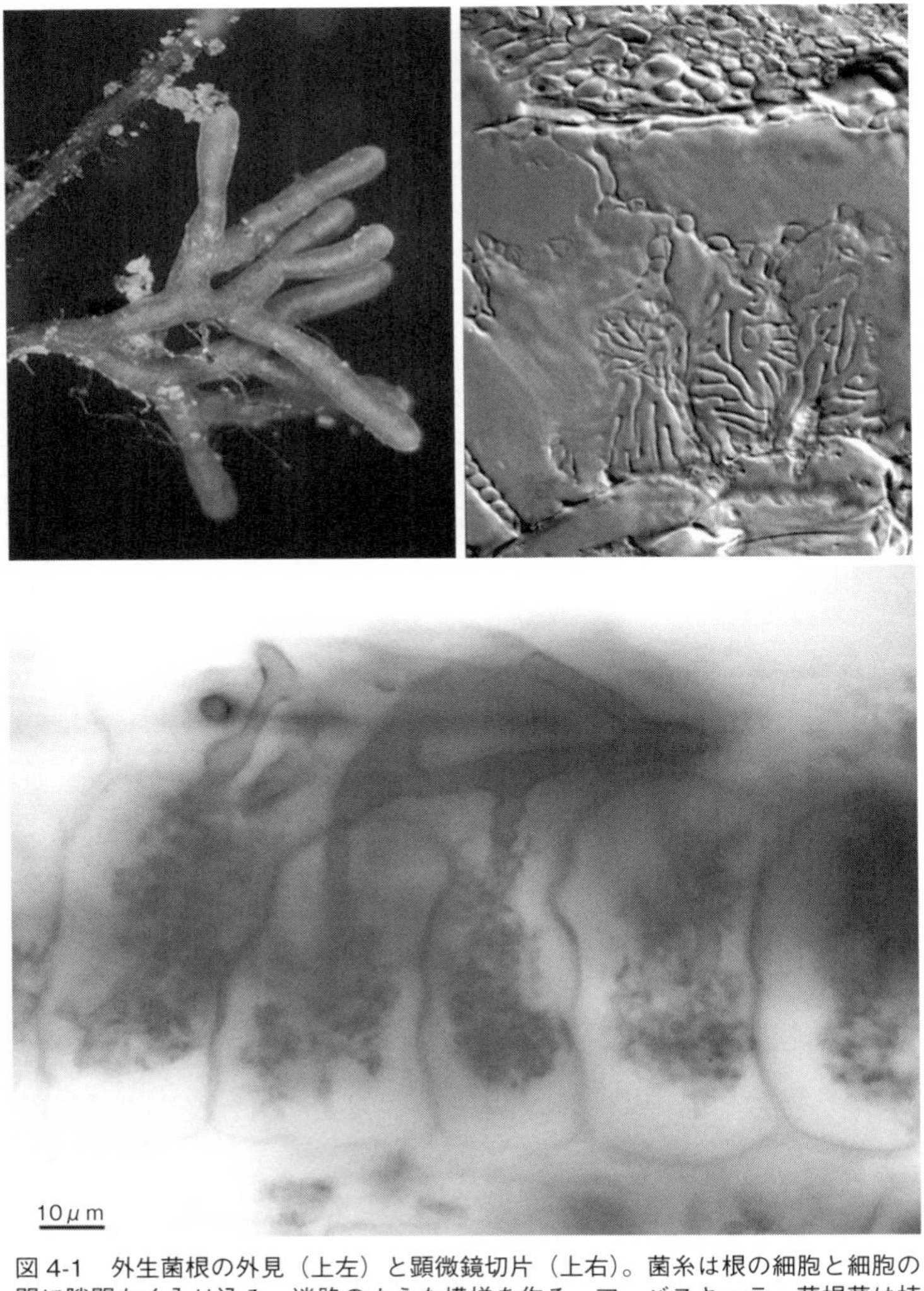

図 4-1　外生菌根の外見（上左）と顕微鏡切片（上右）。菌糸は根の細胞と細胞の間に隙間なく入り込み、迷路のような模様を作る。アーバスキュラー菌根菌は植物の細胞壁の内側まで入り込み、複雑に枝分かれした樹枝状体（下）を形成する（上２点：山田明義博士提供、下：千徳毅博士提供）

外生菌根菌（ＥＣＭ菌）と共生するグループの樹種もＥＣＭ樹種と呼ぶことにする。

森林の〝境界〟

もし、ＡＭ樹種の森と、ＥＣＭ樹種の森が隣接していたらどうなるだろう？　お互いに違うグループの菌根菌と共生しているので、土の中の菌根菌群集も森林の境界を境にガラッと違うものになる（図4-2）。

日本では、スギ林やヒノキ林と周囲の広葉樹林との境界がまさにこの状態になっている（図4-3）。スギやヒノキはＡＭ樹種だ。一方で周囲の広葉樹林はコナラやクヌギ、スダジイなどのブナ科の広葉樹や、シラカバなどのカバノキ科の広葉樹、時にアカマツなどマツ科の針葉樹が混在していることが多く、これらは皆ＥＣＭ樹種なので、スギ・ヒノキ林はこれらの中で〝浮いて〟いる。

ＡＭ樹種のスギ・ヒノキを主要な造林樹種として木材生産をしている点で、日本は特徴的だ。北半球の他の国々では、木材生産は、マツ属やトウヒ属、ツガ属、トガサワラ属など、ＥＣＭ樹種であるマツ科樹木のほぼ独壇場になっている。

スギ・ヒノキ林でも広葉樹林でも、森であることに変わりはないので、こういった事情を知らない限りそれらの違いは別に気にならないかもしれない。しかし、周囲の広葉樹林に優占するＥＣＭ樹種からすると、隣のスギ林はまさに〝異界〟だ。人間が植えたスギの人工林にはスギしか生えていないので、

ECM 樹種	AM 樹種
アカマツ	スギ
クロマツ	ヒノキ
コナラ	ヤマモミジ
ミズナラ	カスミザクラ
クヌギ	オニグルミ
クリ	ハルニレ
ブナ	ヤマグワ
シラカバ	カツラ
アカシデ	クスノキ

図 4-2　日本でよく見られる ECM 樹種と AM 樹種一覧

図 4-3　スギ林（左）と広葉樹林（右、アカシデやコナラ）の境界。地下の微生物相も左右でガラッと違う（宮城県）

スギが植えられてから何十年も経ったような場所では、土の中の菌根菌もすっかりAM菌だけになっている。うっかりECM樹種がスギ人工林の中に種子を飛ばそうものなら、その子どもが生き残る確率はかなり低い。共生できる菌根菌が少ないからだ。スギは常緑樹で一年中葉がついているのでスギ人工林の中は暗く、そのような環境で生えることができる植物は、AM樹種で耐陰性が高いヒサカキのような低木やシダ類に限られる。

スギの人工林は生物の多様性が低い上、落葉の分解が遅く根も浅いので、水源涵養や地滑りの防止といった森林の生態系サービス（第10章参照）をあまり発揮できないと考えられている。これを改善するために、スギ林を間伐（間引き）して広葉樹の混ざった生物多様性の高い森に変換しようという試みがある。ただしこのときにも注意が必要だ。スギを間伐した後に、ECM樹種を植えてもうまく育たない。筆者がいる宮城県の東北大学フィールドセンター敷地内で行われた大規模な間伐実験では、スギの間伐後に良好な生育を見せたのは、ミズキやウリハダカエデなどAM樹種のみであった[3]。

地下の菌と地上の植生の関係

このように、地下の菌根菌に着目して森林の境界を眺めてみるといろいろ面白いことがわかる[4]。例えば、森林と草地の境界を考えてみよう。多くの草本はAM菌と共生するので、スギ林と草地の境界では地下の菌根菌相にそれほど大きな差異はないだろう（スギと草本では共生するAM菌種が異なる可能性はもちろんあるが）。一方、コナラなどＥＣＭ樹種の森林と草地の境界では、地下の菌根菌相はガラッと変わる。北米中西部では、耕作放棄された畑が草地化し、森林への回復が遅れる現象が知られているが、これも森林に優占するコナラ属のオークの実生が草地で育ちにくいからだ[5]。

南米の熱帯雨林は、森林の優占樹種の多くがＡＭ樹種で占められるが、ＥＣＭ樹種も存在し、点々と純林（単一の樹種が森林の林冠木のほとんどを占める）を形成することがある。なぜ純林になるのかというと、同種の木の周りにしか共生できるＥＣＭ菌がいないからだ。南米ガイアナの熱帯雨林で純林を形成するジャケツイバラ亜科のＥＣＭ性高木ディシンベ・コリンボーサ（*Dicymbe corymbosa*）を対象とした研究では、この樹種の実生の数や成長速度が、純林の境界から離れるに従って綺麗に減少し、一五メートルも離れるとほぼゼロになることがわかった[6]。森の中で一五メートルなどほんの目と鼻の先である。これほど近距離で土の中の菌根菌相は変わってしまうのだ。この一五メートルという距離は、先に紹介した北米のオークの実生が育ちにくくなる距離とも一致している。おそらく成木の地下の根系の分布範囲がそれくらいなのだろう。

この研究では、さらにディシンベ・コリンボーサの種子を林内に蒔《ま》いて、実生の成長・生存を追跡した。そして種子を蒔くときにある面白い工夫をした。種子をいろいろな透過性をもつポットに入れ、そのポットごと土に埋めたのだ。ポットはいろいろなサイズのメッシュからできていて、細かいメッシュでは菌糸すら中に入ることはできないが（水や養分は通過できる）、粗いメッシュでは樹木根だけ排除されて菌糸は中に入ることができる。その結果、菌糸が入れないポットの中で発芽した実生は、その後の生存率や成長速度が非常に悪くなったのだ。ポットの中に入れる土はディシンベ・コリンボーサの純林のものを使ったので、ポット内の実生にもＥＣＭ菌は定着できる。それにもかかわらず成長が悪かったということは、実生の成長には菌根菌が定着すればいいだけではなく、その菌根菌を介して周囲の菌根菌ネットワークとつながっている必要があるということかもしれない。なぜだろう？

菌糸を介した植物間の炭素のやりとり？

それに答えるヒントになるのが、カナダの針葉樹林で行われた一連の研究だ。

カナダの北方林では、マツ科の針葉樹が優占することが多い。研究が行われたのは、ダグラスファーというマツ科トガサワラ属の針葉樹が優占する森林だ。ダグラスファーはとても大きくなることで知られ、高さ九〇メートルを超える個体もあるＥＣＭ樹種である。

カナダ、ブリティッシュコロンビア大学のスザンヌ・シマード博士の研究グループは、菌根菌の菌糸を介した樹木間の炭素の移動を調べた。この実験には、炭素の同位体による標識が使われている。第２章の変形菌のところで紹介した通り、炭素には中性子の数が異なる同位体がいくつかあり、天然には炭素12、炭素13、炭素14の三つの同位体が存在する。このうち炭素14は放射性同位体で、これで標識された二酸化炭素を植物に吸収させることで、炭素のその後の移動をガイガーカウンター（放射線測定器）などで追跡することができる。

このときの実験の様子は、シマード博士自身がTEDトークで話しているのでYouTubeで見ることができる（＊1）。カナダの森林にはグリズリーが生息しているので、この実験のときにも、親子のグリズリーに遭遇したそうだ。母熊を刺激しないように気をつけながら、炭素14で標識したのとは別の木にガイガーカウンターを近づけると……「ガー！」という音が聞こえた。樹木間の炭素の移動が証明された瞬間である。(7)

これがなぜ菌根菌を介したものだといえるのか？　この実験のうまいところは、ECM樹種とAM樹種の両方を実験に入れていることだ。炭素14で標識した二酸化炭素をダグラスファーに吸わせる。植物は葉の気孔から二酸化炭素を吸うので、葉のついた枝に袋を被せて密閉し、その中に炭素14の二酸化炭素を入れてしばらく放置するのだ。

すると、ダグラスファーはその二酸化炭素で糖を合成する。この糖は樹木間を移動するだろうか？炭素14で標識したダグラスファーの隣にはアメリカシラカバとベイスギも生えていた。これらの樹種にガイガーカウンターを近づけると、シラカバでは音がしたがベイスギではしなかった。つまりベイスギには炭素は流れていなかったのだ（図4-4）。

シラカバはダグラスファーと同じくECM樹種であるのに対し、ベイスギはAM樹種である。つまり違う樹種でも菌根タイプが同じなら炭素が流れるのに対し、違う菌根タイプの樹種には炭素が流れない。このことは、樹木間の炭素の移動に菌根菌の菌糸体ネットワークが重要であることを示唆している（ただし、シラカバが吸収したのはダグラスファーの根から土壌中に滲出した炭素で、シラカバと共生して

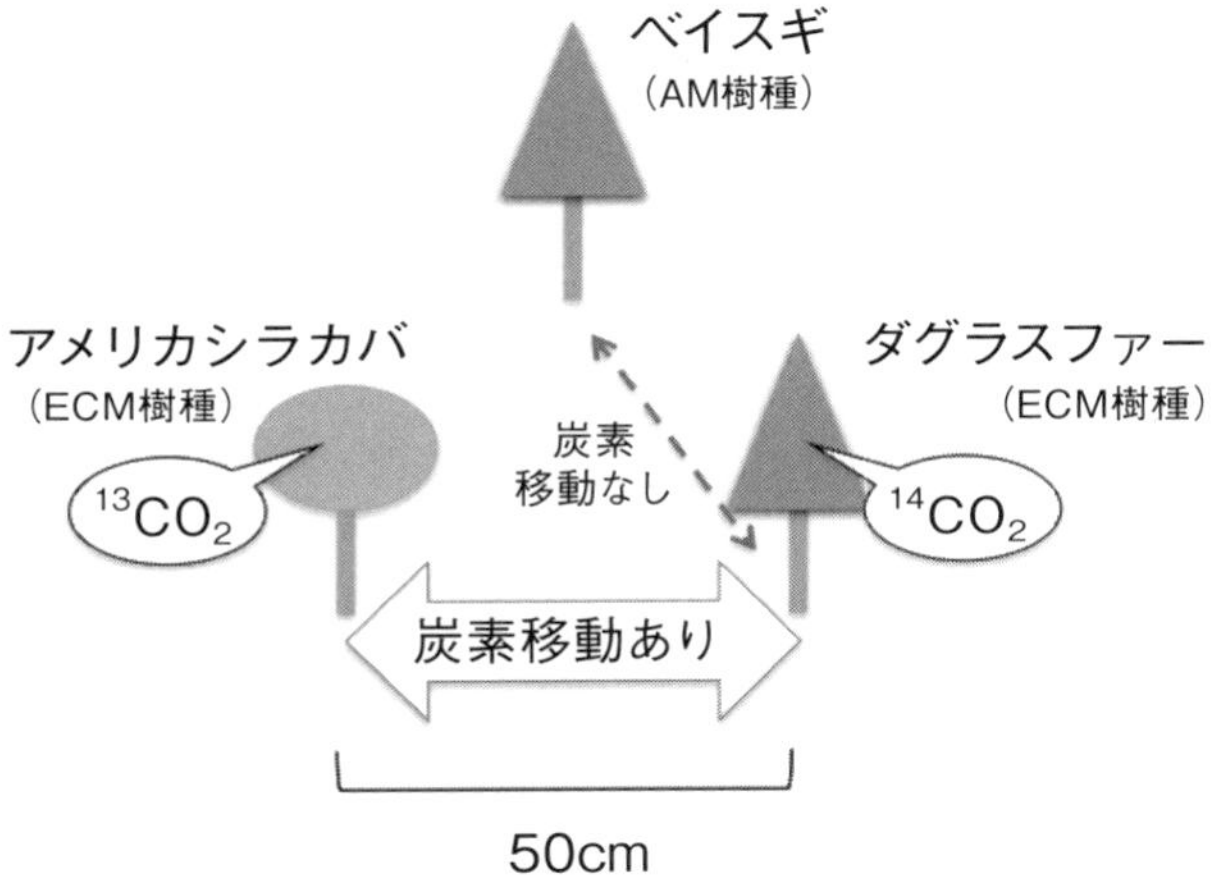

図4-4 炭素の放射性同位体で標識した二酸化炭素を吸わせる実験により、菌根タイプが同じダグラスファーとアメリカシラカバの間では炭素がやりとりされている一方で、菌根タイプが異なるダグラスファーとベイスギの間では炭素が移動しないことがわかった

いるECM菌のほうがベイスギと共生しているAM菌よりも土壌中の炭素を吸収しやすいだけ、という説明も可能だ)。

この実験では、もう一つ面白いことをやっている。今度はシラカバのほうに、炭素の安定同位体である炭素13を吸わせたのだ。そして、周囲のダグラスファーの実生をサンプリングして、その炭素同位体比を測定した。炭素13は放射性ではないのでガイガーカウンターを使って現場で検出することはできない代わりに、実験室にサンプルを持ち帰って定量的に測定できる。

すると面白いことに、明るい場所に生えて

＊1……YouTube「How trees talk to each other | Suzanne Simard」 TED https://www.youtube.com/watch?v=Un2yBgIAxYs

いたダグラスファーの実生よりも、日陰に生えていたダグラスファーの実生に、より多くの炭素13が流れていた。つまり、背が高くて活発に光合成している個体から、林床の日陰で耐え忍んでいる実生を助けるように、炭素が流れていたのだ。

植物同士は地上の光を巡って競争関係にある。樹木がリグニンの生合成という多大な投資をしてまで背を高くしている理由もそれだ。地下でも、根を張るスペースを巡る植物個体間の競争はあるだろう。だが、菌根菌のネットワークは、炭素を豊富な植物から少ない植物へと移動させることで、この競争を緩和しているように見える場合がある。

分厚い林冠に光を遮られた林床は暗い。そんな場所で小さな植物が生き延びるには、この菌根菌ネットワークを介した林冠木からの炭素の供給が重要に違いない。実際に、林床植物には炭素を菌根菌ネットワークにある程度依存している種類が多いことが次々とわかってきている。

春先にピンク色の可憐な花を咲かせるカタクリもその一つだ。カタクリは落葉樹林の林床に生える。落葉樹林というところが重要で、早春の木々がまだ葉を出さない時期に、林床まで差し込む日光を使って目一杯光合成し、炭素を球根に蓄えて一年の残りを過ごすのだ。夏は木々が葉を広げて林床は暗くなるので、カタクリは葉を枯らせて休眠する。こういった暮らしをしている植物を春植物（スプリング・エフェメラル）と呼ぶ。

北米での炭素14を使った標識実験によって、秋のアメリカカタクリが光合成していない時期には、近隣のAM樹種であるサトウカエデから炭素がカタクリに移動していることがわかった。(8) 面白いことに、春先のカタクリが光合成してカエデがまだ葉を開いていない時期には、逆にカタクリからカエデに炭素が流れていた。AM菌のネットワークを介した植物間の炭素のやりとりが行われているのかもしれない。

炭素を菌に依存する植物

イチヤクソウはツツジ科の常緑多年草で、日本では夏の林床で白い可憐な花を咲かせる。常緑なので一年中葉をつけて自分でも光合成しているが、炭素の安定同位体を調べると、炭素の約半分を菌根菌からの供給に頼っていることがわかった[9]。炭素13の比率が、林冠木のアラカシ（常緑のコナラ属）と林床に生えているECM菌テングタケ属やアセタケ属のキノコの値のちょうど中間の値を示したのだ。つまり、自分で光合成した炭素が半分、ECM菌からもらった炭素が半分で体を作っていると考えることができる。面白いことに、菌根菌からの炭素供給量の割合は、日当たりの悪いところのイチヤクソウほど高くなっていた。

イチヤクソウの根に入っている菌類をDNA分析で調べると、テングタケ属やアセタケ属も見つかったが、検査した根の八〇％以上からベニタケ属のECM菌が見つかった。つまりこの調査地では、イチヤクソウは主にベニタケ属のECM菌を介して、ECM樹種（おそらく調査地で優占していたアラカシ）から炭素を得ているのだろう。

イチヤクソウ属は世界で約四〇種が知られているが、そのうち北米西岸に分布するパイロラ・アフィラ（*Pyrola aphylla*）という種は、葉を出さない。綺麗な赤い花をつけた茎（ちなみに茎も赤い）だけが束になって地上に立っている。イチヤクソウ属は常緑なので英語ではウィンターグリーンと呼ばれるが、この種はリーフレス（葉のない）・ウィンターグリーンという矛盾した名で呼ばれている。ここまで読んできた読者の方々はすでにおわかりだろう。この種類は、炭素を部分的にではなく完全にＥＣＭ菌に依存しているのだ[10]。

この種のように、炭素源を菌類に完全に依存している状態のことを「菌従属栄養」、部分的に炭素源を菌類に依存している状態のことを「部分的菌従属栄養（混合栄養）」と呼ぶ。イチヤクソウや近縁のウメバチソウの仲間の進化系統樹を眺めてみると、完全に自分で光合成した炭素だけを使っている独立栄養の種類から次第に菌類への依存を強めていく進化の過程が浮かび上がってくる[11]。

菌従属栄養というと、かなり特殊な植物のように思うかもしれないが、従来「腐生植物」と呼ばれていた植物の多くがこれだ。葉がないので、キノコのようにものを腐らせて栄養を取る、あるいは腐ったものから栄養を取る植物だと思われていたのだ。しかし、最近の研究から、それらの植物の多くが菌類から栄養をもらって、というよりも「奪って」生きていることが次々とわかってきている。

ただ、同じように葉を出さない植物の中には、他の植物の根に直接寄生しているものもいる。巨大な花で有名なラフレシア属の仲間や、小さなヤッコさんが大勢集まっているような可愛いヤッコソウ、ササの茂みにスッと派手な花を咲かせるナンバンギセル、移入種として問題になっているヤセウツボ、キノコのようなツチトリモチなどは植物寄生植物である[12・13]（図４-５、口絵⑩）。

▼ヤッコソウ

▼オオナンバンギセル

▼ヤセウツボ

▼キイレツチトリモチ

図 4-5　植物の根に直接寄生する植物

菌従属栄養の植物は、コケから被子植物までさまざまなグループで見つかっている。[14] 光合成をしないので緑色をしている必要がなく、奇抜な色や形をしたものも多いため、一度見るとその魅力に取り憑かれてしまう人も多いだろう（『森を食べる植物──腐生植物の知られざる世界』[15]）。

中でもたくさんの種類が見つかっているのが、ラン科だ。ランの種子はほこりのように小さく、細胞が数えられるほどしかない。そして、普通の種子が発芽の準備のために蓄えているデンプンや油、タンパク質をほとんど含んでいない。発芽の段階から、菌類のエネルギーに依存しているのだ。そしてランは、種ごとにパートナーの菌をある程度厳密に決めているらしい。このことも、世界に二万八〇〇〇種[16]ともいわれるランの多様化の一因と考えられている。

木材腐朽菌を食べるラン

さて、ここまで菌根菌に炭素を依存する植物の紹介をしてきた。しかし、森の中の菌類のネットワークは、菌根菌だけではない。我らが枯木を栄養源とする木材腐朽菌も巨大なネットワークを作っている。そして、菌従属栄養植物の中には、木材腐朽菌に炭素を依存する種類も存在する。

現在のところ、木材腐朽菌を〝食べて〟いる植物はラン科からしか見つかっていない。[17]「腐生植物」の名称の名残で、これらは「腐生ラン」と呼ばれる。その代表格が、ツチアケビだ。ツチアケビは、秋に高さ一メートルほどにもなる赤い茎に、これまた真っ赤なアケビのような形の派手な実を鈴なりにぶ

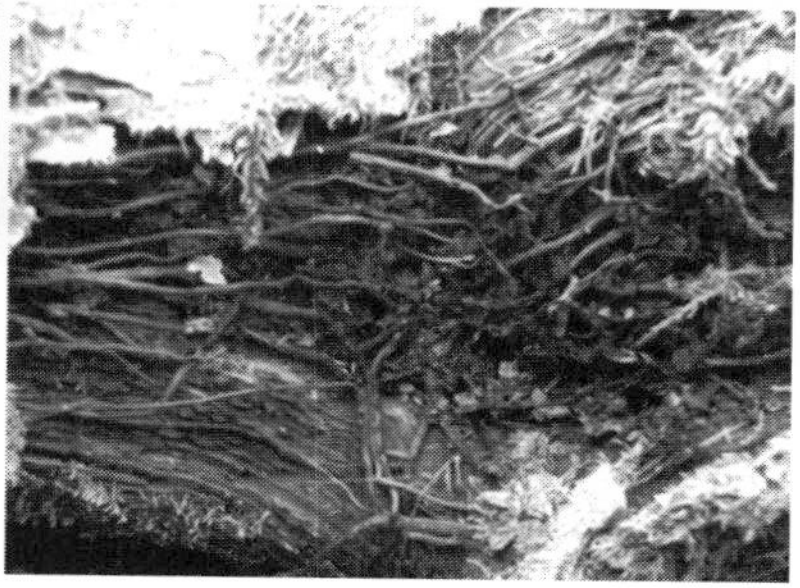

図4-6　ツチアケビ。緑一面の林床ではとても目立つ（上）。右上は果実を割ったもので、種子が非常に細かい。右下はツチアケビが〝食べる〟木材腐朽菌、ナラタケ属菌の根状菌糸束（宮城県）

ら下げる。緑色に溢れる森の中では非常に目立つ存在だ（図4-6、口絵⑪）。

ツチアケビは木材腐朽菌のナラタケ属の菌糸から炭素を得ている。ナラタケ属は生きた木を殺すこともある強力な木材腐朽菌で、根状菌糸束と呼ばれる太いヒモ状の構造を地表に張り巡らせている。そうやって枯木や弱った木を探索しているわけだが、そのネットワークは非常に巨大になることがある。第3章で紹介した、シロナガスクジラより重いと推定されている菌糸体は、ナラタケ属のものだ。

ナラタケ属菌の巨大なネットワークから炭素を得ることができれば、ツチアケビがこれだけ大きく成長するのもうなずける。ツチアケビと同じく巨大な茎を地上に伸ばすオニノヤガラ（鬼の矢柄。矢柄は矢の棒状の部分）の共生相手もナラタケ属だ（図4-7）。ただし、ナラタケ属は先に述べたように攻撃的な菌でもある。オニノヤガラは、種子発芽の段階ではクヌギタケ属の菌から炭素をもらい、大きく成長してから相手をナラタケ属に乗り換えるそうだ。弱い子どものうちはおとなしいクヌギタケ属を利用しておき、体力がついてきたらナラタケ属の莫大なエネルギーに手を出すということなのかもしれない。

オニノヤガラとナラタケ属菌の関係は、一九一〇年代から知られていた。これは、オニノヤガラが地下に作るイモ状の根にナラタケ属の根状菌糸束が絡みつくなど、形態観察が可能だったことも大きい。ただ、そのような形態的特徴から推測することができない他のランについて、共生相手の菌種が特定され始めたのは、ＤＮＡ分析技術が普及したこの二〇年ほどのことである。

図 4-7　オニノヤガラの花（上、山形県）と根（塊茎）にからみつくナラタケ属菌の黒い根状菌糸束（下、福島県。辻田有紀博士提供）

炭素年齢で炭素供給源を探る

さらに、腐生ランが木材腐朽菌から炭素を得ているのか、それとも他の光合成している樹木などの植物と共生している菌根菌から炭素を得ているのか、これを直接的に区別するための炭素14を使った分析方法が最近開発された。

炭素14は、炭素移動実験のところでも紹介した通り、炭素の放射性同位体である。放射性同位体は放射線を出しながら崩壊していくので、その放射線の強さは徐々に減少していく。放射線の強さが半分になるのにかかる時間を半減期と呼び、セシウム137なら三〇年、炭素14は五七三〇年だ。この性質を使い、古代の動植物の遺体に含まれる炭素14の放射線量から、数千年といった長い時間軸の年代測定に使われている。ただ、腐生ランに使うのはこの性質ではない。

炭素14は自然界にごく微量しか含まれないが、一九五〇～一九六〇年代に盛んに行われた大気核実験の影響で、大気中の存在量が約二倍になった。その後一九六三年に部分的核実験禁止条約が発効したことで、大気中の存在量は徐々に減ってきており、もとの値に近づきつつある。これを利用して、生物の体を作っている炭素が一九六三年以降のどの年代に植物の光合成で固定された炭素でできているのかを推定することができる。

どう使えるかというと、例えば樹木が一九六三年当時に光合成して固定した炭素は、木質として固定されているので、木質の炭素14濃度は一九六三年当時の高い値となっている。つまり、その樹木が死んで枯木となった木質を分解して炭素源としている木材腐朽菌の炭素14濃度も、これを反映した高い値となる（炭素年齢が古い）。一方、二〇二二年に樹木が光合成して固定した炭素の中の炭素14濃度は、二〇二二年時点での大気中の炭素14の低い濃度を反映しているので、二〇二二年に作られたブドウ糖やショ糖を植物からもらって生きている菌根菌の炭素14濃度は、これを反映した低い値となる（炭素年齢が若い）。

つまり、腐生ランの炭素14を分析して、その炭素年齢が若ければ、菌根菌から炭素を得ている種類だといえるし、炭素年齢が古ければ、木材腐朽菌から炭素を得ている種類だといえる[18]。

腐生ランの種特異的な関係

日本でも近年、腐生ランの仲間で木材腐朽菌をパートナーとしている種類が多数報告されている。面白いことに、これらのランは枯木や倒木の脇に生えている場合が多い。木材腐朽菌といってもナラタケ属のように土の中にまで菌糸を幅広く伸ばしている種ばかりではないので、やはり枯木の近くに多いのだろう。

イモネヤガラという、ツチアケビやオニノヤガラよりは少し小ぶりの腐生ランは、日本の鹿児島以南、東南アジアからオーストラリアまで広く分布している（図4-8）。名が示す通り、地下に里芋のような肥大化した長さ一〇センチほどの塊茎を形成し、枯木の脇に生えている姿がよく観察されている。

　このイモネヤガラの菌根菌を、日本、台湾、ミャンマーから採集したサンプルからＤＮＡ分析をして調べたところ、すべてナヨタケ属の一種の木材腐朽菌だった[19]。これだけ広い範囲で同じ一種の木材腐朽菌とパートナー関係を結んでいるということは、かなり特異性が高い関係といえる。ナヨタケ属のキノコは、腐朽の進んだ枯木やその周囲の土壌から生えていることが多いので、やはり枯木から土壌中にかけて菌糸を伸ばしているのだろう。

　白い鎌首をもたげたような形が印象的なタシロランという腐生ランの根からは、ナヨタケ科に属するキララタケ属のイヌセンボンタケや、同属のコキララタケが見つかった[20]。これらの菌も、枯木やその周囲の土壌から生える。土に生えているランが枯木から栄養を取るには、こういう生態をもつ菌がうって

図 4-8　イモネヤガラは鹿児島以南、東南アジアからオーストラリアまで分布している（上。辻田有紀博士提供）。イモネヤガラの菌根菌ナヨタケ属の一種（下、チェコ）

つけなのかもしれない。腐生ラン全体を見渡すと、どのような菌類がパートナーとして選ばれているのだろうか。

佐賀大学の辻田有紀博士は、腐生ランの菌根菌についてこれまでの知見をまとめた論文を発表している[17]。それによれば、ナラタケやナヨタケ属、キララタケ属の菌以外にも、じつに七〇以上の分類群の木材腐朽菌がリストアップされている。その中には、シイタケやヒラタケといった、馴染み深いキノコも含まれている。

このリストを眺めていて、僕は白色腐朽菌が圧倒的に多いことに気づいた。褐色腐朽菌は実験室で共生発芽に成功した一種がリストされているだけで、野生状態からの報告は皆無だ。なぜだろう？　腐生ランが多い南方の森林では広葉樹が白色腐朽することが多いだけかもしれないが、次の章で紹介するクワガタムシの幼虫も、褐色腐朽した枯木よりも白色腐朽した枯木で育つ種類が圧倒的に多い。クワガタムシの幼虫は菌だけでなく腐朽材自体も栄養にしているだろうから、菌糸を栄養にしている腐生ランとはもちろん事情が違うだろうが、白色腐朽菌と褐色腐朽菌の生理的・生態的な違いが腐生ランの共生パートナーとしての選好性に影響しているとしたら面白い。今後の研究に期待したい。

こういった腐生ランと菌類の関係性を詳しく知るためには、他の菌がいない状態で一緒に育ててみて、腐生ランがうまく育つか調べる実験が必要だ。菌根菌に依存しているランの場合は、菌根菌だけでなく共生している樹木の存在も必要になるので、人工的に育てることは容易ではない（イメージとしては、菌根菌を共生させた盆栽の鉢にランを生やす感じだが、盆栽の木は養分カツカツで生きているので、ランを養う余裕はないかもしれない)。しかし、木材腐朽菌に依存している腐生ランの仲間を栽培するには、パートナーとなる木材腐朽菌と、その栄養源となる枯木があれば可能である。クワガタムシの幼虫を飼ったことがある人にはお馴染みの、オガクズに菌糸が混ざった「菌糸ビン」だ。タシロランでは、イヌセンボンタケの「菌糸ビン」を作って栽培したところ、種子の発芽から開花まで生活環を一回りさせることに成功している[21]。

枯木に絡みつくタカツルラン

辻田さんのリストでもう一つわかることとは、多くの腐生ランが特定の菌のグループと関係を築いているらしいことと、その中で異色なタカツルランの存在だ(図4-9、口絵⑫)。タカツルランだけが四〇種もの菌類と関係をもっている。菌のグループもさまざまで取り止めがない。タカツルランという名前は、地面から伸びたツルが立枯れの木や時には生きた木の幹を這い登り、はるか頭上に花を咲かせることのランの特徴による。そのツルの長さはしばしば一〇メートル以上に達する。腐生ランとしては破格のサイズだ。

このランは葉がなくツルだけが幹を這い登る。ツルの節々から指のような太い根を出し、それで文字通り木の幹に〝しがみつき〟、そこで木材腐朽菌の菌糸を〝食べて〟いるらしい。このランを見るため、辻田さんの調査に同行して鉄砲伝来の島、九州は種子島に向かった。

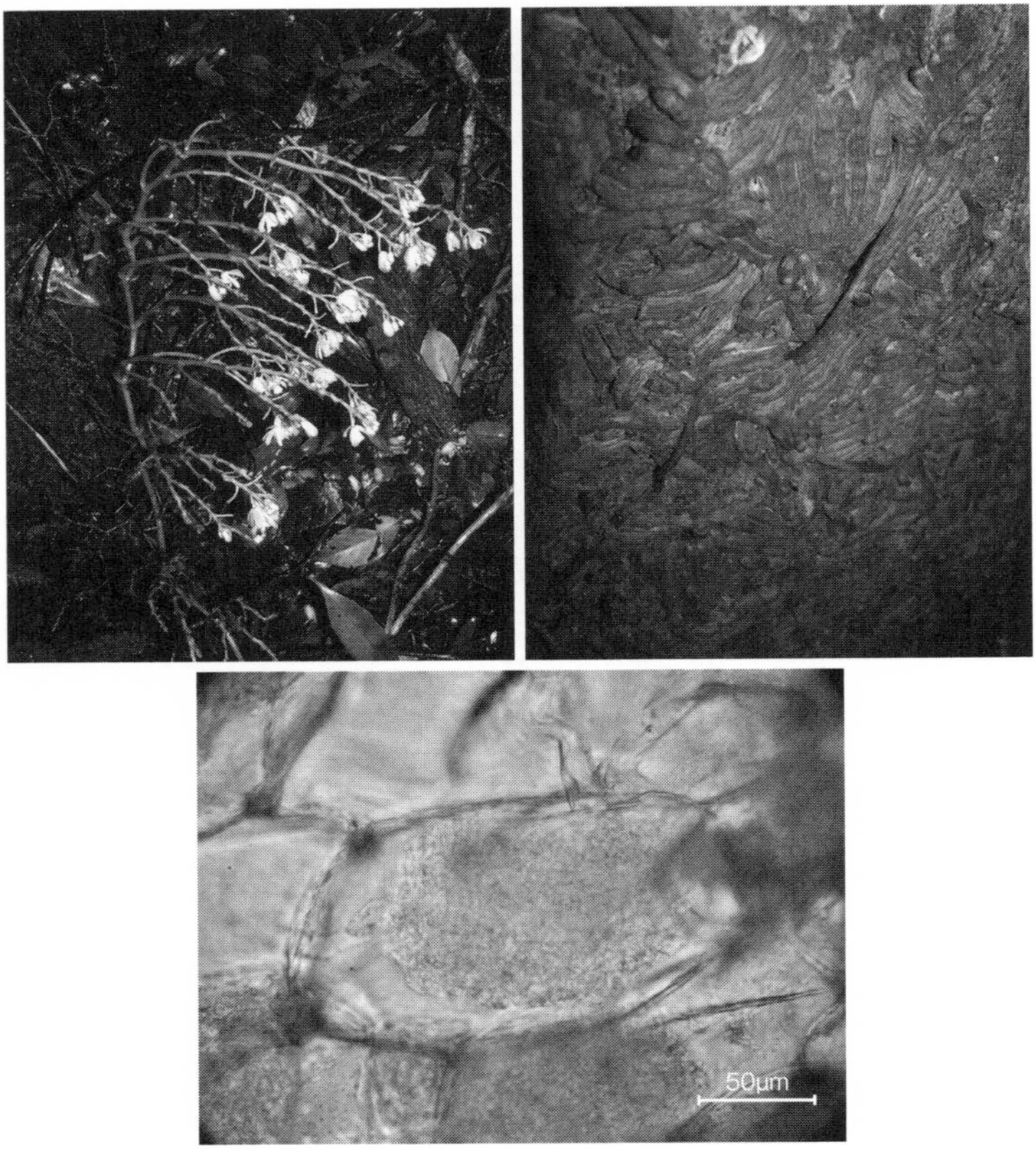

図 4-9　暗い林内で咲き誇るタカツルラン
左上：完全に炭素を菌類に依存するので、光合成のための葉はない（種子島）
右上：枯木の裏に太い根を張り巡らせ、木材腐朽菌を〝食う〟（種子島）
下：タカツルランの根の細胞内に入っている菌糸コイル（辻田有紀博士提供）

種子島の薄暗い常緑樹林には、僕の好きなよく腐った倒木がたくさんあった。どれも苔むして、その上には木々の実生たちが生えている。しかしタカツルランが這い登るのは、腐朽がそこまで進んでいない、わりと若い（？）枯木のようだ。これはタカツルランが餌にしている木材腐朽性の担子菌類が、比較的分解初期の枯木に多いせいだろう。枯木の分解が進んで柔らかくなってくると、子嚢菌のカビが多くなってくる。時にまだ生きている木にも登るのは、木の枯れた部分などにいる菌類を栄養にしているのかもしれない。

タカツルランがまとわりついている枯木には、餌候補のいろいろなキノコが生えていた。タカツルランは、これら枯木の上に生えているキノコを食べるわけではなく、キノコの本体である枯木の中の菌糸体を食べている。タカツルランが這っている倒木の裏側を覗いてみると……そこには捕食現場があった（図4-9右上、口絵⑫）。濃いオレンジ色のうねうねとした「根」が倒木の下面をみっちりと埋め尽くす様子は、この植物の貪欲さを物語っているようだ。タカツルランは、何らかの方法でこの「根」の中に木材腐朽菌の菌糸を誘き寄せて招き入れ、消化してしまうのだろう。

ツチアケビとナラタケの関係を研究した京都大学の浜田稔博士が、一九七五年の冊子でこの様子（描かれているのはオニノヤガラとナラタケの関係だが）を情感たっぷりに表現しているので、少し長くなるが紹介する。

ある林の中をナラタケの根状菌糸束（ハリガネ）が地中をうろうろして獲物をさがしていた。当然そのもとは太い樹の腐った根株で、もとはといえば自分が殺したものであるが、だんだんその根株（巣）の養分が少くなってきたので次の獲物をさがしていたのである。何せ、そんな針金をこしらえて歩き廻るだけでも可なりのエネルギーの無駄使いである。早く獲物をさがさねば弱ってしまう。

いた！　何やら、先程から甘酸っぱい匂いがしていた。よし噛みついてやれ！〔中略〕そろそろと近づいてみたら、それはまだ生れたての小さなイモであった。〔中略〕

イモの中は非常に清潔で、部屋（細胞層＝組織）の区別は整然としていた。玄関の次には立派な応接間があって、奥さんが出てきて酒食の接待がはじまった。〔中略〕しかし少々退屈してきた。この応接間の奥はどうなっているのか、〔中略〕。

さらに二、三日たった。ええい、のぞいてやれ、桃源境があるはずだ。〔中略〕中は広々として、ごちそうが一パイつまっている。ハハア蔵だな！　一歩入ってみる。…しかし何だかおかしい。突然、非常装置が働いたのか、ベルがけたたましくなる。大変々々。所が引き返そうとするが、足がしびれて動かない。おまけにふみ入れた足が何かにくわえられてしまった。イタイーッ！くるぶしのあたりの動脈が切られた。血がどくどくと出だして止らない。くそう、吸血鬼か、助けてくれー！…とうとう失神。〔中略〕これはたまらん、援軍を呼ぼう。オーイ、来てくれ、死にそうだ、輸血を頼む！…司令部から血を送ってくれた。ハリガネを通して、遠い巣（腐木）からの補給である。

突然、となりの部屋で悲鳴がおこった。大変だ、援軍が次ぎ次ぎにやられている。…はじめの歓待なんかとっくにマイナスになった。［中略］…何だかおかしい、蔵がどんどん肥り出した。さもあらん、あれだけ血を吸えば太るだろう…。とうとうイモが別の芽を出して蔵の建て直しをはじめた。今までの蔵はつぶすらしい、ヤレヤレ助かった、片足は切れて不具にはなったが。…やっと抜け出してみたら近所で同じようなイモにやられた仲間が数知れずいた。

浜田稔「傾城奈良菌盗人足合戦《けいせいならのくさひらぬすびとのあしかっせん》―生物考」
知の考古学　一九七五年五・六月号　社会思想社[22]

ナラタケを引き寄せた〝甘酸っぱい匂い〟は、現在ではストリゴラクトンではないかと考えられている。[23] ストリゴラクトンは根で生合成される植物ホルモンの一種で、根から分泌されＡＭ菌の菌糸の分枝を誘導し、植物との共生を促進する機能があることが知られている。[24] オニノヤガラの〝イモ〟（塊茎）の遺伝子を調べた研究では、ストリゴラクトンの生合成に関係する遺伝子の発現がイモの表皮部分で増えていた。[22] オニノヤガラは、菌根菌との共生関係の構築に使っていたストリゴラクトンの分泌を増やすことで、ナラタケの菌糸をだまして誘き寄せているのかもしれない。オニノヤガラの近縁種を使った他の研究によれば、植物側からも脂質やアンモニウムイオンが少し提供されているらしいので、これらが最初の〝酒食の接待〟だろうか。オニノヤガラが吸う〝血〟はもちろん炭素の比喩だが、これはトレハロースだという見方が有力のようだ。トレハロースは糖の一種で、菌類に特に多く含まれる。菌従属栄養のランでは、トレハロース代謝に関わる遺伝子が伸長していることが知られている。[25]

新たな疑問

辻田さんの調査によれば、枯木にへばりついているタカツルランの〝根〟からは、もっぱら木材腐朽菌が見つかる。それも、限られた種類というわけではなく、その枯木にいる木材腐朽菌を片端から食べているように見える。さらに、本当の〝根元〟は土の中にあり、土の中の根からはＥＣＭ菌も見つかるそうだ。

菌従属栄養という生き方は、菌に寄生しているともいえる。「菌寄生植物」という呼び方もあるくらいだ。こういった寄生関係は、相手の種が限られる場合が多い。相手を〝だます〟方法は相手によっていろいろで、すべての相手をだます方法はなかなかないからだ。オニノヤガラですら、寄生する相手の菌は発芽するときのクヌギタケ属と大人になってからのナラタケ属というように、限定される。多種多様な木材腐朽菌や、ＥＣＭ菌すらも〝食べる〟ことができるタカツルランは、すべての相手をだます方法を見つけたのかもしれない。それとも相手によっていろいろな方法を一つの体の中で使い分けているのか……謎は尽きない。

ただ、一見シンプルなオニノヤガラとナラタケの関係も、実際はそれほど単純ではなさそうだ。中国では、オニノヤガラは「天麻」と呼ばれ、めまいや頭痛、リウマチに効果のある生薬として大量に栽培されている。そのため、菌根菌に関する研究も多い。最近の研究によれば、オニノヤガラの塊茎の中にはナラタケ以外にもさまざまな内生菌（第３章参照）がおり、それらが生産する抗菌物質がナラタケ以外の菌類の侵入を阻止することでオニノヤガラとナラタケの特異的な関係が保たれているらしい[26]。

種子島での調査には、外国からも同行者がいた。安定同位体分析のエキスパート、ドイツのゲルハルト・ゲバウアー博士だ。先にも書いた通り、炭素がどこから来ているのかを知るのに、安定同位体分析はとても便利なので、菌従属栄養植物の研究者は安定同位体分析の専門家と手を組んでいることが多い。辻田さんはゲバウアーさんと手を組んでいるらしい。恰幅のいいゲバウアーさんは傾斜のきつい種子島の森の中を歩くのには苦労していたが、持ち帰ったサンプルの分析により、タカツルランが木材腐朽菌から炭素を得ている証拠が無事確認された。さらに調査チームは、タカツルランの根から分離培養した木材腐朽菌の菌株を使い、それらの菌株が実際に枯木を分解していることを確認し、タカツルランの種子の発芽とその後の成長にも成功した。こうして、タカツルランが実際に自生地でさまざまな種類の木材腐朽菌に寄生し、それらが分解した枯木の炭素を利用していることが確かめられた[27]。

良い研究は三つの新しい疑問をもたらすという。世界の他の場所ではどうなっているのかという生物地理学的な疑問、進化の中での位置づけに関する疑問、そして他の生物との関係についての疑問である。今回のタカツルランの調査も、いくつかのさらなる疑問をもたらした。特に最後の生物間相互作用に関してたくさんの疑問が頭に浮かぶ。枯木の中で、多種の木材腐朽菌は、縄張りを巡って競争関係にあるが、タカツルランがここに入り込むことによって、菌種間の競争関係には変化があるだろうか？　また、寄生されることによって木材腐朽菌の分解力に影響はあるのだろうか？　そもそも、タカツルランはそこにいる木材腐朽菌に手当たり次第に寄生しているのだろうか。それとも一番あてにしている種類がい

図 4-10　ミヤマウズラと同じシュスラン属のグッディエラ・プベッセンス *Goodyera pubescens*（アメリカ、オハイオ州）。葉の模様が美しい

るのだろうか？

タカツルランの調査から帰ってきて、自分の枯木調査に行くと、倒木の上に生えているランが目についた。よく腐ったアカマツの倒木の上に、アーモンド型の葉をした小さな可愛いランが生えている。葉脈をたどるように伸びた斑入りがかっこいい（図4-10）。花は、たくさんの小鳥が飛んでいるようでこれまた可愛い。図鑑で調べると、ミヤマウズラのようだ。論文を探してみると、菌根研究の大家、イギリスのデイビッド・リード博士のグループが、二〇〇六年にすでにミヤマウズラの仲間のヒメミヤマウズラの共生菌との関係について、炭素・窒素の同位体分析を使った実験結果を報告していた[28]。それによると、ヒメミヤマウズラはケラトバシディウム属の菌と共生して

炭素を双方向にやりとりしているらしい。つまりヒメミヤマウズラも光合成した炭素を菌に渡しているし、菌も培地から吸収した炭素をヒメミヤマウズラに渡していた。

ケラトバシディウム属の菌は、腐朽が進んで湿っている倒木の下面にうっすらと広がっているのをよく見る。目で見ただけでは同定が難しく、倒木のキノコ調査では厄介な奴らだ。そもそもキノコの調査では対象にすらされないことが多いだろう。こういう目につきにくい種類が重要なことをしている場合もあるので面白い。他にも、土の中で樹木の根と共生しているＥＣＭ菌が、倒木の表面にも菌糸を伸ばし、胞子だけは倒木の上で作っているという種類も多い。なぜだろう？　教科書的な、「炭素は植物から菌根菌へ、養分は菌根菌から植物へ」という流れがすべてではないことは、この章で見てきた通りだ。ＥＣＭ菌には、植物から炭素をもらうばかりではなく、有機物を分解して自分で炭素を得る能力がある種類も多いようだ。植物と菌類の間の炭素や養分のやりとりは、種や状況に応じた融通の効く関係なのかもしれない。このことは、第11章の倒木更新の話にもつながっていく。

フィールドノートから

洋蘭のシンビジウムといえば華美な園芸品種が多数知られているが、春に里山林の林床で薄緑色の花をひっそりと咲かせるシュンラン（春蘭）も同属である。ごく普通に見られるシュンランも、じつは光合成と菌根菌からの炭素獲得の両方を行っている「部分的菌従属栄養（混合栄養）」植物だ。第4章では、話の流れから、イチヤクソウの仲間で独立栄養（光合成のみで炭素を得る）から菌従属栄養への進化の流れが研究されていることを紹介したが、シュンラン属でも、まったく同じ現象が知られている。論文の著者は、他でもない辻田さんだ。シュンラン属では、独立栄養のヘツカランから、混合栄養のシュンラン、ナギランを経て菌従属栄養のマヤラン、サガミランへと進化が進むにつれて菌への依存度が高くなっていくらしい。

面白いことに、炭素獲得が独立栄養から菌従属栄養に変わっていくにつれて、根から検出される菌根菌相も、ツラスネラ科の菌類からロウタケ目の菌類へと綺麗に移り変わることがわかった。シュンラン属はロウタケ目の菌根菌を搾取対象として選んだようだ（あるいは、うっかり炭素供給能力の大きいロウタケ目の菌類に頼るうちに依存体質になってしまったのだろうか）。ロウタケ目の菌根菌は、ブナ科やマツ科の樹木とも菌根を形成しているので、樹木が光合成した膨大な炭素にアクセス可能である。イチヤクソウの場合と同様、シュンランの炭素の一部はロウタケ目の菌根菌を介して樹木から流れているのだろう。詳しくは、文献29参照。

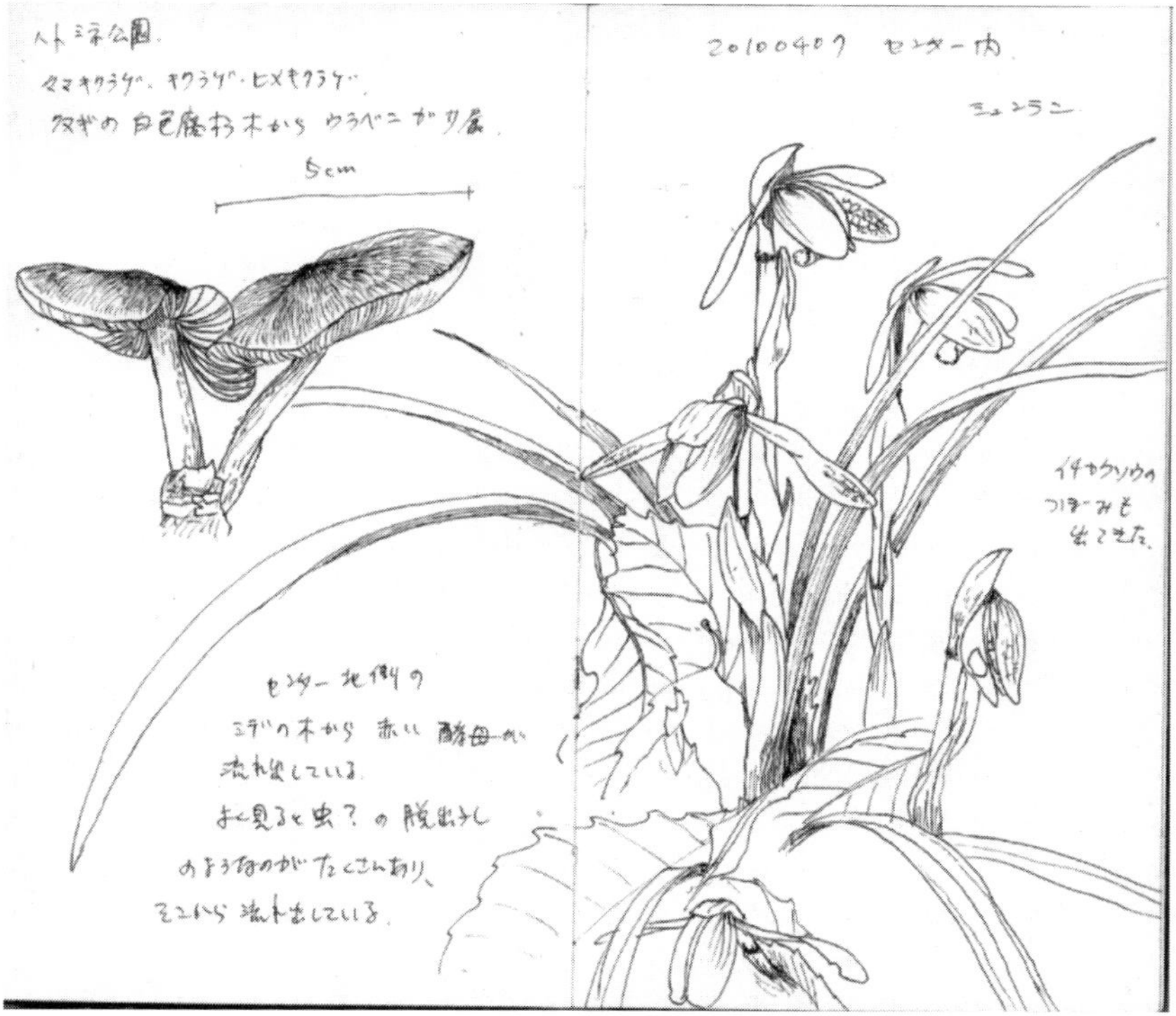

シュンランとキノコ（ただしシュンランが関係をもつのはこのキノコではない）

第5章　動物たち——庭の丸太実験

庭に置いた丸太

二〇一五年から森に土地を買って住んでいる。森は好きなので、自分の生活の中には必ず入れたいと思っていて、街に住んで休日森にリラックスしにいく生活と、森に住んで休日街に刺激を求めにいく生活とを比べたとき、後者を選んだ。実際には休日は街ではなく山に行くことが多い。現代ではオンラインで大抵のことができてしまうので、街に行く必要がない。森の中で育っている子どもたちも、「自分が都会に住むことは想像できない」などと言う。

子育ては実験だ。失敗できない実験でもある。失敗するかもしれないが、「答え合わせの時に私はもういない」（RADWIMPS「正解」）ので、自分が良いと思う方法でやるしかない。森の生物間相互作用の中に身を置く。さらに狩猟採集生活でもすれば本当の意味で身を置くことができるのだろうが、もっとソフトに、ただ森の中に住むだけでも、森の生き物とそのつながり合いの存在が無意識のうちに脳のニューラルネットワークを最適化してくれていることだろう。脳の発達に重要な子どもの期間を森で過

図 5-1　庭に丸太を置く準備。コナラとカスミザクラの丸太を置いた（宮城県）

ごすことは、（たとえ家の中でゲームをしていることが多いとしても）何か良いものを心の中に残してくれると信じている。

さて、本章のテーマである動物、とは、我が家の子どもたちのことではない。いつの間にかうちに住み着いている猫のことでもない。森に住み始めてすぐ、家を建てるために伐採したコナラとカスミザクラの丸太を庭の片隅（といっても隣の敷地も森なので、だいたい境界と思われるあたり）に並べ、やってくる生き物を詳しく調べることにした（図5-1）。よく考えたら、家を建てるために伐採した木を丸太にして設置したので、家が完成する前から庭で丸太の分解実験を始めていたことになる（研究者とはこういう生き物です）。我が家の庭は、コナラやカスミザクラにアオハダやアカシデ、エゴノキ、アカマツなどが混ざる、雑木林だ。

こういったモニタリング実験を家の庭でやる狙いは、観察頻度を増やすことだ。遠い調査地と違い、自分の家の庭ならいつでも観察することができる。部屋の椅子に座ったまま眺めることもできるし、気が向いたら庭に下りていって詳しく観察することもできる。ただ、気をつけないと趣味の観察になってしまって（それも無駄ではないと思うが）、しっかりしたデータが取れないことになる恐れはある。丸太を庭に置いたのはもう冬が始まる頃だったので、丸太はすぐに雪に埋もれてしまった。

丸太に来たリス

丸太のことを忘れかけていた、翌春三月の晴れた日の早朝、さっそく庭先研究の効能が表れた。部屋の椅子に座って外を眺めていると、何か動くものがいる。リスだ。雪の上に少しだけ顔を出した丸太の上で一心に何かしている。丸太をかじっているようにも見える。

リスがいなくなってから、丸太のところへ行ってみると、やはり樹皮が剝ぎ取られていた（図5-2）。リスがその鋭い前歯を使って剝がしたらしく、あちこちに二本セットになった傷跡が残っている。そして樹皮が剝がれた部分には、灰色の粉っぽいものがベッタリと広がっている。子囊菌の無性胞子のようだ。菌類の多くは、交配して作る胞子（有性胞子）以外に、交配することなしに胞子を作る（無性胞子、分生子とも呼ばれる）ことがある。前者は遺伝子の交換が起こっているが、後者は遺伝子交換の手間を省いた、自身のクローンである。

子嚢菌門の菌類は無性胞子を作る種類が多い。無性胞子と有性胞子は形もでき方もまったく違うので、違う場所に作られていると、まさか同じ菌が作ったものとは思えない。実際、胞子のでき方や形態を主な基準にして整理していた頃の菌類分類学では、それぞれ別の学名が与えられて別種だと考えられていたものがとても多い。近年のＤＮＡ情報に基づいた系統分類学により、有性世代と無性世代の組み合わせが次々と明らかになってきている。このあたりの詳細は前著『キノコとカビの生態学』を参照してほしい。

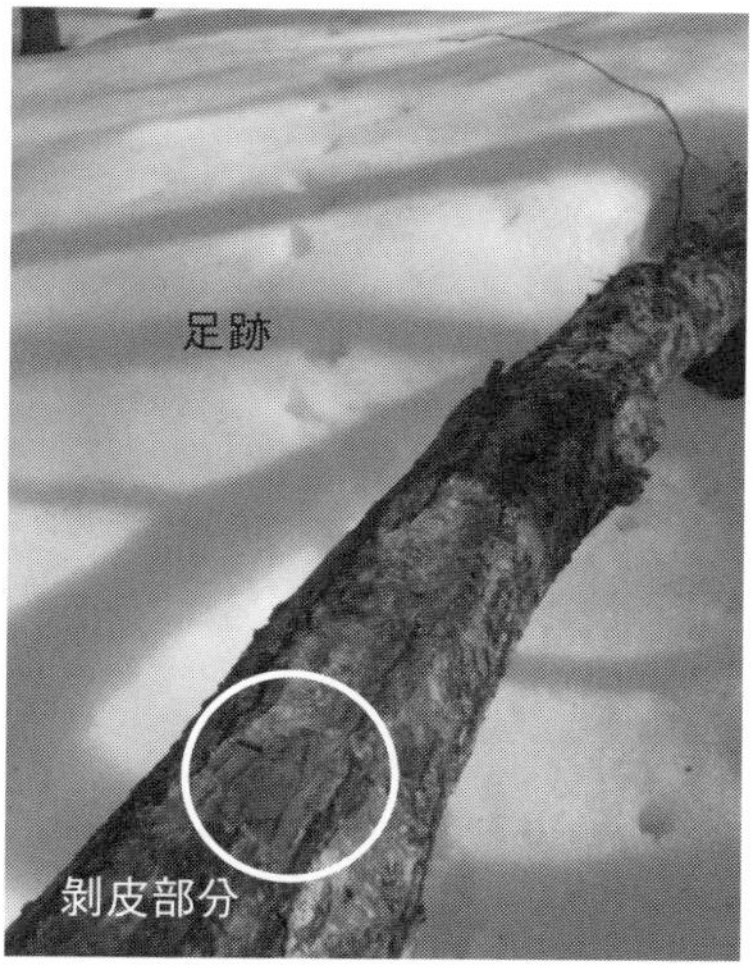

図5-2　剝かれたコナラ丸太と雪に残る犯人の足跡（宮城県）

子嚢菌の一部の種では、キノコができてくる過程で、まず無性世代の胞子が作られ、それが一段落すると有性世代の胞子を作る、という順番が見られる。庭で観察しているコナラの丸太に広がっている灰色の粉は、どうもこの類の子嚢菌の無性胞子ではないだろうか。灰色の粉を少しつまんで部屋に戻り、顕微鏡を覗いてみると、ゴマのような形をした透明な胞子と、ゲニキュロスポリウム（*Geniculosporium*）型の分生子形成細胞が見えた（図5-3左）。これで間違いない。やはり子嚢菌の無性胞子だ。モコモコとたくさ

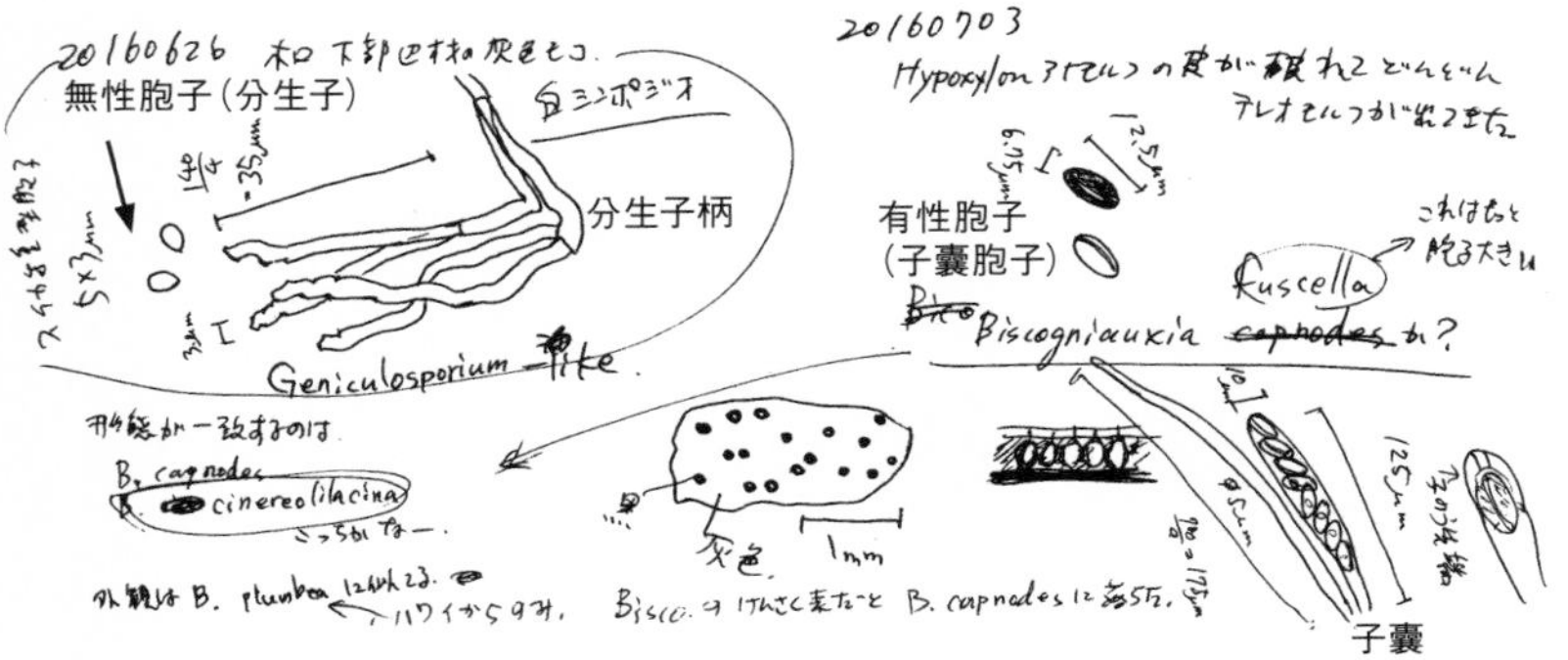

図5-3　コナラ丸太に生えた子嚢菌の無性世代（左）と有性世代（右と下）。無性世代の胞子（分生子）はゴマ粒形で無色、クネクネと曲がった菌糸（分生子柄）から直接出てくる。有性胞子は黒く、コーヒー豆のようなスリットが入っており、細長い袋（子嚢）に入っている

んあった灰色の胞子は、その後六月の雨に洗い流された。残った茶色っぽい皮が一枚剥けると、その下から硬い有性世代が現れた。色は黒や灰色で、表面には黒い点が散らばっている。この黒い点にはそれぞれ一つ孔があり、孔はその下の空洞につながっている。空洞の中には、一つの細胞が減数分裂してできた八個の有性胞子（子嚢胞子）が入った袋（子嚢）がたくさん収まっている。この袋が子嚢菌の名前の由来だ。顕微鏡で観察すると、無性胞子とは違って黒々としたコーヒー豆のような形の子嚢胞子が確認できた（図5-3右）。

この手の子嚢菌は見た目が似ている種類が多く、同定が難しい。孔の密度や子嚢・胞子のサイズなどを基準にして同定するのだが、それらの値は種間で連続的なことも多く、標本をたくさん見た経験がないとなかなか自信をもって同定できない。このグループの菌類に詳しい東京大学の竹本周平博士に標本を送って同定してもらったところ、ビスコグニオークシア・プラーナ（*Biscogniauxia* plana）とビスコグニオークシア・マリティマ（*Biscogniauxia maritima*）という同属の二種が混在していることがわかった。黒っぽいのがプラーナ、灰色のがマリティマらしい（図5-4、口絵⑭⑮）。竹本くんは僕の大学院時代の同期だ。持つべきものはアカデミックフレンズである。

ちなみに、属名の「ビスコ」は、小さい頃お世話になったあのお菓子ではない。ラテン語で「2」を意味する「ビス」に、ベルギーの植物学者アルフレッド・コグニオーの名前が接尾辞 *-ia* をつけて名詞化されたものらしい（なぜこの人に献名されているのか僕はよく知らないが）。ただ、顕微鏡でキノコの表面を見ていると、点々と開いた孔の様子が「ビスコ」に似ていなくもない（色は別として）。ここ

図5-4　コナラの丸太に広がる子嚢菌ビスコグニオークシア・プラーナ（上）とビスコグニオークシア・マリティマ（下）。マリティマにはコヨツボシケシキスイが来ている

では、親しみをこめて「ビスコ」と呼ぶことにしよう。また、ラテン語でプラーナは「平ら」、マリティマは「海」という意味らしい。学名の意味をラテン語辞典で調べてみるのも面白い。

〝ビスコ〟グニオークシア・マリティマは一九八八年にロシア極東の沿海州（これが「海」の由来だろうか）でコナラと同属のモンゴリナラの枯木から新種記載された種だが、日本ではごく最近、二〇一五年に初めて報告されている。しかし決して珍しい種というわけではなく、コナラの枯木には普通に見つかる。要は研究する人が少ないだけなのだ。菌類では、大型のキノコでも毎年新種が多数見つかる。

リスはどうやってキノコを見つけるのか？

三月の頃に話を戻そう。雪が解けるにつれて次々と顔を出す丸太は、端からリスに皮を剝かれていった。気づけば、庭に置いたコナラの丸太三二本のうち半数近い一五本の丸太の皮が、どこかしら剝かれていた。そして剝かれた場所には必ずピンポイントでビスコが生えている。リスはまさにこの粉を狙って剝がしているらしい。そして歯でかじって胞子を食べているようだ。灰色の粉の上にリスがかじったと思われる歯形がたくさんついている（図5-5）。リスと人間の味覚は違うだろうが、もしや「ビスコ」に挟まっているクリームのように甘いのかと淡い期待を抱きつつ少し舐めてみたが、やはり甘くはなかった。リスにはおいしいのだろう。あるいはおいしくはないが芽吹き前の早春の貴重な食料なのかもしれない。一緒に置いたサクラの丸太では皮剝ぎはまったく見られなかった。ビスコはコナラ属の枯木に生える。

リスはどうやって樹皮の下のビスコが生えている場所を特定しているのだろう？　考えられるのは、匂いだ。リスがキノコを食べることはよく知られている。ロシアの動物文学作家ニコライ・スラトコフの作品「子リスのしごと」[1]では、子リスはいろいろな森の動物たちにどんな仕事をしているのか聞いていき、誰もやっていない「キノコとり」を自分の仕事にすることに決めたのだ。本書のはじめに書いた通り、僕も庭で立枯れしたコナラの木の高いところに生えているムキタケ（担子菌）をリスがおいしそうに食べているのを見たことがある。北米では地下のトリュフ（子嚢菌）も掘り出して食べる。夏から

図 5-5　ビスコの無性世代についたリスのかじり跡。雪解けが進む３月頃、庭に置いたコナラの丸太についていた

初秋にかけてのキノコの時期には、リスの食料の大半をキノコが占め、胃の内容物の八八％にものぼるそうだ。[2] トリュフ探しといえば鼻の利くブタとイヌが有名である。ヒトをも魅了してやまないトリュフの独特な匂いは、動物に掘り出してもらって胞子を散布するためらしい。枯木に生える子嚢菌のキノコも、成長段階に応じて特有の匂いを放つらしいので、[3] リスがそれを嗅ぎ分けて樹皮を剝いでいる可能性は十分あるだろう。

春先に同じように樹皮を剝かれたコナラの枯木はあちこちで見るので、たぶんうちの庭のリスに限った行動ではないと思う。ただ、これまでに報告があるリスのキノコ食は、だいたいヒトと同じく担子菌や子嚢菌の柔らかいおいしそうなキノコだ。粉っぽいビスコの分生子を食べるという報告は聞いたことがない。場所の特定法とあわせ、自動撮影カメラなどを使った詳細な行動観察や、匂い物質による誘引実験などが必要だろう。動物や匂いの研究者の方、一緒にやりませんか。

コケの分散を助けるリス

リスといえば、倒木の上のコケの多様性にも貢献している。アメリカのロビン・ウォール・キマラー博士は、そのことに気づいたときの様子を著書『コケの自然誌』[4] の中で生き生きと描写している。倒木に共存して生えるヒメカモジゴケとヨツバゴケというコケは、どちらも小さく、無性芽というクローン繁殖体で増え、撹乱によってできた空きスペースで成長する、とても似通ったニッチ（生態的地位）をもつ。倒木のような限られた空間の中で、ニッチの似た二種はどちらか片方が競争的に排除されると予測するのが「ガウゼの競争排除則」だ。ではこの二種はなぜ倒木上で共存できるのだろうか？　キマラー博士は、学生と一緒に地面に文字通り這いつくばって、この二種の違いを詳しく調べた。

北方林特有の蚊の大群にさんざん血液を提供しながら調べた結果、この二種は倒木上での分布が明らかに異なっていることがわかった。ヨツバゴケは倒木の横側にある、倒木が崩れることによってできた大きな攪乱跡（ギャップ）に生えていた。一方、ヒメカモジゴケは、倒木の上面の、十円玉くらいの大きさの小さなギャップに点々と生えていた。また、二種はどちらも無性芽を作るが、この無性芽の形も大きく違っていた。ヒメカモジゴケの無性芽は、細くとがった葉の先端にできる、長さ一ミリほどの小さな剛毛状をしている。一方、ヨツバゴケの無性芽は、花びらのように並んだ葉の中央に鳥の卵のように可愛く並んでいて、雨滴がそこに落ちることによって飛び散って分散する。

ヨツバゴケに比べ、ヒメカモジゴケの暮らしぶりはわかっていないことが多かった。ヨツバゴケが生える倒木側面の大きなギャップが、倒木の崩壊によってできることはわかっている（このブロック状の崩壊は褐色腐朽菌によるものだそうだ）。ではヒメカモジゴケが生える倒木上面の小さなギャップはどうやってできるのだろう？　ヨツバゴケの無性芽が雨滴で分散することはわかっている。ではヒメカモジゴケの小さな無性芽はどうやって倒木上面の小さなギャップにたどり着くのだろう？

はじめは、毎朝銀色の這い跡を倒木上に残していくナメクジがヒメカモジゴケの無性芽を体にくっつけて移動させているのではないかと考え、〝ナメクジレース〟もやってみた。ナメクジにビールの報酬まで用意して実験を繰り返したが、ナメクジによる無性芽の移動はコケから数センチと短距離で、ギャップまでたどり着く可能性は低そうだった。

次に注目したのがリスだ。リスは、めったに地面の上を歩かない。子どもの頃やった「地面に足をつかないゲーム」のようにして倒木の上を伝って移動する。キマラー博士のいるニューヨーク州立大学のクランベリーレイク生物観測所では、そこにいる野生のシマリスたちは、ピーナッツを報酬にさまざまな実験に協力することに慣れっこになっているらしい。シマリスに協力を募り、床に白い吸着紙を置いて〝シマリスレース〟をやったところ、見事に何メートルにもわたって無性芽の足跡がついていた！

さらに、野外でシマリスの行動を観察すると、倒木の上を忙しく行き来するシマリスが倒木の上で急ブレーキをかけたときに、コケの絨毯に小さな穴ができることがわかった。つまりシマリスは、ヒメカモジゴケのための小ギャップ作製と無性芽の分散の両方をやっていたのだ。シマリスの存在によって、倒木上に二種のコケが共存できる。「取るに足らないことが偶然に重なったところから秩序が生まれる、こんな世界に生きるというのは、なんと驚異的なことだろう」（『コケの自然誌』）。シマリスがいなくなると、ヒメカモジゴケもいなくなってしまうのだろうか。

ビスコの昆虫群集——カメムシ・ケシキスイ・チビヒラタムシ

さて、季節が初夏に変わり森に緑が溢れるようになると、リスは丸太には見向きもしなくなり、どこかへ行ってしまった。リスによる皮剝ぎは、春先の短い期間の出来事である。しかしこれをきっかけとして、丸太にも急速な変化が起こり始めていた。皮を剝がれて露出したビスコの上に、さまざまな昆虫が訪れるようになったのだ。特に多かったのが、平べったい体をしたヒラタカメムシの仲間やチビヒラタムシの仲間、そしてケシキスイだ（図5-6、口絵⑬）。

ヒラタカメムシの仲間は、その名の通り平たい体をしたカメムシで、枯木の樹皮の下に潜り込むのに適した形をしている。生きた植物の汁を吸うカメムシに緑色をしている種類が多いのに対し、ヒラタカメムシ類は茶色や黒色をしていて、見事に枯木の表面に擬態している。そして、ヒラタカメムシ類が汁を吸っている相手は、菌類だ。同じカメムシの仲間でも、生きた植物ではなく、こちらは死んだ植物に生える菌類から吸汁している。第2章や第4章で紹介した炭素・窒素の安定同位体比や炭素14を測定すれば、さぞかし興味深い値を取ることであろう。

ビスコの上で観察されたヒラタカメムシ類には、腹部のギザギザがかっこいいノコギリヒラタカメムシや、漆黒でまったく動かない忍者のようなクロナガヒラタカメムシなど、数種のヒラタカメムシがいた。中でも個体数が圧倒的に多かったのが、トビイロオオヒラタカメムシという種だ。こちらは、腹部に派手なギザギザはなく、まるっとして落ち着いた外見をしている。名前が長いので、ここではトビイロと呼ぼう。

トビイロは、ビスコの上で観察された昆虫の中で最も出現頻度が高く、半数以上の倒木で見つかった。この種はビスコの上で繁殖を始め、薄い紅色をした小判のような形の幼虫たちがすぐにビスコの表面を

▼トビイロオオヒラタカメムシ

▼ノコギリヒラタカメムシ

▼キボシチビヒラタムシ

▼アカバマルタマキノコムシ？

▼シロヒゲナガゾウムシ（メス）

▼鱗翅目幼虫（種不明）

▼ナメクジ類

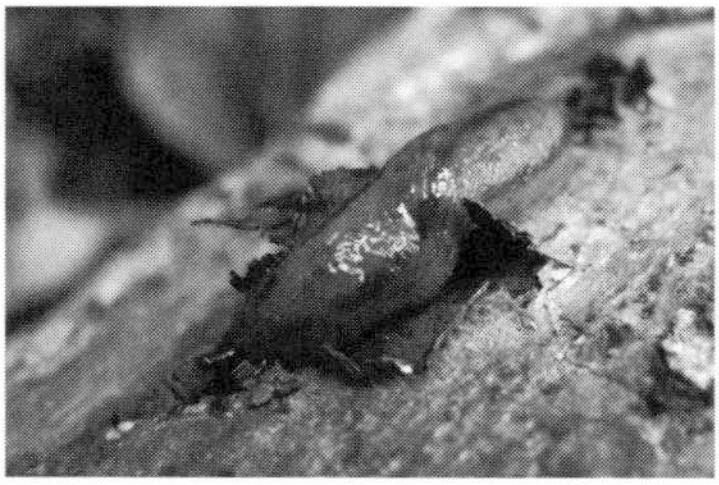

▼ナガゴマフカミキリ？

図 5-6　ビスコに来たいろいろな生物

埋め尽くすようになった。ヒラタカメムシ科では、オス成虫が卵や幼虫を保護する行動を取ることが知られている。僕の観察中にも、幼虫の群れの上に成虫が覆い被さるような行動が見られた。幼虫は幼虫なりに自警団も結成しているようだ。集団の上に手をかざしたりして刺激すると、たくさんの幼虫たちが一斉に尻から液体を噴射した。あたりにはうっすらと酸っぱい匂いが立ち込めたので、何か蟻酸《ぎさん》のような揮発性の刺激物質なのだろう。家族の結束が固いトビイロの集団は、九月から一〇月にかけて急に個体数を減らしながらも、雪が降る頃まで丸太の上に残っていた。冬に丸太をひっくり返すと裏側に成虫が見つかるので、ここで越冬しているのだろう。

平べったい仲間の、ヒラタムシ類もビスコにたくさんやってきた。黒い頭と胸、真紅の鞘翅のツートンカラーが粋なベニヒラタムシが見られることもあった（図2-7、口絵⑦）。同定の難しいチビヒラタムシたちもたくさん来た。中でも、黒い体に一対のオレンジ色の斑点がオシャレなキボシチビヒラタムシが常連だった。近縁のベニヒラタムシの幼虫は捕食者だが、チビヒラタムシ科の昆虫は幼虫も成虫も菌食者としてよく知られている。干し椎茸の袋にサビカクムネヒラタムシが紛れ込むと、大変なことになる。本当に食べているかどうかは、消化管の中身を見てみないといけないが、今回の観察でチビヒラタムシたちが子嚢菌にもよく集まることが確認できた。

もう一種、よく見られた甲虫は、後ろがキュッと細くなった逆三角体形のコヨツボシケシキスイだ（図5-4下、口絵⑮）。姉妹種のヨツボシケシキスイは、コナラなどの発酵樹液によく集まる。カブトムシやクワガタを探しに行くと樹液に体をなかば埋めて幸せそうにしているのをよく見る。発酵樹液の中の酵母を食べているらしい。酵母も菌類なので、これも立派な菌食ということになる。そう考えると、カブトムシやクワガタも菌食なのかもしれない。少なくとも幼虫は菌糸の生えた枯木や腐葉土をもりもり食べている。オオクワガタやノコギリクワガタの幼虫を大きく育てるには、オガクズに菌糸を蔓延させた「菌糸ビン」が必須だ。

ヨツボシケシキスイが発酵樹液でよく見られるのに対して、コヨツボシケシキスイはあまり見られない。今回ビスコの上でよく見られたということは、これら二種は異なる食べ物にある程度特化することで、競争を避けているのかもしれない。

データをまとめると、一シーズン（三〜一一月）の調査で四〇種近い昆虫がビスコの上に来たと記録されていた。リスのキノコ食行動は、倒木上の昆虫類の多様性に貢献しているのかもしれない。少なくとも、僕はリスのおかげでこの多様な昆虫群集の存在に気づいた。のちに発表した論文のタイトルには、〝aided by squirrels（リスの助けによる）〟という言葉を入れてリスへの謝意を表した(5)。

海外の学会でこの庭先研究の結果をオンライン発表すると、発表後に参加者の人たちがわざわざメールをくれて、とても面白かったと伝えてきた。特に「庭先でやった」ことと「胞子を味見した」点が好評だった。研究の内容は？と思ったが、そこは素直に喜んでおいた。ちなみに、二〇二〇年から新型コロナウイルス流行の影響で、学会はほとんどオンラインになっている。リスを目撃したのと同じ椅子に座ったまま、研究成果を世界に向けて発信した。

穿孔性の昆虫たち

庭に置いたコナラとサクラの丸太を観察していると、ビスコとは関係なさそうな虫もたくさん見られた。キクイムシ類、ゾウムシ類、タマムシ類、カミキリムシ類や、それらを捕食するコメツキムシやムシヒキアブの幼虫、ホソエンマムシなどの穿孔性昆虫だ。ゾウムシやタマムシ、カミキリムシ、コメツキムシの成虫は穿孔しないが、幼虫時代を枯木の中のトンネルで過ごす。キクイムシやホソエンマムシは成虫が穿孔するので、体が見事に円筒形をしている。

丸太を設置した次の年の夏には、これらの穿孔性昆虫が倒木から削り出した木屑が倒木の周りに溢れた。キクイムシが直径一ミリほどの坑道から出す木屑は、長くつながって倒木の表面に〝生えて〟くる。倒木に毛が生えてきたのかと思うほどだ。それも雨でうち落とされて倒木の下に溜まる。たくさんのキクイムシによって削り出された木屑が溜まると、その量に驚く。穿孔性昆虫が枯木の分解に果たす役割を感覚的に理解できる（図5-7）。

穿孔性昆虫によるトンネル掘りは、トンネルを通って菌類や土壌動物が枯木の奥深くまで進入することを容易にし、分解を促進する。菌類は微細な菌糸で材の中に進入できるといっても、やはり細胞壁を溶かして通り抜けていくには時間がかかる。トンネルがあれば、その中を空気に乗った胞子も入っていけるし、菌糸を伸ばしていくのも楽だ。空気といえば、トンネルには通気を良くして枯木の内部に酸素を行き渡らせることにより微生物を活性化させ、間接的にも分解を促進する効果がある。

図 5-7　キクイムシをはじめとする穿孔性昆虫による大量のフラス（木屑）。木屑にすることで枯木を細片化するだけでなく、枯木の奥深くまで達するトンネルによって菌類や土壌動物が枯木内部に定着しやすくなり、分解が促進される

面白いことに、トンネルの効果にも昆虫の種によって違いがあり、カミキリムシの穿孔は菌類の定着を促進して枯木の分解を進めるが、同じように穿孔するタマムシには分解促進効果がないらしい。これは、カミキリムシの幼虫が木屑を枯木の外に排出して坑道を開けるのに対して、タマムシの幼虫は坑道に木屑を詰めて外に出さないため、坑道の通気性に大きな違いがあることが理由のようだ。また、樹皮の直下にだけ坑道を延ばすキクイムシ類は、カミキリムシのように坑道を枯木の奥深くまで延ばす種に比べ、分解への寄与が小さい[6]。

タマムシの幼虫が坑道を木屑で塞ぐのは、捕食性昆虫の侵入を阻止するためかもしれない。コメツキムシの幼虫は、細長い円筒形の体を使って他の昆虫が掘った坑道を効率よくヘビのように進んで獲物を狩るハンターだ。クワガタムシの幼虫を飼育しているケースに野外から拾ってきた枯木を入れた場合、その中にコメツキムシの幼虫が紛れ込んでいたら悲劇となる。成虫は、ひっくり返しておくと必ず見事なジャンプを見せてくれる愛嬌ものだが、幼虫時代の暴虐ぶりを知ったら気軽に手のひらでジャンプを要求できなくなるかもしれない。坑道の主によって坑道の直径も違うので、それを狩るハンターも坑道サイズの影響を受ける。マツの枯木で見つかる重量級のウバタマムシの天敵は、これまた重量級のウバタマコメツキだ。名前は似ているが食う―食われるの関係にある。

新緑の時期、丸太の表面から上半身だけ飛び出しているサナギの抜け殻らしきものを見つけた（図5-8上）。先端には黒光りするトゲが並んでいて、さながら丸太から出現した小さな魔物といった風情

図5-8　幼虫時代は枯木の中で他種の幼虫を食べ、木の中でサナギになる捕食性アブ。上はオオイシアブのサナギの抜け殻（山形県）、下はウシアブを捕らえたムシヒキアブの一種（宮城県）

だ。これは、オオイシアブという捕食性アブのサナギの抜け殻で、幼虫は枯木の中でクワガタムシの幼虫などを捕食するらしい。枯木の中でサナギになった後、枯木表面から上半身を飛び出させて羽化する。大人になると嘘のようにおとなしくなって樹液や蜜などを食べるものが多いコメツキムシ類と違い、こちらは大人になっても肉食ひとすじだ。ずんぐりしたけむくじゃらのクマのような風貌で、他の昆虫を狩る。オオイシアブを含むムシヒキアブ科の捕食対象は幅広く、あらゆる分類群の昆虫が獲物となる。開けて見晴らしのよい場所にとまり、獲物を見つけるや出撃して空中で捕獲する。獲物の背後から口吻《こうふん》を突き刺し、神経毒を注入してあっという間に動けなくする（図5-8下、口絵⑯）。スズメバチすら餌食になることがあるそうだ。

この捕食者としての性質は、森とその周辺の昆虫群集のバランスを整え、害虫の発生を抑制しているかもしれない。イランの首都テヘラン周辺の水田と草地では、二六種ものムシヒキアブが記録されている。[7] 日本でも、周囲を森に囲まれた谷戸の水田などでは、豊富な枯木から羽化するオオイシアブなどの捕食者による害虫抑制効果があるのではないだろうか。一度調べてみたい。

昆虫と腐朽型の関係

枯木からは昆虫の主要な分類群のほとんどが見つかっているが、その多くを鞘翅目昆虫が占める。[8] 中でもクワガタムシ科は、枯木との関係が詳しく研究されているグループの一つだ。九州大学の荒谷邦雄博士は日本の冷温帯林のブナやミズナラの枯木で、クワガタムシ科の種組成を調査し、種によって幼虫が餌として好む材の腐朽型が異なることを明らかにした(9)(腐朽型については第7章参照)。中でも大多数の種が含まれるクワガタムシ亜科は白色腐朽材を好む。また、オーストラリアやニューギニアに分布するニジイロクワガタも幼虫の生育に白色腐朽材が必要らしい(10)。ペットショップで売られているクワガタムシの幼虫が入っている菌糸ビンに使われているのも、カワラタケやヒラタケなどの白色腐朽菌だ。白色腐朽材を好む種が多い理由として荒谷博士は、白色腐朽材では消化しにくいリグニンが分解されている上に、セルロースやヘミセルロースが低分子化されて比較的消化しやすい状態で残っており、褐色腐朽材に比べ好ましい餌であることを、材の化学分析や飼育実験などから明らかにしている。

一方、マダラクワガタやツヤハダクワガタなど、リグニンが蓄積して消化しにくい餌であると考えられる褐色腐朽材を好んで利用する種も少数見つかった。飼育実験でも、これらの種の幼虫は白色腐朽材を与えられると成長できずに死んでしまうが、褐色腐朽材では成長できる。とはいえ、これらの種の幼虫がリグニンを分解できるわけでもないようだ。荒谷博士は、白色腐朽材に多く含まれるキシロース(ヘミセルロースの主成分)が成長阻害物質として働くため、これらの種では白色腐朽材を利用できないのだろうと考察している(9)。

白色腐朽材を利用するクワガタムシのメス成虫には、腹部末端に菌類を保持する器官(菌嚢)が広く存在し、その中にはキシロース発酵を行う酵母が存在する(11)。メス成虫は産卵のときにこの酵母を卵と一緒に材に植えつけることで、幼虫がキシロースを消化するのを助けているのかもしれない。また、クワガタ採りに行くと一番簡単に見つかる我らが友、コクワガタの幼虫も腐朽材を食べているが、実際に消化・吸収しているのは菌糸、つまり菌食性である可能性が示唆されている。[12] 身近な虫でも、実際に何を栄養にしているのかなどの生態がまだわかっていないことも多いのだ。

鞘翅目昆虫と同様に枯木と密接な関係をもっているのがシロアリ目昆虫である。シロアリは消化管内に原生動物やバクテリアを住まわせ、これらの共生微生物が生産する酵素により材のセルロースを分解している。中でも、オオシロアリ科とレイビシロアリ科のシロアリは、枯死材に穿孔して営巣することが知られている。[13] クワガタムシとは異なり、シロアリでは褐色腐朽菌の定着した材に誘引されるという証拠が多く得られている。[14] 褐色腐朽菌キチリメンタケは、材を分解するときにシロアリの道しるべフェロモン（餌の存在を知らせるためにシロアリが腹部から出して道中に残し、目印にする匂い物質）と同じ物質を生産する。[15]

一方、白色腐朽材はヤマトシロアリ属のシロアリに忌避される。[16] 特に白色腐朽菌コフキサルノコシカケによる腐朽を受けた材はシロアリに対する毒成分を含むらしい。[14] また、白色腐朽性の子嚢菌であるクロサイワイタケ目の菌が定着した材はヤマトシロアリ属のシロアリに好まれない。[17] しかし一方で、白色腐朽菌がシロアリを誘引するという報告もある。[18·19·20] 褐色腐朽菌に由来するセスキテルペン類がヤマトシロアリに対する忌避効果・殺虫効果を有するという報告もある。[21·22]

クワガタムシの場合と同様、シロアリも種により好む腐朽型や腐朽菌が異なるのかもしれない。[17] ただ、これらの研究はシロアリ防除の観点から行われているためかシロアリに対する誘引作用・忌避作用のみが注目されており、各腐朽型の材をシロアリが実際に利用・消化できるかどうかはあまり調べられていない。褐色腐朽材を好んで利用するのであれば、リグニンの蓄積した褐色腐朽材をどのように消化するのだろうか？　食べているわけではなく、営巣場所にしているだけなのか？

菌が作るニセの卵、ターマイトボール

枯木の中のシロアリと菌には、他にも面白い関係が見つかっている。アカマツの枯木によく生える木材腐朽菌の一種アテリア・テルミトフィラ（*Athelia termitophila*）は、小さなボール状の菌糸の塊（菌核）をたくさん作る。これが、サイズや表面の滑らかさ、タンパク質をシロアリの卵に似せてあるらしい[23・24]。シロアリはまんまとだまされて菌核を巣の中に持ち帰り、表面をなめて雑菌がつかないようにしたり、卵と一緒に甲斐甲斐しくお世話する（図5-9、口絵⑰）。発見者の京都大学の松浦健二博士は、漫画「ドラゴンボール」にちなんで、これを「ターマイトボール（TMB）」と名づけた。ターマイトは英語でシロアリという意味である。ちなみに、テルミトフィラはラテン語で「シロアリを好む」という意味だ。松浦さんによれば、アカマツの腐朽した倒木に営巣したシロアリのコロニーでは、ほぼ一〇〇％の確率でターマイトボールが見つかるという（『シロアリ――女王様、その手がありましたか！』[25]）。材が褐色腐朽か白色腐朽かはあまり関係ないらしい。松浦研究室では、ターマイトボールの発見を首尾よく行えるようになった者には「マスター」の称号が与えられるそうだ。

図 5-9　菌核であるターマイトボール（まん丸な玉）を卵と思い込んで世話するヤマトシロアリのワーカー。小さく白い個体は孵化直後の幼虫。半透明のソーセージ型のものが本物のシロアリの卵（駒形泰之氏提供）

この関係は、菌側にはシロアリに守ってもらえるというメリットがある。ではシロアリ側には何かメリットがあるのだろうか？　シロアリはこの菌核を食べているわけではないようだ。第2章で登場した駒形くんは、僕の研究室を卒業した後、松浦さんの研究室へと進学し、シロアリとターマイトボールの関係を研究し始めた。

ターマイトボールを含むアテリア属は、菌核を作って夏眠する種が多い。僕も、家のウッドデッキの上に放置してあった角材をどけると、その下にミニチュアのジャガイモのような（ただし平べったい）アテリア属の菌核をたくさん見つけたことがある。この、夏に菌核を作るという性質がもともとあり（前適応形質）、シロアリとの共生関係が進化したのだろう。夏に眠っているターマイトボールは、冬に菌糸を伸ばす。つまり寒いほうが好きなのだ。逆に、枯木で生活している多くの木材腐朽菌は二五℃前後で最もよく成長する。

枯木の中の木材腐朽菌たちは、常に縄張り争いの真っ最中だ。菌糸同士が出会った最前線では、さまざまな化学物質による攻撃・防衛が繰り広げられる。負ければ陣地を失い、それは食べられる枯木を失うことに直結する。アテリア属菌は、他の菌種が成長を止める冬に活発に菌糸を伸ばすことにより、縄張りを広げているのかもしれない。そう考えた駒形くんは、培地上で二種の菌を戦わせる対峙培養実験を低温（五℃）と常温（二五℃）で行った。アテリア・テルミトフィラの対戦相手には、アカマツの枯木によく生えている木材腐朽菌のヒトクチタケ、シハイタケ、ツガサルノコシカケ、マツオウジを使った。その結果、低温では見事にターマイトボール由来のアテリア・テルミトフィラがこれらの木材腐朽菌に打ち勝ってコロニーを広げたのだ（図5-10）。

ここでシロアリ側の視点に立ってみよう。シロアリは、夏に枯木の中に営巣して卵を産み、コロニーを拡大するが、冬には枯木を引き払って暖かい地下に潜ってしまう。枯木が留守になる冬の期間、ターマイトボールが枯木の中の巣に残っていれば、アテリア・テルミトフィラが菌糸を伸ばして雑菌を追い払って巣を清潔に保ってくれるのかもしれない[26]。ただ、夏の営巣中にアテリア・テルミトフィラの菌糸成長が活性化すると、シロアリの卵を殺してしまうこともある。アテリア・テルミトフィラとシロアリの関係は、ギリギリのせめぎ合いの上に成り立っているようだが、シロアリから見ても、住処を清潔に

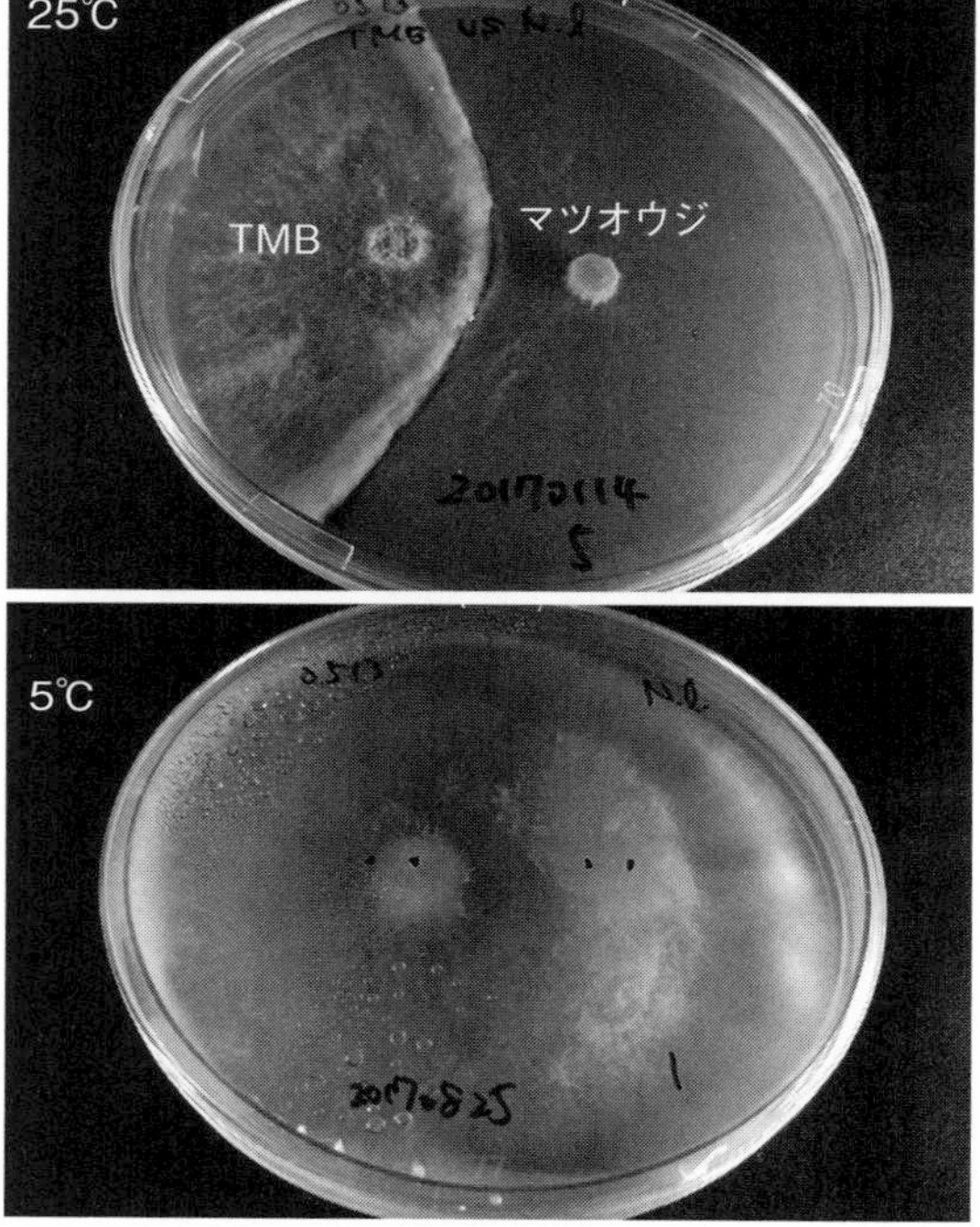

図 5-10　ターマイトボール（TMB）のアテリア・テルミトフィラと木材腐朽菌マツオウジのコロニー同士を戦わせる対峙培養実験。25℃では左の TMB と右のマツオウジの菌糸体が拮抗しているが、5℃ではアテリア・テルミトフィラが培地全体を覆っている（駒形泰之氏提供）

読者カード

ご愛読ありがとうございます。本カードを小社の企画の参考にさせていただきたく存じます。ご感想は、匿名にて公表させていただく場合がございます。また、小社より新刊案内などを送らせていただくことがあります。個人情報につきましては、適切に管理し第三者への提供はいたしません。ご協力ありがとうございました。

ご購入された書籍をご記入ください。

本書を何で最初にお知りになりましたか？

□書店　□新聞・雑誌（　　　　）□テレビ・ラジオ（　　　　　）
□インターネットの検索で（　　　　）□人から（口コミ・ネット）
□（　　　　　）の書評を読んで　□その他（　　　　　　　）

ご購入の動機（複数回答可）

□テーマに関心があった　□内容、構成が良さそうだった
□著者　□表紙が気に入った　□その他（　　　　　　　　）

今、いちばん関心のあることを教えてください。

最近、購入された書籍を教えてください。

本書のご感想、読みたいテーマ、今後の出版物へのご希望など

□総合図書目録（無料）の送付を希望する方はチェックして下さい。

＊新刊情報などが届くメールマガジンの申し込みは小社ホームページ（http://www.tsukiji-shokan.co.jp）にて

郵 便 は が き

料金受取人払郵便

晴海局承認

7422

差出有効期間
2024年 8月
1日まで

104 8782

905

東京都中央区築地7-4-4-201

築地書館 読書カード係 行

お名前	年齢	性別	男・女
ご住所 〒			
電話番号			
ご職業（お勤め先）			

購入申込書 このはがきは、当社書籍の注文書としてもお使いいただけます。

ご注文される書名	冊数

ご指定書店名 ご自宅への直送（発送料300円）をご希望の方は記入しないでください。

tel

保つための共生関係といえるかもしれない。

菌類を使って住処を清潔に保つ。人間からすると一見矛盾することのようだが、菌類を防ぎようがないジメジメとした閉鎖環境では、特定の菌類と共生関係を築いて雑菌を排除するというのは、案外理にかなった方法なのかもしれない。キノコシロアリやハキリアリはそれぞれ特定の菌種を地下で培養し、それを食料にもしている。地下に巣とトイレを作るモグラでも、菌根菌と樹木との共生関係がトイレの浄化に役立っているのではないかといわれている(『きのこと動物——森の生命連鎖と排泄物・死体のゆくえ』[27])。住処とは違うが、世界中にあるさまざまな発酵食品も、基本的には「毒素を作らない微生物で食品を覆ってしまう」ことにより雑菌の繁殖を抑えている。

フィールドノートから

第5章ではターマイトボールを紹介したが、菌類と密接な関係を築いているシロアリとして、古くからよく知られているのはキノコシロアリの仲間だろう。枯木などをかじった未消化の糞で複雑な構造物（菌園）を地下に作り、そこに菌類を植えて栽培し、菌糸を食料として利用する。シロアリが何らかの理由で巣を放棄し、菌園が管理されなくなると、菌は地上にキノコを出す。とてもおいしいキノコだそうだ。日本でも沖縄に分布するタイワンシロアリが、オオシロアリタケなどのキノコを栽培するらしい。ただし、シロアリとその栽培菌の関係もターマイトボールとの関係と同様、ギリギリのせめぎあいなのかもしれない。シロアリは常にお互いを舐め合って綺麗にしており、単独で飼うとすぐに菌にやられて死んでしまうそうだ。タイワンシロアリやオオシロアリタケは、西表《いりおもて》・石垣島に分布しているが、沖縄本島にも一ヶ所だけ、首里近辺にだけ分布している。おいしいキノコなので琉球王朝に献上されたものが由来ではないかという仮説があるそうだ（『歌うキノコ』[28]）。

第2章で変形菌の安定同位体分析をお願いした兵藤さんはキノコシロアリの専門家でもある。兵藤さんがアフリカから持ち帰った液浸標本をスケッチさせてもらった。兵アリが二タイプいて、大きいほうの兵アリは頭部と大アゴが異様に大きい。噛まれたらかなり危なそうだ。タイに行ったときに、ここまで大きい種類ではないがシロアリの兵アリに噛まれたことがある。指に登ってきた兵アリが大アゴを開いて閉じたと思ったら、指から血が噴き出してきた。小さなシロアリにつけられた傷に似合わぬ量の出血に慌てた。

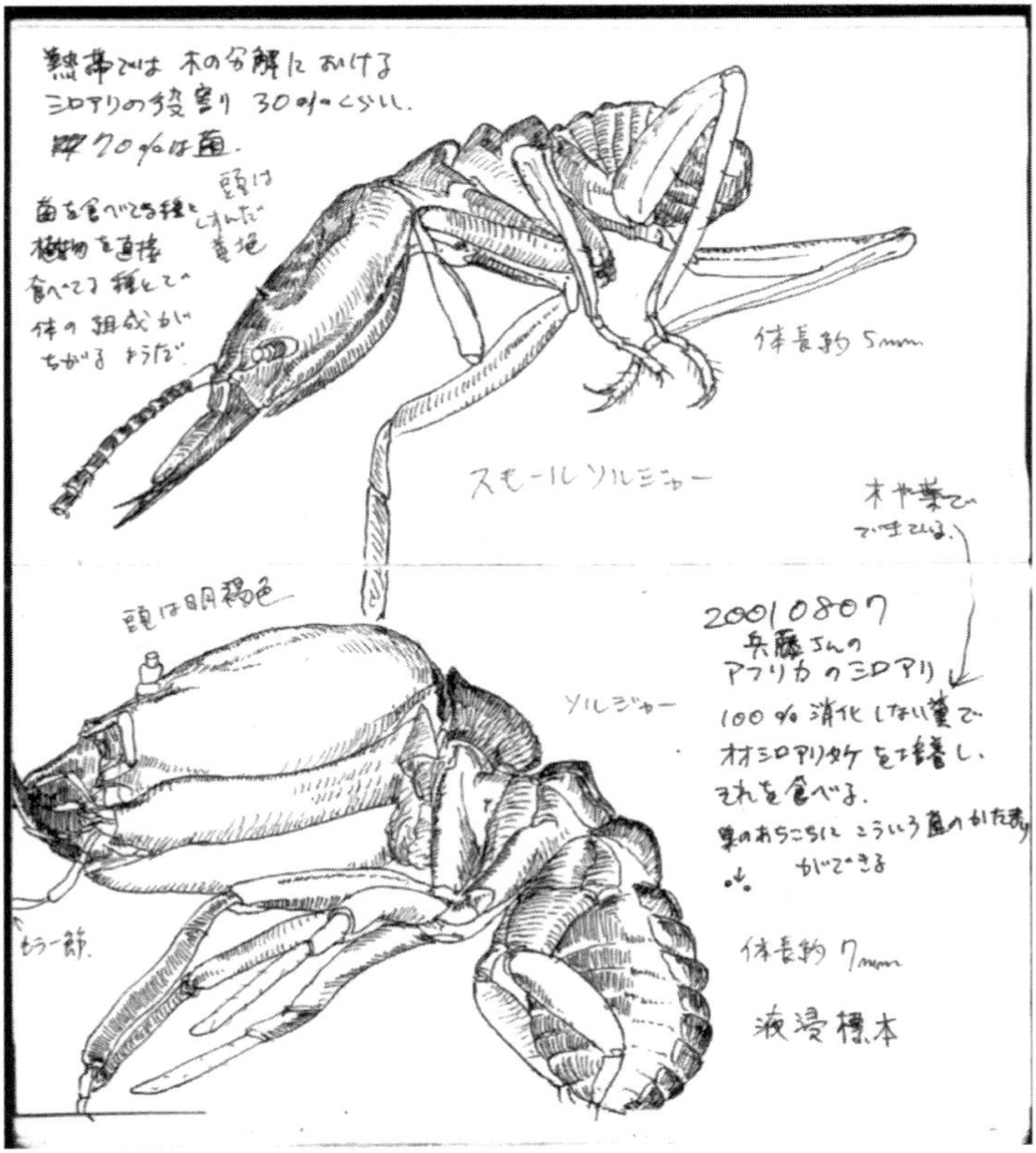

アフリカ産キノコシロアリ（*Pseudacanthotermes militaris?*）の兵アリ

第6章 まだ出会っていない生き物たち
——環境DNAで〝見える化〟

見えない微生物を見えるようにする技術

ここまで、僕が直接研究したり、研究に関わった経験がある生物について紹介してきた。枯木には、もちろんこれら以外にもさまざまな生物が関わっている。ミミズ、線虫、微細藻類、バクテリア、ウイルス……枯木一つとっても、そこにいるあらゆる生物を網羅することは至難の業だ。なぜ難しいのだろう？　理由の一つは、ある生物の存在を確認して同定する方法が、生物群によってまったく異なるため、すべての生物群の同定方法に一人の研究者が精通することは実質不可能だということである。いろいろな生物の専門家がチームを組む必要があるが、よほど大規模なプロジェクトでないとそれは難しいだろう。

もう一つの理由は、特に微生物に関していえることだが、目に見えないくらい小さな生物がたくさんいることだ。バクテリアやウイルスなどは、特に高倍率の顕微鏡を使わなければその存在や形を認識することは困難だ。なんとか形が識別できたとしても、形が単純すぎて同定には使えない。微生物の存在を確認する方法として、寒天などで作った培地の上で培養して増殖させ、目に見えるようにして確認する方法が古くから使われてきた。いろいろな培地が工夫されているが、それでも培養できない種類は多い。例えば他の生物に寄生や共生している微生物は、その相手がいないと増えない。バクテリアの九九％は培養できていないといわれる。(1)

これらの困難を一挙に解決する手法の開発が、最近急速に進んでいる。すべての生物が持つ物質、DNAを環境中から直接検出することで、その生物の存在を確認する方法だ。個別の生物のDNAではなく、環境中から得られたいろいろな生物のDNAが混ざったものを分析するという意味で、「環境DNA分析」と呼ばれている。例えば、川から水をバケツ一杯汲み、それを濾過《ろか》してフィルターに残った微小な有機物に含まれるDNAを分析することで、川にいる生物（プランクトンなど微生物だけでなく魚なども）を採捕調査よりも効率的に検出できる。(2)同じように、空気もエアフィルターを通してフィルターに残った微小な有機物に含まれるDNAを分析すると、付近にいる生物（菌類の胞子などだけでなく動物や植物も）をかなりの精度で検出できる。(3)枯木の場合は、電気ドリルなどで削り出して採取し、処理しやすいように粉々に砕く。できた木粉から薬品を使ってDNAを抽出し、その塩基配列を調べ、配列のパターンから種を同定するわけだ。

ポリメラーゼ連鎖反応

抽出したＤＮＡの塩基配列を調べるには、まずＤＮＡを増やす必要がある。ＤＮＡは鎖状の高分子だが、それが一本あったところで、分析器で検出するのは難しい。なるべく量を増やして、検出しやすくする必要がある。

このときに、ＰＣＲ（Polymerase chain reaction、ポリメラーゼ連鎖反応）と呼ばれる反応を使う。ＤＮＡは塩基の鎖が二本並んでいるが、九五℃くらいの高温にさらすと一本ずつに分かれる。これを冷却すると、また二本鎖に戻るのだが、このときに周囲にバラバラの塩基がたくさんあれば、それを使って対になるＤＮＡを複製する。これによってＤＮＡが二倍になる。この高温と低温のサイクルを何度も繰り返せば、ＤＮＡは倍々で増えていく。

新型コロナウイルスの流行ですっかり定着したＰＣＲ検査というのはこれだ。サンプル（あなたの鼻水や唾液）の中の新型コロナウイルスの塩基配列を検出するために、それを増やしているのである。

このようにして増やしたＤＮＡの塩基配列を読むときにも、またＰＣＲを使う。一本鎖に分かれたＤＮＡが周囲にあるたくさんの塩基を使って複製されていくときには、塩基が端から順番に行儀よくくっついていき、ＤＮＡが複製されていく。ＤＮＡがくっつくたびに、どの塩基がくっついたかを記録していけば、最終的にＤＮＡの塩基配列がわかる、ということになる。

ただ、サンプル中にいろいろな生物のＤＮＡが混ざっていると、従来のサンガー法と呼ばれる解析方法ではそれらを区別することができなかった。どうやって一本一本のＤＮＡを区別すればいいだろう？

環境中の有象無象のＤＮＡを読む

このあたりの技術は日進月歩で、技術革新がものすごいスピードで進んでいる。現在主流のＤＮＡシークエンサーを製造しているイルミナ社は、塩基配列を読むためのＰＣＲをする前に、一本鎖になったＤＮＡ一本一本を「フローセル」と呼ばれる板の上に少しずつ間隔を空けて〝植える〟という工夫によって区別することに成功した。そしてこの状態でＰＣＲし、塩基がつながるときに塩基の種類によって異なる色の光が出る反応を使い、塩基が一つつながるごとにその光を写真に撮ることで、ＰＣＲ後のサンプルの中にあるすべての塩基鎖の配列を個別に記録するという方法を採用している。つまり、サンプルの中にいろいろな生物由来のＤＮＡがあるとすると、フローセル上の一つの番地に一つのＤＮＡを植えることで、どの番地のＤＮＡがどの配列を持っているのかを区別できるようになっている。

同時に記録できる配列の総数は、上位機種では数千〜数百億本というレベルに達する（この方法の成功には、カメラの解像度の進歩も不可欠だった）。あとは、これらの配列を生物種ごとに分けるだけだ。塩基配列を見比べ、何％一致していれば同種といえるか、という基準をもとに、数百億本の塩基配列を種ごとに分けていく。生物群によっても違うが、これまでの研究者たちの経験から、例えば菌類では九七〜九八％の塩基配列が一致していたら同種とみなしている。

さあ、やっと環境中の有象無象のDNAを種（とおぼしきまとまり）ごとに分けることができた。あとは、それぞれのDNAが何という種のものかということだ。これには、データベースとの照合が必要になる。種名のわかっている標本などから抽出したDNAの塩基配列情報が保管されているデータベースと照合し、一致する配列がないか探すのだ。環境DNA分析で得られた塩基配列から種名が同定できるかどうかは、データベースにどれだけ多くの種の配列情報が保管されているかにかかっている。残念ながら、菌類やバクテリアなど微生物では、正確に同定されてデータベースに登録された塩基配列情報はまだまだ不足していると言わざるを得ない。環境DNA分析で枯木のサンプルから得られた菌類のDNA配列のうち、種まで同定できるものは半数以下といったことはザラだ。

ただ、種まで同定できなくても、配列の一致率が高い複数の同定済み配列との関係から、属や科、目といったより広い分類群レベルでの同定は可能だ。つまり、大量に得られたDNA配列情報を分けている基準は種（とおぼしきまとまり）だが、同定されるレベルは種だけでなくいろいろな分類群になりうる。このため、環境DNA分析で得られたDNA配列の同定単位は「種」ではなく、正確には「操作的分類単位（Operational Taxonomic Unit、OTU）」や、さらに生物系統間の違いを反映した「アンプリコン・シーケンス・バリアント（Amplicon Sequence Variant、ASV）」といった単位を使う。一種、二種ではなく、1OTU、2OTUというように数える（このあたり、わけがわからない人は「一種、二種」と思っていただいても構いません）。

このように、生物ごとに固有のDNA配列情報をバーコードのように使って種を区別したり、同定したりすることを、生物のバーコーディングと呼ぶ。さらに環境DNA分析のように、たくさんのDNA配列が含まれる情報を扱う場合を「メタバーコーディング」という（「メタ」というのは「高次の」という意味の接頭辞）。これらの一連の作業を手作業で行うことは不可能なので、コンピュータ上で計算を実行するさまざまな解析プログラムが開発されている。さらに、生物や環境から得られたDNA配列情報を解析した結果を論文として発表する際には、DNA配列情報を公共のデータベースに登録することを義務づけている雑誌が多い。そのため、生物のDNA配列情報は爆発的なスピードで蓄積されている。そして、このようなビッグデータ自体を研究対象とする生物情報学（バイオインフォマティクス）が盛んだ。生命科学などの分野では以前からそうだったのかもしれないが、生態学の分野でもバイオインフォマティクスは欠かせないツールとなりつつある。

これから紹介する、僕がまだ自分で直接研究できていない、枯木の中のバクテリアやウイルスに関する研究は、ほとんどがここに紹介したDNA解析技術やバイオインフォマティクスを使ったものだ。

バクテリアによる窒素固定

枯木の中にもバクテリアはたくさんいる。放線菌（アクチノバクテリア）は菌糸のように糸状に長く細胞が連なった形をしているが、それ以外のバクテリアは単細胞なので、枯木のような固形物の中まで効率よく入り込むのには適していない。また、菌類のようなリグニン分解力もほとんどない。しかし、バクテリアには他の生物にはない窒素固定という能力がある。また、菌類の種間競争に関与することで枯木の中の菌類群集に影響するバクテリアや、菌類に報酬を与えて菌糸を高速道路のように利用し、素早く移動するバクテリアもいる。

バクテリアによる窒素固定として有名なのはマメ科などの植物の根に共生する根粒バクテリアだ（「根粒菌」という呼び名が一般的だが、菌類とまぎらわしいので、ここでは「根粒バクテリア」と呼ぶ）。根粒バクテリアには、リゾビウム属やブラディリゾビウム属、バークホルデリア属などが知られているが、これらは根粒の中だけにいるわけではなく、枯木や土の中などにも（コケの上にも！ 図1-2参照）いて、自由生活をしながら窒素固定をしている。枯木は窒素濃度が低く、それにより初期の分解は制限されているので、バクテリアによる窒素固定は枯木の中の窒素濃度を大幅に増加させ、菌類による材分解を促進する可能性がある。

ドイツのビョルン・ホッペ博士は、ヨーロッパブナやドイツトウヒ（ヨーロッパトウヒとも呼ばれる）の枯木に生えているキノコの調査と、枯木から抽出したＤＮＡのメタバーコーディングを組み合わせて、菌類とバクテリアの分布の関係を詳しく調べた[4]。すると、どちらの樹種の倒木にも窒素固定に関係する遺伝子を持つバクテリアがいて、特定の菌種と特定のバクテリアが種レベルの親密な関係をもつらしいことがわかった。例えば、ドイツトウヒの枯木から高頻度で見つかったハリタケモドキやシハイタケはそれぞれ別の窒素固定バクテリアとよく一緒に見つかった。

一方で、ヨーロッパブナの枯木では、検出された窒素固定バクテリアのＯＴＵ数がトウヒの枯木よりも多く、またそれぞれのバクテリアが複数の菌種と関係をもつ複雑なネットワークができあがっていることがわかった。枯木の樹種によるこういった菌類と窒素固定バクテリアの優占度や種組成、種間関係の違いは、枯木への窒素固定量や、その窒素を利用できる菌種の違いを通じて、枯木の分解速度に影響するかもしれない。

　ドイツトウヒのような針葉樹の枯木は、リグニンが分解されずに蓄積する褐色腐朽になりやすい。一方、ヨーロッパブナのような広葉樹では、リグニンが分解され、白色腐朽となる。この、枯木の腐朽型の違いが、窒素固定バクテリアの優占度や活性に影響する一因かもしれない。リグニンの蓄積した褐色腐朽材は、バクテリアがエネルギーとして利用可能なセルロースが少なくなってしまっている。これに対し、リグニンが分解・除去された白色腐朽材には、利用可能なセルロースが含まれている。また、褐色腐朽材はpHが三程度まで低下することもあり、酸性が強い。多くのバクテリアは酸性に弱いので、これも褐色腐朽材で窒素固定バクテリアが少ない一因かもしれない。さらに、褐色腐朽材では、リグニンが変性してバクテリアに有害なフェノール類が生じている可能性もある[5]。

　菌類による枯木の分解が進むにつれ、バークホルデリア目やリゾビウム目の窒素固定バクテリアの優占度は増加していく[6]。一方で、窒素固定などバクテリアの活動が菌類の分解活性に影響する。菌類とバクテリアの活動はお互いにフィードバックしながら材の分解を進めているといえるだろう[7]。

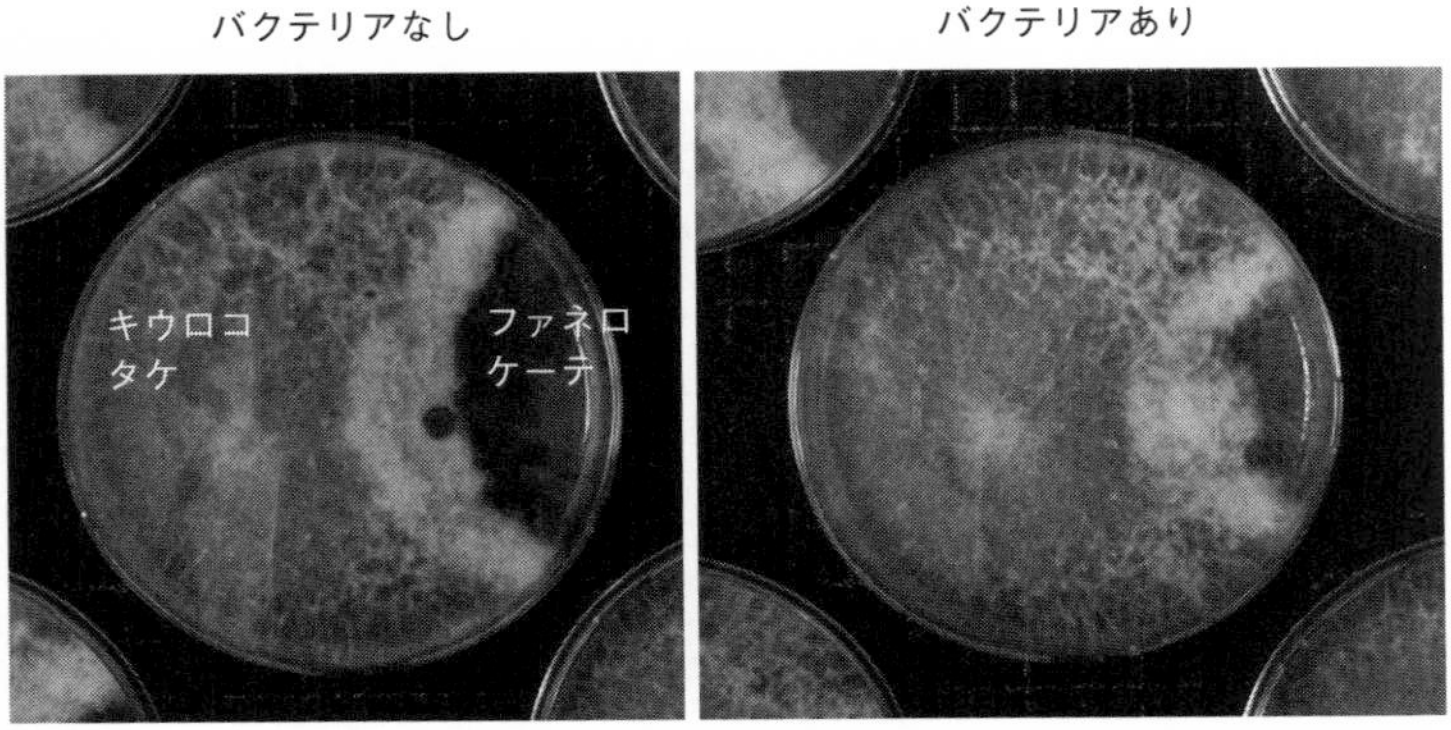

図6-1　キウロコタケとチャカワタケ属のファネロケーテの菌種間競争に影響するバクテリア。左の写真では、どちらの菌株もバクテリア(パラバークホルデリア)に感染していないが、右の写真ではファネロケーテにバクテリアを感染させてある。左よりも右の写真で、キウロコタケの菌糸がファネロケーテのエリアに侵入していることがわかる（サラ・クリストフィデ博士提供）

菌類を乗りこなすバクテリア

バクテリアは、材の窒素濃度を高めるといった間接的な影響以外にも、直接的に菌種間競争に関与することでも枯木内部の菌類群集に影響しているようだ。イギリスのサラ・クリストフィデ博士は木材腐朽菌二種を培地上で一緒に培養して対戦させる対峙培養にバクテリアを加えた場合と加えない場合で、対戦の結果がどう変わるかを調べた[8]。すると、バクテリアの影響を受けない菌がいる一方で、チャカワタケ属のファネロケーテはバクテリアがいると菌糸成長が著しく阻害され、他種との対戦でも弱くなった（図6-1）。チャカワタケ属菌は、木材腐朽菌の中では競争力が強く、他の菌が定着している枯木にもズカズカと入り込んでくる種類だが、意外なことにバクテリアに弱く、バクテリアがいる

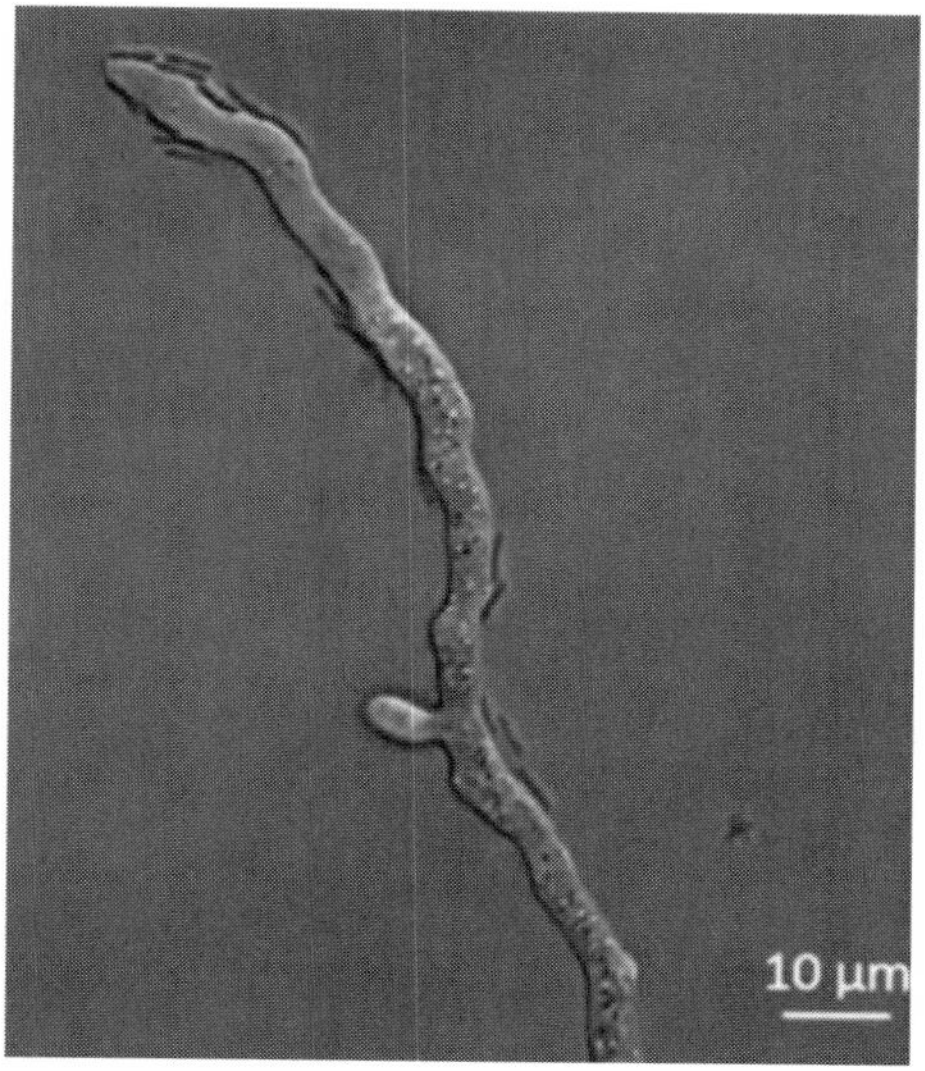

図6-2　菌糸に沿って移動する5μmほどの棒状のバクテリア。バクテリアはチアミンというビタミンの一種を分泌して菌糸の成長を促す（竹下典男博士提供）

と調子が出ないようだ。なぜ弱くなるのかはよくわかっていないが、バクテリアがいるシャーレでは菌糸の着色が見られたので、余計な着色物質を作るコストが成長や競争へのエネルギー配分を減らしているのかもしれない。しかしこの研究は、栄養豊富な寒天培地の上で行われたものなので、枯木のように栄養分の少ない餌の上ではまた違った協力関係が見られる可能性もある。

バクテリアの視点から見ると、菌糸は移動を助けてくれるハイウェイだ。バクテリアは小さな単細胞で移動能力は小さいが、菌糸に沿ってできる水膜を上手に使って、単独では不可能なスピードで移動することができる（図6-2、＊1）。このとき、バクテリアは菌糸に〝通行料〟を払っていることが最近の研究からわかってきた。ただで菌糸の上を通っているわけではない

＊1……Twitter「菌糸上を移動する細菌　高速道路と渋滞　Fungal highway and traffic jam」
Norio Takeshita @NTfungalcell
https://twitter.com/NTfungalcell/status/1558254482169155590

のだ。バクテリアは菌糸の先端まで行くと、そこでチアミンというビタミンの一種を分泌して菌糸成長を促す。そして成長促進された菌糸のハイウェイを伝って、さらに先まで進めるというわけだ。[9] むしろ、バクテリアが菌糸という生きたハイウェイを〝作っている〟といえるのかもしれない。ビタミンをあげるだけで自分で延びていってくれる道路ができたらなんと楽だろう。資源の豊富な街へと続く道路は何本もの道路が自然と束になって集まり、幹線道路となる。一方で資源の少ない寂れた街をつなぐ道路は、細くなってそのうち消えてしまう。バクテリアが行きたい方向へ菌糸ハイウェイを誘導していたりしたら面白い。

　そのようなアイデアは、現段階では妄想に過ぎない。ただ、微生物が宿主を操って自分に有利になるように行動を促すことは、自然界に見られる生物間の関係ではよくあることだ。原生生物トキソプラズマはネズミの恐怖心を麻痺《まひ》させ、ネコに食べられることで糞を介して分散する（「トムとジェリー」のネズミ、ジェリーはトキソプラズマに感染しているに違いない）。カマキリに感染したハリガネムシはカマキリを操って入水させ、肛門から水中に泳ぎ出て交配相手を探す。カタツムリに感染した吸虫ロイコクロリディウムはカタツムリを昼間に目立つ場所へ誘導し、鳥に食べられることで分散する。アリに感染した冬虫夏草菌オフィオコルディケプスはアリを操って高いところに登らせ、そこで殺して胞子の

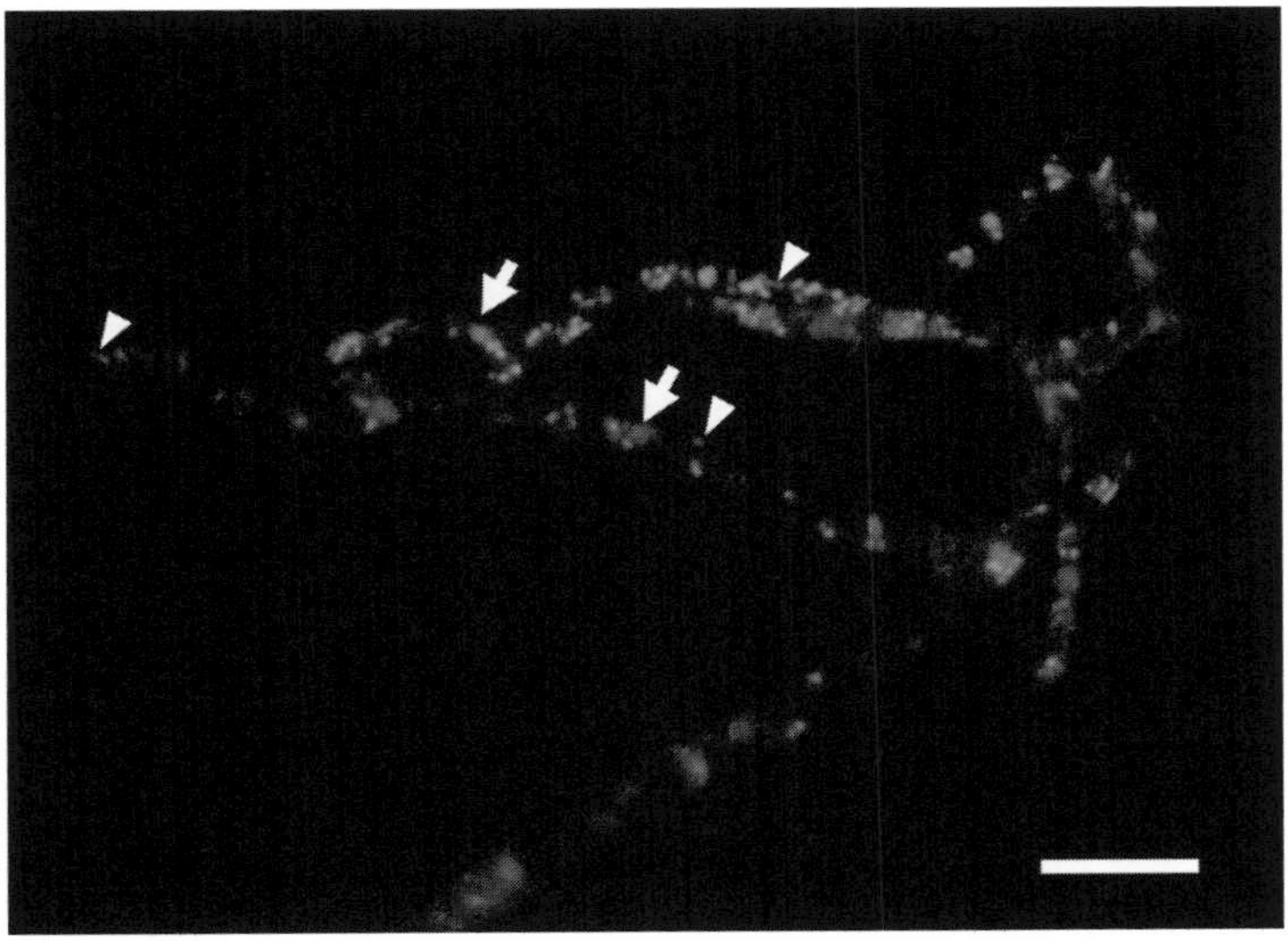

図 6-3　菌糸に内生するバクテリア。たくさんの粒（例えば三角矢印）は内生バクテリア。大きめの粒（例えば矢印）は菌類の細胞核。スケールバーは 10μm（高島勇介博士提供）

散布体として使う。カメムシのメスの生殖細胞内にいるバクテリアは、オスの胚を殺し、メスだけを産ませることにより増殖する。マイマイガの幼虫に感染したバキュロウイルスは、幼虫の行動を操作して高いところに移動させ、そこで殺して死体から分散する。菌類に寄生・共生する生物が菌類を操っていても不思議はない。菌類の菌糸の中に細胞内共生するバクテリア（図6-3、口絵⑱）も近年たくさん見つかっており、[10] 植物病原菌の毒素生産など、[11] さまざまな機能を菌類に与えていることがわかってきている。

マイコウイルス研究が熱い

ウイルスも、菌類の細胞内にいることが最近わかってきた。日本での最新の研究例では、野生のキノコから得られた菌株五一株のうち五株から七種のウイルスが検出され、すべて新種だったそうだ[12]。枯木に生えるキノコでも、マイタケ、エリンギ、シイタケ、エノキタケ、ヒラタケなど食用菌で、ウイルスの感染による形態異常が知られている。これらのウイルスは食用キノコ栽培の分野で防除策が研究されている。

一方で、樹病を起こす植物病原菌にウイルスを感染させて弱体化させ、樹病を防ごうとする試みもなされている。敵の敵は味方ということだ。世界三大樹病の一つ、クリ胴枯れ病は、クリフォネクトリア・パラシティカ（*Cryphonectria parasitica*）という子嚢菌によって引き起こされ、北米のクリを壊滅状態に追いやっている。一九五一年、胴枯病から回復したクリの木から分離された、病原力の著しく低下したクリフォネクトリア菌からウイルスが検出された。ヨーロッパでは、ウイルスに感染して病原力が弱くなったクリフォネクトリア菌が広がることにより、胴枯病の勢いが弱くなっているようだ。

菌類に感染するウイルスはマイコウイルスと呼ばれ、自然状態ではウイルスが菌糸体に外部から直接感染することはないらしい。今のところ、見つかっている伝播様式はすべて、菌糸体同士の融合や胞子にウイルスが入り込むことによる垂直伝播だ。この性質を使い、胴枯病に感染したクリの木の病斑部に、ウイルスに感染して弱毒化したクリフォネクトリア菌を接種し、菌糸融合によりウイルスを感染させる方法がアメリカで成功を収めている。[13] こういった、ウイルスを使って病原菌をコントロールする方法をヴァイロコントロール（「ヴァイロ」は「ウイルスの」という意味）という。農薬を使わずに病原菌を制御する生物学的防除法の一つだ。

細胞内共生バクテリアの場合と同様、ウイルスは感染した宿主の菌に毒素やさまざまな二次代謝物質を生産させているらしい。[14] 場合によっては、植物病原菌を植物成長促進効果のある内生菌に〝更生〟させるウイルスもいるようだ。[15] しかし、そういった機能がわかっているマイコウイルスはまだ一握りだ。多くのマイコウイルスが菌にどういった影響を与えているのかはまだわかっておらず、研究のフロンティアといえる。

フィールドノートから

環境DNA分析でどれだけ正確にサンプル中の生物リストを作れるかは、DNA配列を参照するデータベースの正確さに依存している。問題は、このデータベースに不正確な情報が多く含まれることだ。データベースに登録されている生物種のDNA配列情報は、正確に同定された標本から得られた配列情報だけでなく、誤同定された標本の配列情報や、他の環境DNA分析のデータのように標本に基づかない配列情報も大量に含んでいる。さらに、微生物の学名は分類学の進展に伴い頻繁に変更されるため、同じ生物の古い学名（A）と現在の学名（B）の対応関係を知らないと「AとBが類縁関係にあることがわかった」というようなトンチンカンな報告をしてしまう可能性もある。つまり、DNA抽出とシーケンスの方法はマニュアルに従えば誰でもできるが、それを正しく解釈して発表するには、やはりその生物に関する専門知識がある程度は必要だといえる。だが、そういったジャンクデータを修正するためのコンピュータプログラムも次々と開発されている。プログラミングは現代の研究者に必須の技術といってもいいかもしれない（僕は苦手だが）。

環境DNA分析に使う、大量のDNA配列を一気に読む（シーケンスする）ことができる機械は、次世代シーケンサーと呼ばれる。これまでのシーケンサーが一度に一つの配列しか読めなかったことに対する呼称だ。すでに「次世代」になって久しく、「大規模シーケンサー」などとも呼ばれる。

20230127
研究室の MiSeq
稼働中は
テトの目が光る
(ウソ)
MiSeq

大量のDNA配列を一気に読める次世代シーケンサー

2 枯木が世界を救う

枯木という、一見〝死んだ〟ように見える物体は、じつは多様な生き物で賑わう舞台だった。

第2部では、枯木が地球規模の出来事とどのように関わり合っているかを見ていこう。

そこには、第1部で紹介してきた枯木ホテルの住人たちも次々に登場する。

第7章　木が「腐る」——お菓子の家で考える

「分解」の重要性

近年、台風による洪水や土砂災害で、全国各地で大規模な被害が相次いでいる。〝これまでに経験したことのない大雨〟という表現をニュースで聞く頻度が確実に増えていることは、多くの人が実感しているだろう。台風の大型化・高頻度化は、地球の温暖化による海水面温度の上昇と関係がある。暖かい海から立ちのぼる水蒸気が台風の原動力だからだ。

二〇二二年には、ヨーロッパに過去最高の熱波が襲来した。ポルトガルでは、七月一四日の気温が四七℃に達し、隣国のスペインと合わせ、暑さが原因の死者は高齢者を中心に一〇〇〇人以上にのぼったという。熱波は、ヨーロッパ各地で森林火災も引き起こしている。欧州森林火災情報システムによれば、二〇二二年のヨーロッパ全土の森林焼失面積は、七月二三日の時点で五一・五万ヘクタールで、これは平年の四倍にあたるそうだ。

地球の温暖化は現実の差し迫った問題である。数百年先の人類が生き延びられるかどうか、といった未来の心配事ではない。今現在、私たちの命を脅かす問題として急速に重要性を増している。温室効果ガスとして最も量の多い二酸化炭素や、温室効果の大きいメタン（どちらも炭素化合物）の排出をどう減らすかは、各国政府の最重要課題の一つである（あってほしい）。人間の活動による大気中への炭素排出量は、二〇一八年の時点で、年間およそ一〇ギガトンと見積もられている(1)。最先端の技術を使った自然エネルギーの利用による火力発電からの脱却、大気中から二酸化炭素を取り除く技術の開発などが注目されているが、そもそもそれらを開発・稼働させるにはエネルギーが必要で、トータルに見て炭素をまったく出さない、あるいは炭素を吸収できる技術というのはまだまだ難しいのが現実だ。

一方で、地球上には人間以外の生物による巨大な炭素循環が存在する。植物の光合成による大気中からの炭素の固定と、生物バイオマスの分解による大気中への放出である。陸上生態系でいえば、現在、世界の森林には、生きた樹木、枯木、落葉、土壌に合わせて八六一ギガトンの炭素が貯蔵されていると見積もられている(2)。樹木は光合成して炭素を固定するが、呼吸によって二酸化炭素を放出もしているので、樹木が固定する炭素量は、光合成と呼吸の差し引きで評価する必要がある。さらに、森林の土壌からは有機物の分解によって二酸化炭素が出てくるので、森林全体としては炭素を吸収していないという議論もある。実際はどうなのだろう。現在最も信頼されている見積もりによれば、植物自身の呼吸と土壌からの分解による炭素放出を加味しても、世界の森林全体で年間二・四ギガトンの炭素を吸収しているらしい(2)。このへんでモヤモヤしていた人も、「森林は炭素を吸収している」と自信をもって言っていいだろう。

ただ、有機物の分解による炭素の放出量はやはり大きく、年間およそ八五ギガトンと見積もられている。[3] 先に紹介した通り、森林の炭素貯留量は八六一ギガトンなので、もし仮に今、森林のすべての植物が一斉に光合成をやめたと仮定すると、約一〇年で森林の炭素蓄積はすべて分解されてしまうことになる。この計算は単純化が過ぎるかも知れないが、森林の炭素貯留量がいかに動的に保たれているものかを実感することができるだろう。

森林のすべての植物が一斉に光合成をやめるなどありえないと思うかも知れない。しかし、それに近い状況は局所的に起こりうる。さまざまな原因による樹木の大量枯死だ。地球の温暖化による気象災害（台風、ハリケーン、干ばつ）の激甚化は、風倒や森林火災による森林の消失をもたらしている。また、人間の移動のグローバル化によって新たな土地に移入された病害虫による樹木の大量枯死も、近年確実に増加している。

シミュレーション研究によれば、健全な森林が炭素を吸収しているのに対し、樹木が大量に枯死した森林は、一転して炭素の放出源となる。[4] これは、大量に発生した枯木が分解されて発生する二酸化炭素を考慮したものだ。しかし、このシミュレーションはあくまで、温度に応答した一般的な枯木の分解速度をデータとして使っているだけであり、樹木の大量枯死が起こった場所で、通常の林内と同じように分解が起こる保証はない。二酸化炭素放出量の推定には、枯木の分解というプロセスを正確に理解し予測することが非常に重要になる。

樹木の死

生き物は、死ぬと腐り始める。では、木にとって死とは何か。

一本の木が倒れて死ぬ。これは、僕ら人間の死と似ていて感覚的に理解しやすい。極北アラスカの大自然と生命の営みを詩情溢れる筆致で描いた『極北の動物誌』[5]の第一章「旅をする木」で語られる、川岸に生えた一本のトウヒの木の長い一生は、長年の川の流れが岸辺を削り、ついにトウヒの木が川に倒れ込むことで終わる。

しかし、このような個体としての死だけが樹木の死ではない。森に行けば、無数の枝が落ちていることに気づくだろう。台風の翌日にでも行けば、腕よりも太い巨大な枝が落ちているかもしれない。そしてそれらを触ってみると、ゆうべ落ちたばかりなのに、すでにある程度腐ってボロボロになっていることも多い。枝の多くは、死んだ後もすぐには地上に落ちずに空中で腐っていくのだ。

サンゴなどと同じように、ある「単位（モジュール）」の積み重ねで体を作っていくモジュラー生物である樹木は、エネルギー収支の良いモジュールはよく成長するが、エネルギー収支の悪いモジュールは死ぬ。植物のエネルギー源は日光なので、日当たりの良い枝は成長し、日当たりの悪い枝は死ぬ。こうして長年のモジュールの成長と枯死の積み重ねとして、樹形が作られていく。

森で落ちている枝を観察したら、今度は真上を見上げて空を透かしてみよう。一本の木の枝葉の広がりのことを樹冠《じゅかん》と呼ぶが、隣り合った木々の樹冠は、お互いに重なり合わないよう、パズルのように見

図7-1　樹冠のパッチワーク。木々それぞれの枝先端の成長と枯死の結果、枝が重なり合わないようになっている（宮城県）

事に組み合わさっていることがわかるだろう（図7－1）。これは木々がお互いに申し合わせて樹冠を広げているわけではなく、個々の枝先端のモジュールの成長と枯死の積み重ねによってできあがったものだ。

巨大な幹も、全体が生きているわけではない。生きている部分は、固い樹皮の内側の形成層と呼ばれる薄い組織、そして形成層から生み出されたばかりの辺材と呼ばれる部分が主だ。それよりも内側、幹の大部分は、死んだ細胞からなる心材になっている。心材は、死んでいるのになぜ腐らないのか。それは、辺材と形成層という生きた組織が周りを取り囲んで腐朽菌の進入を阻止しているためと、心材にはポリフェノールやテルペン類などの抗菌物質が多く含まれているためだ（図7－2左）。ポリフェノー

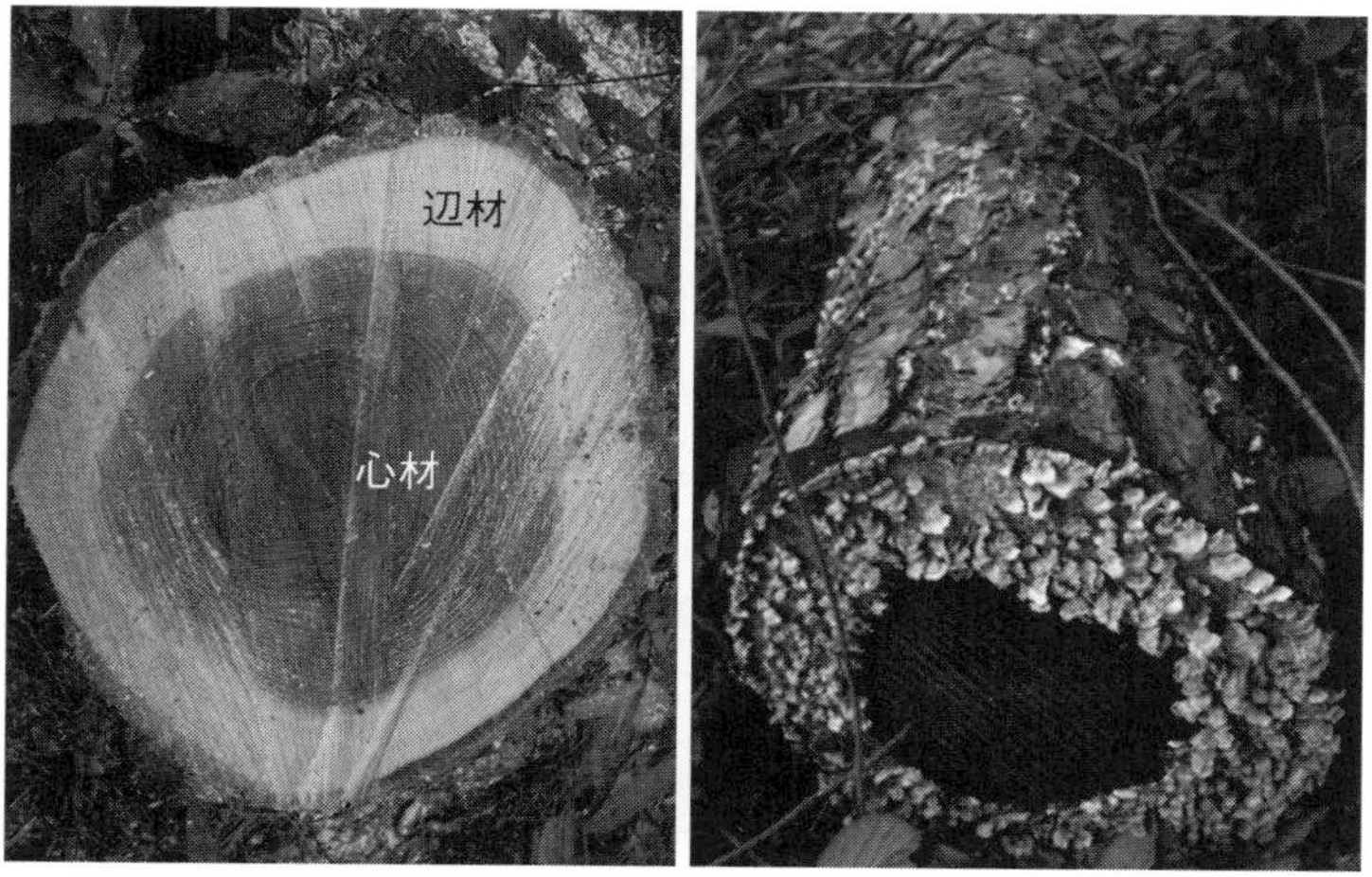

図7-2　左は切ったばかりのコナラの切り株。ポリフェノールなどの抗菌物質が蓄積した心材は暗い色をしている。右は切ってから時間が経過したアカマツの丸太。心材では菌類の定着が阻害されている様子がわかる

ルというと、ブドウの果皮などに含まれ赤ワインの色のもとになる、抗酸化作用を持つ健康に良い物質のイメージが強いが、高濃度のポリフェノールは消化を阻害し、ネズミを殺すほどの毒性がある[6]。

樹洞を作る菌

ところが、菌類の中にはこの毒を克服してしまったごく一握りの精鋭たちがいる。この菌類は、抗菌物質が蓄積して他の菌類が成長できない心材に定着し、ゆっくりとだが確実に腐らせてしまうのだ。ただ、やはり固い樹皮と生きた形成層、辺材のバリアーを突破するのは難しい。枝が折れたり根が傷ついたりして心材が剝き出しになった部分から〝運良く〟定着できればしめた

図7-3　菌によって心材が腐り、空洞になった切り株。木が生きているうちは、むしろ含水率の高い辺材のほうが腐朽菌に対して抵抗性がある

ものだ。周りにライバルはいない。おいしくはないが自分だけが食べられる心材をもくもくと食べるのみだ。この一群の菌類のことを、心材腐朽菌と呼ぶ。

心材腐朽菌は、邪魔するもののいない心材で増殖し、キノコを木の幹から出す。公園の大きな桜の木や街路樹など、生きている木の幹からキノコがニョキッと生えているのを見たことがある方もいるかもしれない。それは大抵、心材腐朽菌だ。心材腐朽菌がキノコを出す頃になると、心材は栄養を吸い取られて腐ってボロボロになっており、次第に崩れ落ちて空洞になっていく(図7-3)。ただし、心材腐朽菌が腐らせるのは、心材だけだ。生きている辺材は分解できない。生きている植物の細胞を殺せるほどは強くないのだ。こうして、樹洞ができていく。大きな樹洞は、フクロウなどの鳥や、時にはクマなどの大型の動物の住処として重要になる。また、樹洞の中には腐朽した材が腐植となって溜まり、希少な昆虫の生息場所となる。これについては第9章で詳しく触れる。

樹木は、辺材と形成層が残っていて、光合成している葉と、水と栄養分を土から吸収するための根がつながっていれば生きていられるので、心材が腐って空っぽになっても、生きていける。ひどいときには、片側の皮だけのようになっても生きている。ただ、幹の強度は低下するので、風などで倒れる危険性は高まる。

心材腐朽菌が活躍して樹洞ができるのは、木が生きているうちに限られる。心材腐朽菌の定着をまぬがれ、心材がしっかりと残ったまま枯死したり切り倒されたりした場合は、枯死した後に心材が分解されて樹洞ができるということはない。抗菌物質を含まない辺材は、枯死するとすぐに菌類が定着してボロボロになってしまうので(図7-2右)、そもそも樹洞ができようもないが、心材はカチカチになっていつまでも残っている。これはおそらく、心材腐朽菌が他の菌類との競争に負けて定着できないためではないかと思う。

森の土に埋まる宝物〝肥え松〟

木が生きている間の心材は、抗菌物質以外にも、酸素濃度が低いなど、菌類にとって過酷な環境だ。

図7-4　マツの心材を使った肥え松（宮崎県）。樹脂が蓄積しているため火がつきやすく、削って焚きつけにできる

このような過酷な環境に耐えられる心材腐朽菌だけが定着を許される。しかし、いったん木が枯死すると、辺材に定着した〝ストレスのない環境で強い普通の腐朽菌たち〟が心材を取り囲んでしまい、シャイな心材腐朽菌は心材に定着できないのかもしれない。ただ、この〝普通の腐朽菌たち〟も、抗菌物質の詰まった心材は食べられない。この〝誰も手をつけられない〟状態になったのが、カチカチになって残った心材ではないかと思う。

　マツ類の心材には、樹脂も蓄積していて、分解抵抗性が高い。枝の生え際には特に樹脂が蓄積しているらしく、辺材が腐ってなくなってしまった後も、星のような形をした心材の塊が土に埋まっているのをよく見かける。掘り出してナイフで削ってみると、松脂の良い香りがするのと同時に、材がまったく腐っておらず、スモークサーモンあるいは熟成されたかつお節の断面のような綺麗な飴色をしていることに驚く。樹脂含有率が高く、火がつきやすいので、小さな塊をポケットに入れておき、削って焚きつけにする。ヘンリー・ディヴィッド・ソローは、これを「たいへんな宝物」と呼び、「この焚きつけが、大地の胎内にいまでもどれほど埋もれているかを思うとわくわくする」と述べている（『森の生活――ウォールデン』[7]）。和歌山で山仕事をしていたとき、作業班の班長の林さんはこれを〝肥《こ》え松《まつ》〟と呼んでいた。のちに、九州大学の宮崎演習林にも同様の名前で展示されているのを見かけた（図7-4）。

お菓子の家の話

さて、木が腐るという現象を木にとっての〝死〟から考え始め、視点をだんだんと、分解の主役である菌類に移してきた。第3章のキノコのところで、菌類が菌糸という細い糸状の体で生きていることは書いた。菌類の枯木への定着は、飛んできた胞子から発芽した菌糸、あるいは土から伸びてきた菌糸から始まる。菌類の菌糸は、僕らがお菓子を食べて胃の中で消化し、腸から吸収するのと同じことを、体の外でする。つまり、体の外側に消化酵素を分泌して、周りにある〝お菓子〟つまり枯木を消化して小さな分子にし、体の表面から吸収する。第3章に登場した大園師匠の言葉を借りれば、枯木は菌糸にとって〝お菓子の家〟のようなものだ（『生き物はどのように土にかえるのか――動植物の死骸をめぐる分解の生物学[8]』)。

ヘンゼルとグレーテルは、お菓子の家の表面を食べただけで魔女に捕まってしまった。お話の中では、家の中もお菓子でできているような様子はないので、子どもを誘き寄せるための表面的なものだったのだろう。その意味では、このお菓子の家はナラタケを誘き寄せるオニノヤガラのイモのようだ！(第4章参照) しかし、枯木は中に入ってからが本当の〝お菓子の家〟だ。そして家の中には魔女はいないかわりに、お菓子を巡って争うたくさんの子どもたち、大人たちがいる。前著『キノコとカビの生態学』では、その様子を〝戦国時代〟に例えたが、お菓子の家の中での人間模様？に例えても面白いかも知れない。浜田稔博士のまねをして、枯木の表面で胞子から発芽した菌糸が枯木の中で自分の〝縄張り〟を作るまでを物語にしてみよう(長くなりそうなので覚悟してください)。

あるサクラの枯木の表面に、ヒラタケの胞子がひとつ、降り立った。親ヒラタケのキノコの裏側にあるヒダの表面から、水滴を使った発射装置(＊1)で昨日の夜、飛び出してきた。ヒラタケの胞子は無色透明で、紫外線に弱い。胞子の散布は夜のうちに行われる。胞子が降り立った場所は、幸いなことに適度な湿り気があった。季節は晩秋。ちょっと寒かったが、思い切って発芽することにした。うかうかしていたら冬になってしまう。そうしたら雪の下で暗躍する雪腐れ病菌たちにやられてしまうかも知れない。

胞子から発芽した菌糸は、少し伸びながら周りを味見してみることにした。菌糸の先端に近いあたりからよだれを出してみる。よだれの中には消化酵素が入っているので、周りの枯木を少し溶かしてくれるはずだ。しかし、あれ？　溶けない……。サクラ類の樹皮には難分解性のポリフェノール類が多く含まれていて、非常に分解しにくいのだ。近くには、中身の材だけ分解されてなくなってしまい、筒のようになったサクラの樹皮が転がっている。

発芽した直後のか弱い菌糸は慌てた。まずい、親は胞子の中にお弁当をほとんど入れてくれなかった。すぐに食べられるものを見つけないと死んでしまう！　幸い、すぐに樹皮の破れたところを見つけ、中に入り込むことができた。

ラッキーなことに、どうやらこのサクラの枯木は、枯死してからまだそれほど時間が経っていないらしい。硬い樹皮の下の形成層には、まだ甘い師管液が少し残っていた。師管液にはショ糖など分子量の小さい糖がたくさん含まれているので、それほどよだれを出さなくても吸収できる。さっき樹皮を溶かそうとした徒労が報われるようで嬉しい。ヒラタケの菌糸は、師管液を吸って大いに伸び、枝分かれした。

ふと気づくと、あたりはマメザヤタケの縄張りでいっぱいで、もう食べられる形成層は残ってなそうだ。どうやらこいつらは、サクラの木が生きているうちから形成層の中に潜んでいたらしい。

＊1……YouTube「Fungi fling their spores with a water cannon」
New Scientist
https://www.youtube.com/watch?v=ffIEIEAxtE

くそっ、その手があったか。スタートダッシュで出遅れた。でも仕方がない。もっと奥のほうへ進んでみよう。ここからはお菓子の家の壁（細胞壁）を食べて自分でトンネルを掘りながら進むしかない。でもお菓子（セルロース・ヘミセルロース）がいちいちプラスチックのケース（リグニン）に入っている。面倒だがプラスチックもよだれで溶かさないと、中のお菓子が食べられないし先にも進めない。心配ご無用。僕はプラスチックを溶かすためのよだれも出せるのだ。

プラスチックを溶かしてはお菓子を食べ、プラスチックを溶かしてはお菓子を食べと繰り返してきたが、なかなか進まない。壁が多すぎる。これではちっとも自分の縄張りを広げられない。ふと横を見ると、長い廊下が続いている。今まで奥に進むことしか考えずに、壁を溶かしてきたが、この廊下を進めば壁を溶かさなくても進めるじゃないか。今まで通り壁を溶かして奥にも進みつつ、横に伸びるこの廊下も進んでみよう。枯木の中の複雑に入り組んだ迷宮も、いくらでも枝分かれできる菌糸である吾輩にはとっては楽勝である。

壁のない廊下はぐんぐん進める。かなり距離を稼いだ。どうやら向こうから誰かがやってくるようだ。みんな考えることは一緒で、壁のない廊下を進んでどんどん菌糸を伸ばしたいらしい。向こうもこちらに気づいた。毒ガス（揮発性テルペン類、菌糸成長を阻害する）と腐食作用のある液（キチナーゼ、菌糸の主成分であるキチンを分解する酵素）をまき散らしている。まずい。あんなのに触れたらやられてしまう。急いで菌糸先端を枝分かれさせて板状にし、メラニンを生産して黒いバリアーを作った。ふう。これでひとまず大丈夫だろう。でもまあ、今まで順調に広げてきた縄張りも、こっち側はここまでかな。

廊下を反対側に進んだ菌糸も、向こうからきた他の菌糸と出会った。だがこちらは敵ではないようだ。どうやら同じヒラタケの可愛い娘さんらしい。いままで偉そうに〝吾輩〟とか言ってきたが、じつは僕はまだ子どもで、親がくれた細胞核を一種類しか細胞の中に持っていない（一核菌糸）。だからこの娘とさっそく、菌糸先端同士を吻合させて、僕の細胞核を相手にいくつか渡し、相手からも細胞核をいくつかもらった。これで〝二人でひとつ〟だ。やっと大人（二核菌糸）になれた。

相手の娘さんからもらった核の中の遺伝子には、以前の僕にはなかった強力な腐食液を作る設計図が入っていた。これで、やつに勝てるかも知れない。バリアーから少し菌糸を伸ばして戦ってみると、思った通りだ。新しく手に入れた腐食液で相手は溶けてしまった。これでもっと縄張りを広げられるぞ！

だいぶ縄張りは広くなった。縄張りの中にあるプラスチックケースに入ったお菓子も、プラスチックケースごとだいぶ食べた。食い散らかしたので、最近はお菓子のカスを食べようとカビが忍び込んでくる。それを追い払うのにも疲れた。カビはお菓子のカスだけ食べていくので、プラスチックケースの残骸だけが残る。この縄張りにいても、もう食べられるものもあまりない。気づけば、胞子から発芽してもう二度目の秋で、サクラの枯木の周りでは気温が下がり始めていた。そろそろキノコを出して胞子を飛ばすか。

今まで散々食い散らかしてきたが、さすがにサクラの樹皮は食べられなかった。いまだにしっかりしていてなかなかキノコを出せそうな隙間がない。入ってきたときの樹皮の破れ目からキノコを出すことにし、そこに菌糸を集めて芽（原基）を作った。枯木の中に張り巡らせた菌糸から水分と原形質を芽に集める。芽では菌糸をぐんぐん伸ばして絡み合わせ、次第にキノコの形ができあがってきた。キノコの裏側のヒダ表面の細胞では、今まで細胞の中にキープしてきた二つの核をやっと核融合させて遺伝情報を混ぜ合わせてから、また半分にすることを二回繰返して（減数分裂）、できた四つの核を一つずつ袋で包んで、四つの胞子を作った。これをヒダ表面の無数の細胞で行うことで、大量の胞子ができる。その頃にはキノコも大きくなり、傘もだいぶ開いてきた。やれやれ。あとは水滴を使った発射装置で胞子を飛ばして風に乗せるだけだ。

ん？　縄張りの下のほうから何やら悲鳴が聞こえる。新しい敵が来たらしい。めちゃくちゃ強い。どうやら枯木の下の土の中から菌糸を伸ばしてきたようだ。栄養豊富な土の中から補給がどんどん送られてくる。強いわけだ。しかもこいつらは僕が食べ残したプラスチックケースまでバリバリ食べて栄養にしている。だいぶ縄張りを狭められてしまった。でもまあ、胞子もたくさん飛ばしたしもういいか。子どもたちよ、新しい枯木を見つけて生きていってくれ。

足音が近づいてくる。ガリガリ、サクッ。あっと思うまもなく、キノコが切り取られてしまった。キノコ狩りの人間だ。ああ！　もっと胞子を飛ばそうと思っていたのに。せめて食べるまでの間は網目の大きいカゴにでも入れて胞子を飛ばさせてくれよ。なるべく森に近いところで。胞子はどこまでも飛んでいけると言っても、ほとんどの胞子はキノコから二〇メートルくらいの範囲にしか飛ばないのだから。そして紫外線を浴びたら長くは生きられないのだから。

セルロースを守るリグニン

枯木の大部分は、樹木が作り上げた細胞壁だ。細胞壁は、ブドウ糖（グルコース）がたくさん鎖状につながったセルロースや、キシロースやマンノースといった他の糖がつながったヘミセルロースを骨組みとしてできている。セルロースとヘミセルロースをあわせてホロセルロースと呼ぶこともある。ここではこれを〝お菓子〟に例えてみた。

ちなみに、本物のお菓子に使われるデンプンも、グルコースがたくさん鎖状につながったものだ。なぜ名前が違うのだろう。じつは、セルロースの構成単位であるグルコース分子と、デンプンの構成単位であるグルコース分子は、形はほとんど同じだが水素原子一つのつく方向が違う〝異性体〟の関係にあり、デンプンのほうがα‐グルコース、セルロースのほうがβ‐グルコースでできている。デンプンのα‐グルコース同士の結合はα‐グリコシド結合、セルロースのβ‐グルコース同士の結合はβ‐グリコシド結合と呼ばれ、どちらも水分子一つが抜けることによって二つのグルコース分子が結合する（脱水縮合）。僕ら人間は、α‐グリコシド結合を分解するアミラーゼなどの酵素は持っているが、β‐グリコシド結合を分解する酵素は持っていないので、セルロースを分解できない。だからセルロースでできた〝お菓子の家〟を食べることはできないが、菌類はこれを食べることができる。

セルロースだけのお菓子の家があったら、すぐに食べ尽くされてしまうだろう。そうならないのは、セルロースやヘミセルロースがリグニンという非常に分解しにくい物質によってガードされているからだ。ここでは、リグニンをプラスチックケースに例えてみた。リグニンは、化学的に安定したベンゼン環が多数結合してできており、そういう意味でもプラスチックに例えるのは意外といいアイデアかもしれない（実際、リグニンを使ったバイオマスプラスチック合成の研究が行われている）。セルロースは構造多糖とも呼ばれ（デンプンは貯蔵多糖）、樹木が大きくなる上で重要な骨組みになっている。これを簡単に食べられてしまっては困るので、リグニンで厳重に取り囲んで守っているのだ。セルロースを鉄筋コンクリートの鉄筋、リグニンをコンクリートに例えると、構造的な側面は理解しやすいかもしれない。

腐朽菌の生き方——どうやってお菓子を食べるか

先の小話に登場したヒラタケは、〝お菓子（セルロースやヘミセルロース）〟とそれを覆っている〝プラスチックケース（リグニン）〟を両方分解することができた。こういう菌類のことを〝白色腐朽菌〟と呼ぶ。茶色い物質であるリグニンが分解されるので、枯木が白色化するからだ（図7-5上、口絵⑲）。最後に現れたケンカの強い菌は、リグニンをより積極的に分解する〝選択的白色腐朽菌〟という。リグニン分解力が大きいので、紙を作るパルプからリグニンを除去する方法に関する研究や、最近では稲わらなどのセルロースを糖まで分解して、それを発酵させてバイオエタノールを作る研究の中で、薬品を使わずにリグニンを除去するために選択的白色腐朽菌を使う方法が検討されている。

　リグニンはとても分解しにくい物質で、自前の酵素だけでこれを分解できるのは、地球上で白色腐朽菌にほぼ限られる。地球の歴史の中で、約四億年前に木本植物がリグニンを作るようになり、それを分解できる白色腐朽菌が進化するまで時間がかかったせいで大量の石炭が蓄積した（逆にいえば、白色腐朽菌の登場が石炭紀を終わらせた）という仮説がある。この仮説は非常に壮大で、菌類の重要性を主張する上で魅力的だが、石炭紀にはリグニン分解菌がすでにいたらしいことや、石炭のうちリグニンが由

図 7-5　菌によりリグニンが分解された白色腐朽（上、大台ヶ原）とリグニンが分解されずに残った褐色腐朽（下、アメリカ、オハイオ州）

来と考えられるものはせいぜい七〇％程度であること、有機物の大量の蓄積は石炭紀以降も何度かあったことなどから、残念ながら現在では疑わしいと考えられている[9]。

一方、小話には（長くなるので）登場しなかったが、リグニンを分解することなく、中のセルロース・ヘミセルロースを分解するという、手品のようなことをやってのける菌類もいる。プラスチックケースの中に入ったお菓子を、ケースを開けることなく、食べてしまうのだ。リグニンだけが残るので、腐朽材は濃い茶色になっていく（図7-5下、口絵⑳）。このため、こういった菌類のことを〝褐色腐朽菌〟と呼ぶ。

リグニンはベンゼン環が複雑に入り組んだ構造をしていて、その網の目の間を巨大な分解酵素分子が通り抜けることはできない。褐色腐朽菌がどうやってリグニンに守られたセルロースやヘミセルロースを分解できるのかは、まだ完全にわかっているわけではないが、どうやら酸を大量に生産することで、鉄分子の酸化還元反応を巧みに操り、ヒドロキシルラジカル（活性酸素の一種）を発生させて、その強力な酸化力でセルロースやヘミセルロースを分解しているらしい[10]（図7-6）。このときの菌糸周囲のpHは二・〇程度まで下がるそうだ（枯木のpHは酸性だが、白色腐朽の場合のpHは五・〇程度）。pH二・〇はポッカレモンと同じくらいの酸性度である。活性酸素は酸化力が強いので、自身の菌糸細胞壁や酵素も破壊してしまう恐れがある。しかし小さな鉄分子をリグニンのガードの内側まで染み込ませて、遠隔で活性酸素を発生させることで、自分は活性酸素に直接触れなくて済む。活性酸素はリグニンに亀裂を入れる効果もあるので、セルロース分解酵素が入っていけるようにもなる。さらに、菌糸の先端では活性酸素

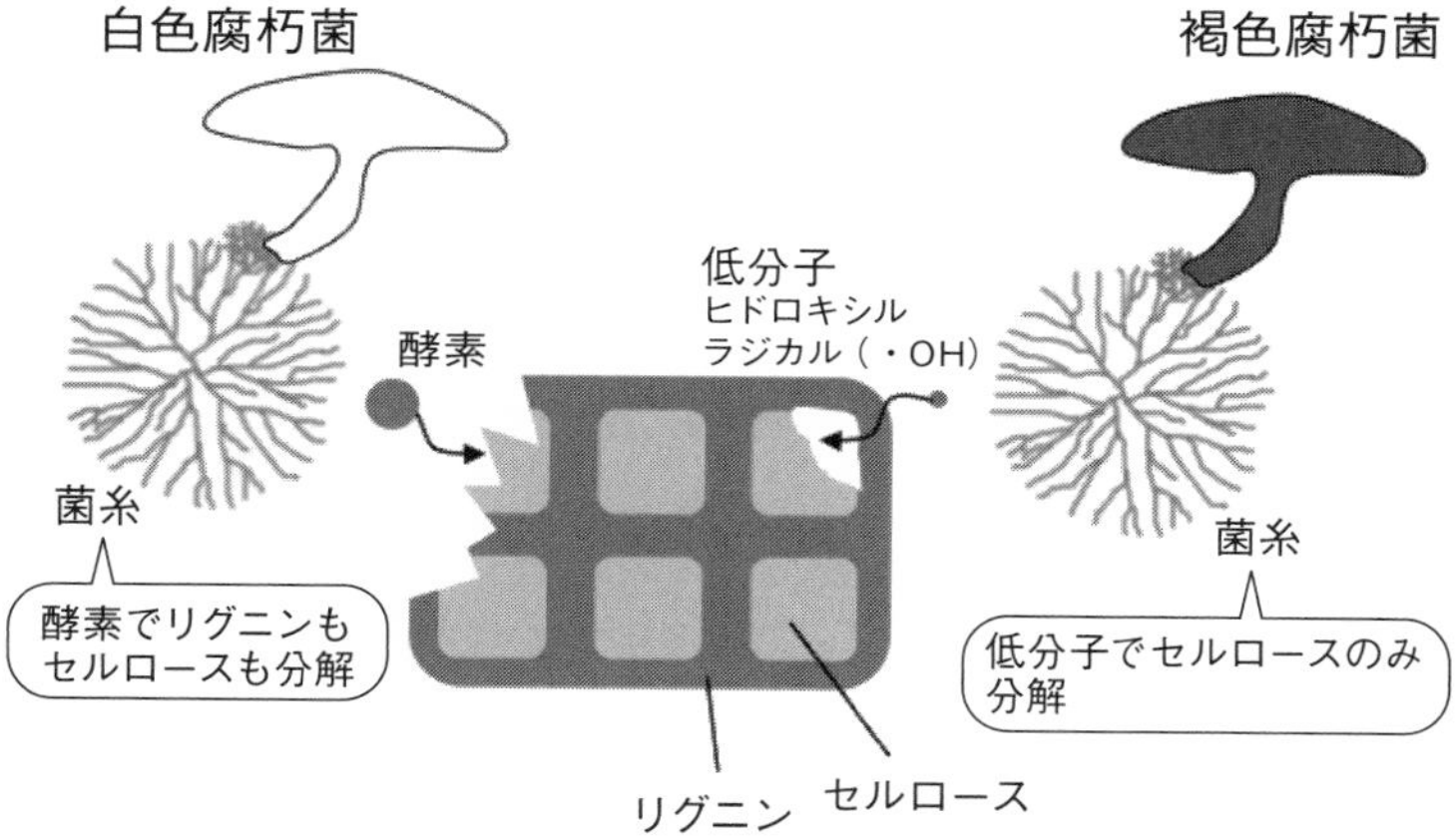

図 7-6　リグニンを自前の酵素で分解してセルロースを取り出す白色腐朽菌に対し、褐色腐朽菌は酸を大量に生産することで枯木内の鉄分子の酸化還元反応を操り、低分子量の活性酸素（ヒドロキシルラジカル）を生成してリグニンの層を通過させ、その酸化力でセルロースを分解している

の生産、少し後方部分では活性酸素の分解と酵素生産を行うというように、場所を分けることで、活性酸素が酵素を傷めないようにしているようだ。[11]

化学反応による遠隔的分解という、斬鉄剣を持つ石川五ェ門も真っ青の裏技で、植物が作り上げた最強の防壁リグニンをかいくぐってセルロース・ヘミセルロースを食べてしまう褐色腐朽菌。リグニンを分解しない分、褐色腐朽菌は分解酵素生産に割くエネルギーが少なくて済む、省エネ型といえる。この特殊技能を獲得することができた種は、担子菌類のうち七つほどのグループに限られる。白色腐朽菌に比べ種数も少なく、木材腐朽菌全体の六％程度の種を占めるのみである。[12]

分解力の大きい担子菌門ハラタケ綱の中では、白色腐朽菌から褐色腐朽菌が複数回進化したと考えられている。(13) つまり褐色腐朽菌という生き方は、収斂《しゅうれん》進化の結果なのだ。白色腐朽菌のほうでも、リグニン分解酵素の生産において収斂進化があったと考えられている。(14) 収斂進化といえば、魚類のサメと哺乳類のイルカ、翼竜のランフォリンクスと哺乳類のコウモリ、有袋類のフクロオオカミと哺乳類のオオカミなど、形態的な特徴が有名だが、リグニンやセルロースの分解といった代謝特性ももちろん収斂進化の対象になる。

この、白色腐朽、褐色腐朽こそ、本書の第1部で何度か登場した、枯木に来るさまざまな生物の群集に影響を与える、枯木の「腐朽型」である。すべての物語はここから始まるのだ。

食べ残しが土を作る

生き物の「食う—食われる」の関係（食物連鎖、食物網）は、植物の光合成による炭素の固定（一次生産）から始まる。生きた植物の葉などを植食者が食べることにより始まる食物網を「生食食物網」、枯木や落葉など死んだ植物を分解する菌類など微生物と、それらを食べる微生物食者から始まる食物網を「腐食食物網」と呼ぶ。植物によって固定された炭素のうち、生食食物網と腐食食物網に流れる割合を考えると、生態系の特徴を大まかに理解することができる。例えば、植物プランクトンから始まる水中の食物網は、小さい生物がより大きい生物に食べられていくので、生食食物網に流れる炭素の割合が大きい。そして、生食食物網の特徴は、〝食べ残し〟が少ないことだ。植物プランクトンは、丸ごと動物プランクトンに食べられる。動物プランクトンは、丸ごと小魚に食べられる。小魚は、丸ごと大型魚やクジラに食べられる、といった具合に、食べ残しが出にくい。

一方、陸上生態系、特に森林では、炭素は樹木の体のうち光合成をしている生きた部分（葉）以外、つまり死んだ組織（木質）に多く含まれている。さらに、木質だけでなく、生きた葉の部分にも消化の難しいリグニンが多く含まれている。このため、陸上生態系では生食食物網よりも圧倒的に大きな割合の炭素が腐食食物網に流れるのが特徴である。この食物網の中で、枯木だった炭素が他の生物に順々に食べられていくプロセスこそ、枯木の分解に他ならない。そして、このプロセスでは食べ残しが大量に発生する。巨大な木は、誰かに丸ごと食べられるわけではない。葉を食べる昆虫は、幹は食べない。幹を食べる菌類も、木質成分のすべてを食べるわけではなく、リグニンは食べ残される。この食べ残しが、土壌有機物として土の中に長期間貯留されると考えられている。つまり森林土壌への炭素の貯留になる。

そう考えると、リグニンを分解するかしないかという、白色腐朽と褐色腐朽の違いが、森林生態系の炭素貯留量に影響しそうだということがわかるだろう。リグニンを分解しない分、褐色腐朽のほうが森林に貯留される炭素量が多くなりそうだ。実際、地上に積もった有機物（土のようにボロボロになった枯木の成れの果て）の量は、白色腐朽よりも褐色腐朽で多くなることが報告されている[15]。

ただ、土の中に貯留される炭素は、このように目に見えるものだけではない。水に溶けた状態で土の深いところに染み込んでいるものもある。白色腐朽菌はリグニンを分解するが、完全に分解して炭素として自分で吸収したり、二酸化炭素として空気中に飛ばしたりしてしまう種はそれほど多くないかもしれない。セルロースを食べるのに邪魔だから分解するというだけなら、そこまで分解しなくても、水に溶けるくらいまで分解して流してしまえばよい。そのようにして流されてきた大量のポリフェノールは、実際に熱帯の川の水を赤茶色に染めるほどだ。枯木の下に染み込んだ炭素の量を測ったら、褐色腐朽した枯木の下よりも白色腐朽した枯木の下のほうが多かったという報告もある[16]。

結局のところ、白色腐朽と褐色腐朽のどちらのほうが、森林への炭素貯留量が多くなるかという問いに対して、明確な答えはまだ出すことができない。実験的に白色腐朽菌を植えた丸太と褐色腐朽菌を植えた丸太を用意し、他の条件をそろえて森の中で長期間分解させ、残った固形有機物の量や土の中に染み込んだ水溶性有機物の量を比較する必要がある。一方で、白色腐朽や褐色腐朽といった腐朽型の違いが、枯木に生息するいろいろな生物群集に影響することは、第1部で書いた通りだ。ただ、リグニンとホロセルロースの分解比率は、菌種や種内系統によりさまざまで、環境条件によっても変わる。白色腐朽VS褐色腐朽といった対比ではなく、連続的な変化として捉えたほうがいいだろう。

腐朽菌の多様性が高いと分解が遅くなる？

白色腐朽や褐色腐朽の仕組みについても、詳しく研究されているのは、ごく一部の代表的な菌種だけなので、他の種ではまったく違う仕組みが使われているかもしれない。多様な分解メカニズムの存在は、パルプやバイオエタノール生産への応用の可能性を秘めているだけでなく、生態系が安定的に機能する上でも役立っているだろう。どれか一つの仕組みだけでリグニン分解が起こっていたとしたら、その仕組みが働かないような条件ではリグニン分解が起こらなくなってしまうが、いろいろな仕組みでリグニンを分解するたくさんの種がいれば、環境条件が変わってもそのうちいくつかの種が分解を続けられるかもしれない。

このように、同じような機能をもつ種がたくさんいることを、生態学の用語で〝冗長性が高い〟という。冗長という言葉は、「君の文章は冗長だ」のように普段はあまり良い意味で使われないが、生物多様性生態学では良い意味になる。冗長性が高い生物群集では、そのうちのいくつかの種が環境の変化などにより機能を発揮できなくなったとしても、同じような機能をもつ他の種がその機能を代行できるので、群集全体としてはその機能を安定的に維持できる。結果として、攪乱に対する生態系機能の抵抗力（レジスタンス）や回復力（レジリエンス）も高くなる。

木材腐朽菌の多様性は、冗長性以外にも分解機能に面白い影響があるかもしれない。たくさんの種が一緒に材分解を行った場合のほうが、少ない種数で材分解をした場合よりも、枯木の分解速度が遅くなるのだ[17]（図7-7、口絵㉑）。これは一見、生物多様性の理論と矛盾しているように見える。一般には、種数が多いほど、その中に機能の高い種が含まれる可能性が高くなり、その種が群集内で競走に勝ち優占することで、群集としての機能は高くなると予想される。これを、「選択効果」と呼ぶ。また、種がたくさんいるほうが、資源利用特性の異なる種が多く含まれるので、資源の相補的な利用によって群集全体の資源利用効率が向上し、群集としての機能が高くなるという予想もできる。これを「相補性効果」

図 7-7　コナラの枯木に生える多様な菌類（宮城県）。多様な菌類がいると枯木の分解が遅くなるらしいことがわかってきた

と呼ぶ。例えば植物では、種が多様なほど（根の張り方や養分利用特性の違いによって）土壌中の養分が効率的に利用され、群集全体の生産性（植物バイオマス量）が高まることが知られている[18]。

木材腐朽菌でも、二種を共存させた実験では、一種だけの場合に比べ材の分解が促進されることが多い[17]。ところが、たくさんの菌種を入れて分解実験をすると、材分解が阻害される。これはどういうことなのだろう。

一つ考えられるのは、たくさんの種がそれぞれ相手の成長を阻害するための抗菌物質を作るせいで、それらが枯木の中に蓄積してしまい、枯木全体が菌類にとって食べにくいものになってしまう可能性だ。先の小話に書いた通り、菌類は枯木の中で熾烈

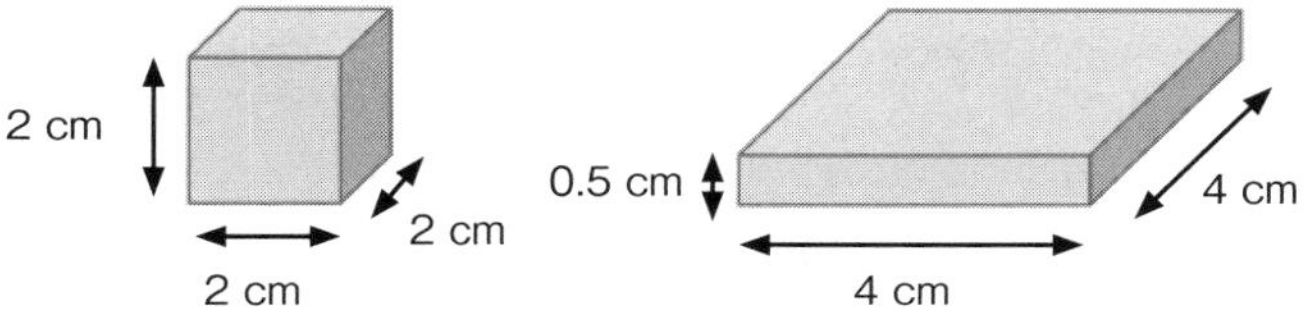

体積	$8cm^3$	$8cm^3$
表面積	$24cm^2$	$40cm^2$

図7-8　体積が等しく表面積が違う角材を使った分解実験。右の角材の表面積は左の角材の約1.7倍

な縄張り争いを繰り広げている。これに関しては前著『キノコとカビの生態学』にも詳しく書いた。抗菌物質は、菌類の菌糸体と菌糸体が戦っている最前線、縄張りの境界部分で生産されるので、境界部分は特に分解が遅れる[17]。

もしこれが、たくさんの菌種を入れたときに分解が阻害される主な原因だとしたら、二種の競争でも縄張り境界部分の面積が大きいほど阻害効果は大きくなりそうだ。これを確かめるために、体積が等しく表面積が違う二タイプの角材を用意して、その内側に定着させた菌種と、外側から定着しようとする菌種の戦いが角材の分解にどう影響するかを、角材のタイプ間で比較した[19]（図7-8）。すると、確かに表面積が大きい角材で、戦いが分解に与える影響が大きかった。ただし予想とは逆に、分解は促進されてしまった……。二種の競争が分解を促進するか阻害するかは（もちろん阻害も促進もしない場合もある）、菌種の組み合わせにもよるのだろうか。

たくさんの菌種の共存が材分解を遅らせる仕組みとして、もう一つ考えられるのは、種が多くなると種間の競争にエネルギーを割かれてしまい、分解に必要な酵素などの生産が疎かになる可能性だ。競争には、相手の成長を妨げるためのさまざまな抗菌物質だけでなく、相手の菌糸を溶かすための酵素、防御壁を作るための色素を含んだ丈夫な菌糸などが必要になる。相手によって必要な物質も千差万別だ。戦う相手が多いほど、いろいろな物質を作らなければならない[20]。これはたしかに負担になりそうだ。

ただ、こういった競争へのエネルギー負担があると、菌類はそれを補うために分解を活性化させる可能性も考えられる。そのような場合には、多種が共存すると分解が促進されるだろう。菌種間競争によって材分解が阻害される場合と促進される場合があるとすれば、何がそれらを分けているのだろうか。

これに関して、面白い実験結果があるので紹介しよう。菌類の競争関係の〝強さ〟が影響しているというものだ[21]。菌類にも、競争に強い種と弱い種がいる。競争に強い種を集めた〝喧嘩っ早い集団〟では、種数が多いほど分解が阻害される。一方、競争に弱い種を集めた〝穏やかな集団〟では、種数が多いほど分解が促進される。〝喧嘩っ早い集団〟では、抗菌物質の蓄積による分解阻害の影響が強く働くのかもしれない。〝穏やかな集団〟では、あまりみな抗菌物質を作らないので、分解阻害の影響は小さく、資源の相補的な利用によって群集全体の資源利用効率が向上し、群集としての機能が高くなる「相補性効果」の影響が強く働くのかもしれない。ただ、この実験は枯木を分解させたわけではなく、糖分を含んだ寒天培地からの二酸化炭素の放出を〝分解〟とみなしているので、枯木を分解させたときに同じことが起きるかどうかはわからない。これからもっと研究が必要だろう。

適度に食われて分解促進

菌同士の関係は材分解に影響するが、菌と他の生物の関係も材分解に影響する。例えば、トビムシは土壌のプランクトンと言われるほど土の中にたくさんいる土壌動物で、菌類などの微生物を主に食べる[22]。秋のキノコの時期には、キノコの裏のヒダの部分にびっしりと集まっていることもあるが、土の中で菌糸も食べている。体長は一〜三ミリ程度の種がほとんどで、小さい口で菌糸をかじって食べる。直径一〇マイクロメートルの菌糸は、大きいトビムシにとってはスパゲティ、小さいトビムシにとってはチュロスを食べているようなサイズ感だ。

このトビムシが菌糸を食べると、その菌糸とつながった角材の分解が促進されることが、実験からわかっている（図7-9）。トビムシに菌糸を食べられると、菌類は菌糸を回復させようと成長を活性化させる。これは植物でも知られている、補償成長と呼ばれる現象だ。そしてこの成長に必要な炭素を補うために、材分解が促進されるようだ。ただし、あまりにもたくさんの数のトビムシに食害されると菌糸は弱ってしまい、材分解も遅くなる。

トビムシ以外にも、ワラジムシ、ヤスデ、ダニ、ヒメミミズ、線虫などさまざまな土壌動物が土の中で菌糸を食べている。トマス・クラウザー博士の総説[23]によれば、菌糸を軽くかじられる程度だと補償成長が働き材分解は促進されるが、あまりにも食べられると材分解は阻害されるという。ただし、分解への影響は土壌動物の種と菌種の組み合わせにもよる。例えば、土からニョキッと生えるスッポンの首のようなスッポンタケも、土の中に菌糸を張り巡らせて枯木を分解している木材腐朽菌だが、菌糸をいろいろな土壌動物に食べられてもあまり材分解への影響は受けない。毒キノコとして知られるニガクリタケの菌糸も、あまり摂食の影響を受けないが、なぜかヤスデにはよく食べられ、分解も促進される。

菌類も土壌動物に菌糸を食べられないようにいろいろな対策をとっている。チチタケの仲間のように、かじられると大量の乳液を分泌（これが名前の由来だ）して摂食を阻害する菌もいれば、菌糸の周りに

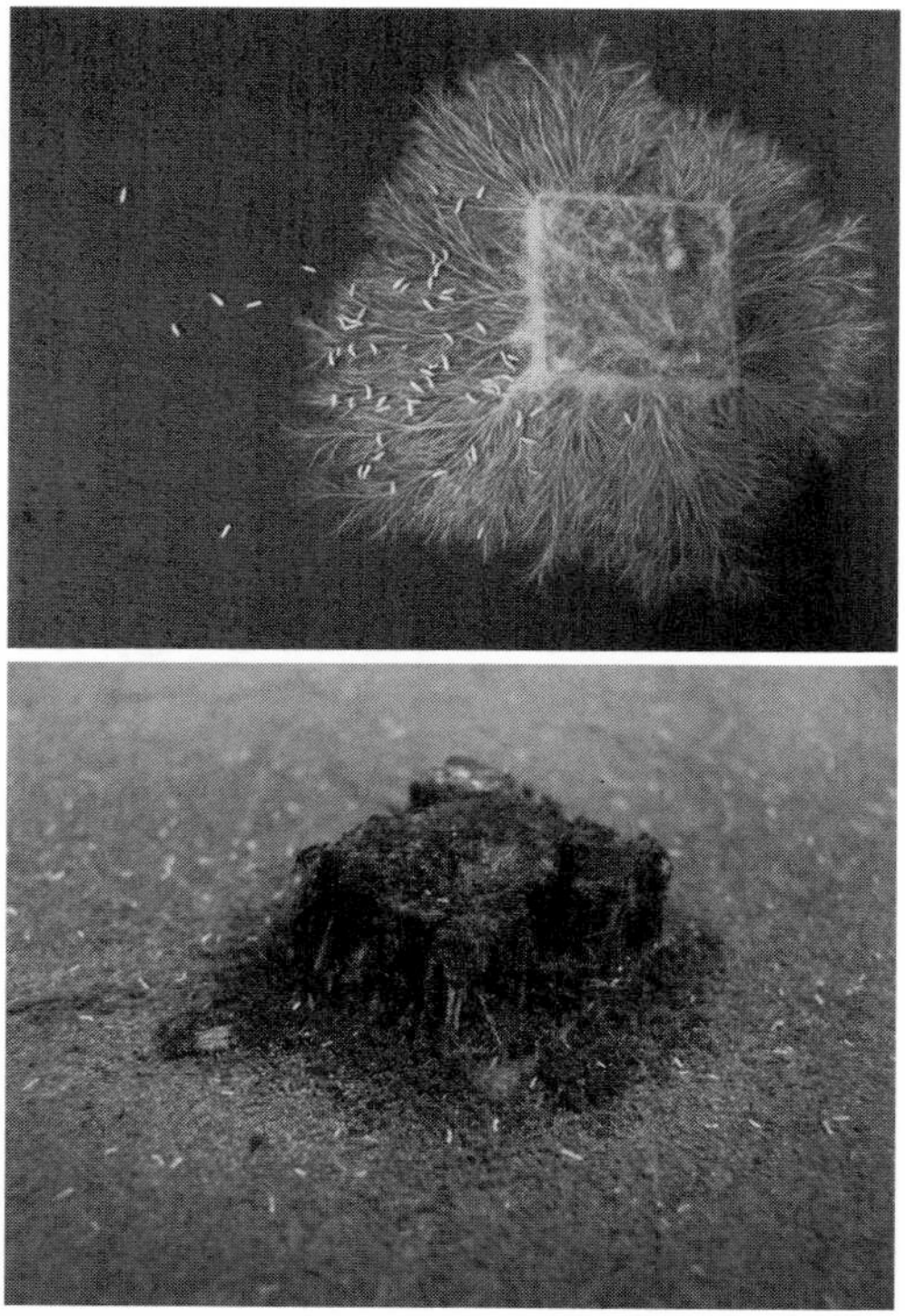

図 7-9　菌とトビムシによる角材の分解。トビムシが菌類を食べることで、菌類は菌糸を成長させるために角材の分解を活性化させる。培養開始時（上）と 13 ヶ月後（下）。白いツブツブがトビムシ

硬い結晶を鎧《よろい》のようにまとっている種、毒を生産して土壌動物を殺してしまう種までいる。菌類と土壌動物の間には種レベルの関係があるので[24]、材分解への影響もそれに関係して変わるだろう。さらに、温度などの外的な環境が変わると、菌類の種間競争と土壌動物との関係、分解への影響も変わる[25]。生態系の中での生物間の相互作用は複雑で、枯木の分解という現象一つとっても、将来のことを予測するのはなかなか難しそうだ。

この章では、主に菌類による枯木の分解について、時に物語も交えながら解説した。特に、樹木の細胞壁を構成するリグニンとセルロース、ヘミセルロース。それらの分解比率の違いによる白色腐朽や褐色腐朽といった腐朽型の違いは、本書の全体に関係するので、覚えておいていただければと思う。

フィールドノートから

ヒメカバイロタケは目立つキノコだ。小さいが派手なオレンジ色をしていて、夏から秋にかけて腐朽の進んだアカマツの枯木にたくさん群生しているのをよく見かける。このキノコは白色腐朽菌だといわれている。つまりリグニンを分解する能力があるとみなされている。ただ、その根拠は不明だ。菌類のリグニン分解力を調べる方法には、①木材に菌株を接種して培養して調べる方法、②リグニン分解酵素に反応して変色する試薬を入れた培地で培養する方法、③リグニン分解酵素を生産する遺伝子の有無を調べる方法があるが、ヒメカバイロタケに関してはこれらの方法を試した論文を見たことがない。「白色腐朽した枯木に生えているから白色腐朽菌だろう」というのが暗黙の了解になっているのかもしれない。

ヒメカバイロタケに限らず、枯木によく見られる菌種でも腐朽型が不明な種は多い。実際に木材に接種して分解力が試験されている菌種でも、このような試験は未分解の木材に単一種を接種して行うことが普通なので、腐朽の進んだ枯木に対する分解力があるのかはほとんどわかっていない。未分解の木材を分解できない菌でも、白色腐朽が進んでリグニンが除去された木材なら分解できる可能性はある。さらに、水分や温度といった培養条件や、複数種を接種した場合にはリグニン分解力が変化する可能性もある。そもそも白色腐朽菌・褐色腐朽菌といってもリグニン分解力は連続的で、はっきりと分けられるものでもない。菌種ごとに、条件に応じたリグニン分解力を定量的に評価する必要があると思っている。

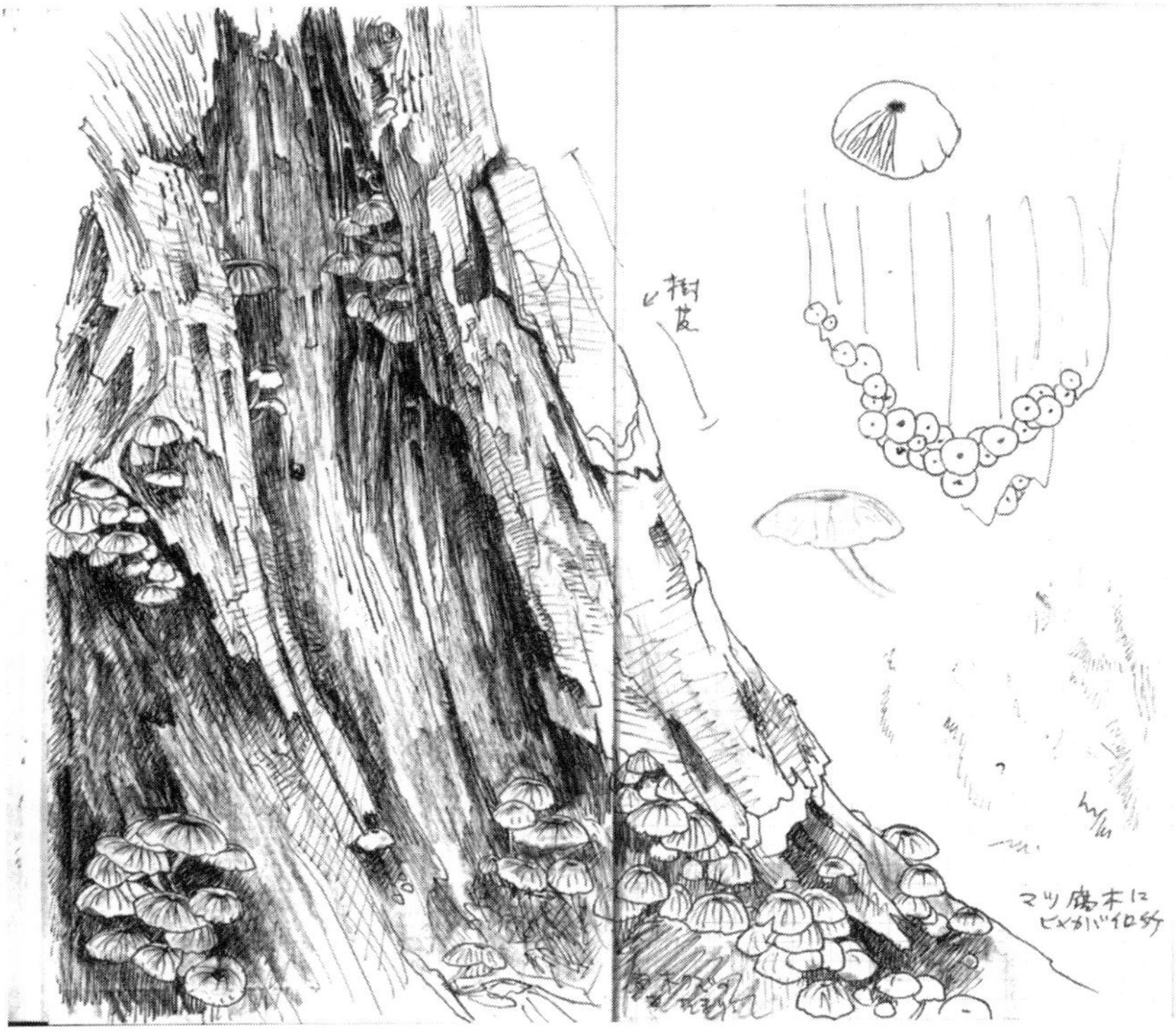

アカマツの枯木に生えたヒメカバイロタケ

第8章　森が消える――樹木の大量枯死

北米のマツの大量枯死

一九九〇年代中頃にカナダ、ブリティッシュコロンビア州で始まった、アメリカマツノキクイムシ（Mountain Pine Beetle）と呼ばれる米粒ほどの大きさのキクイムシの一種（図8-1）によるポンデローサマツの大量枯死は、その後二〇一二年までの間に、カナダとアメリカの西部で、日本の本州の面積に匹敵する広さ（約二〇〇〇万ヘクタール）のマツ林を枯死させ、歴史上類を見ない規模の樹木の大量枯死となった。茶色く枯れたマツ林の広がりは、宇宙からも確認できたという。枯死したマツの材積は、ブリティッシュコロンビア州だけで七億立方メートル。これは日本の一〇年分の木材需要に相当する。(1)

原因となるアメリカマツノキクイムシは、北米大陸にもともと生息している種類だが、温暖化による高標高・高緯度地域への分布拡大、気候の乾燥化、マツが高齢化（八〇〜一六〇年生）・大径化（直径二〇センチ以上）してキクイムシの繁殖効率が高まったことなど、複数の要因により激害化したと考えられている。かつては落雷により頻繁に山火事があったので、マツ林の高齢化が抑制されてきたが、防火技術の発達とともに自然公園などで山火事が抑制され、高齢林が大面積で連続する景観ができてしまったことも、被害を拡大した一因のようだ。

湿潤な日本では大規模な山火事の脅威を感じることはあまり多くないが、カナダやアメリカの山火事のニュースで、街に迫った山火事の影響で昼間にもかかわらず街が暗く空が赤い光景を見ると、山火事を防ごうという心理は当然のように思う。皮肉なことにその努力がキクイムシの大発生を招く一因となってしまったのだ。山火事を過度に抑制すると、可燃性の高い落葉や落枝が森林に蓄積し、大規模な山火事のリスク自体をも高めることがわかってきたため、現在、カナダやアメリカ、北欧の自然公園では、定期的に火入れを行う管理がなされる場合もある。

図 8-1　アメリカマツノキクイムシ。1990 年代中頃から 2012 年までの間に北米の約 2,000 万ヘクタールのマツ林を枯死させた（カナダ・ウッド提供）

アメリカマツノキクイムシは、マツの幹にメス成虫が穿孔する。樹皮下の形成層や師部に沿って鉛直方向に三〇～四〇センチ程度の母孔を掘り進めながら、坑道壁の左右にくぼみを作り、そこに一卵ずつ産卵する。普段は枯死した幹や弱った幹に穿孔するが、大発生すると幹の防御システム（樹脂や乳液の分泌）を突破し、健康な木も食害するようになる。孵化した幼虫は、師部を食べながらめいめい自分の孔を掘り進んでいく。師部には、光合成で生産された糖分を輸送する師管が集まっている。幼虫の食害により師管はズタズタに寸断されてしまい、通導阻

図 8-2　キクイムシによって媒介される青変菌による辺材部の変色（カナダ・ウッド提供）

害が生じる。

さらに、このキクイムシは〝青変菌〟（木材を青黒く変色させてしまうのでこう呼ばれる）という一群の菌類と共生関係にあり、この菌が樹木の防御システムの無効化（毒成分の分解や通導阻害）に一役買っているらしい（図8-2、口絵㉒）。メス成虫の上顎には、わざわざ菌の胞子や酵母状の細胞を持ち運ぶための穴が空いていて、ここから菌を小出しにしながら坑道を掘ることで、材に菌を植えつける。このキクイムシと青変菌のコンビによる通導阻害で、巨大なマツの木もあっけなく枯れてしまうのだ。

アメリカマツノキクイムシによるマツの大量枯死は、大量の枯木を生み出した。青変菌が入って材が青黒くなっているとはいっても、青変菌は木材の強度に影響しないので、見た目を気にしなければ木材として利用することはできる。

しかし、日本の需要一〇年分に相当する木材をそうすぐに使えるわけもない。枯木は、何らかの防腐処理をしなければ、第7章で書いたように菌類の定着によりすぐに腐り始める。腐るということは、二酸化炭素として大気中に放出されるということだ。

この、マツの大量枯死によって生じた枯木から発生する二酸化炭素量を考慮した、森林の炭素収支（光合成による吸収と分解や燃焼による放出のバランス）が試算されている。[2・3] それによると、樹木の大量枯死がなければ森林はわずかに炭素を吸収している。これは第7章のはじめに書いた通りだ。しかし大量の枯木が発生して腐り始めると、森林は逆に大量の炭素を放出するようになってしまう。論文では、二〇〇五年から二〇二二年までブリティッシュコロンビア州の森林は年間およそ五〇〜一五〇メガトンの二酸化炭素（炭素一四〜四一メガトン）を放出し続けると予測していた。二〇二二年にはまだ炭素の吸収には転じないだろうということだ。ただしこれは、二〇〇八年の時点で発表された予測だ。将来の被害面積や森林火災の影響は複雑で、大量枯死に伴う炭素収支の長期予測は難しい、と論文の著者も書いている。この予測はその通りになったのだろうか？

ブリティッシュコロンビア州の森林で生態系の炭素収支を継続測定したデータによれば、[4] 枯木の分解に由来する炭素放出量は、キクイムシの大発生以来増え続けたが、二〇一三年の年間二三メガトンをピークに減少に転じている。そのおかげで、それまでマイナスだった生態系の炭素収支は二〇一五年にはゼロ（放出と吸収が釣り合った状態）に限りなく近づいた。この回復は二〇〇八年時点での予測よりもだいぶ早い。しかしなんと、二〇一七年に大規模な森林火災が発生し、それにより再び大幅な放出に転じてしまった。

第7章の冒頭でも触れた通り、温暖化の影響で大規模な山火事の頻度は増しており、その影響を無視することはできない。しかし、枯木の分解だけに注目すると、炭素放出量が減少に転じるのは、予測よりもだいぶ早かった。何かが分解を遅らせているのだろうか？　そのヒントは、大量枯死後の枯木の分解に関わる菌類にあるかもしれない。ヨーロッパの大量枯死事例から、その可能性を探ってみよう。

ヨーロッパのトウヒの大量枯死

二〇〇七年一月一五日、カナダ、ニューファンドランド島上空で発生したサイクロン「キリル（Kyrill）」は、大西洋を横断してヨーロッパに上陸。一八日から一九日にかけて中心気圧九五九・八ヘクトパスカル、最大瞬間風速二五〇キロ（時速）のハリケーンに発達し、イギリスやドイツを中心に死者四七人、一〇万戸以上の停電、公共交通機関の寸断、そして広範囲の森林に風倒など甚大な被害をもたらした。ドイツ、チェコ、オーストリアの国境に広がる広大なドイツトウヒの森林地帯も大規模な風倒被害を受けた。この地域は、樹齢二〇〇年以上のドイツトウヒからなる純林で、チェコ側は一九三三年から、ドイツ側は一九七〇年から保護区として設定されていたが、このときの風倒と、その後のタイリクヤツバキクイムシの大発生により、この地域だけでおよそ八〇〇万本のドイツトウヒが枯死したといわれている(5)（図8-3）。

図8-3　タイリクヤツバキクイムシ（上）は、2007年のサイクロンによる風倒ののち大発生し、ドイツトウヒ800万本を枯死させた。下はその10年後のシュマヴァ国立公園のドイツトウヒで、風倒よりもキクイムシによる被害が大きかったことがわかる（ともにチェコ）

キリルによる風倒から一〇年後の二〇一七年六月、僕はこの風倒跡地で調査する機会を得た。チェコのシュマヴァ国立公園。標高一三〇〇メートルの亜高山帯（標高一五〇〇～二〇〇〇メートルに位置する日本の亜高山帯に比べだいぶ低い！）に位置する調査地は濃い霧に包まれていた。共同研究者のヴァーツラフ・ポウスカ博士の車で現地に近づいていくと、霧の中から白い亡霊のようなドイツトウヒの立枯れが次々と浮かび上がってきた。日が昇り、霧が晴れてくると、衝撃の光景が目の前に広がっていた。白骨化した立枯木の群れが延々と視界の限り続いている。それはもはや森と呼べる状態ではなく、風倒自体よりもその後のキクイムシによる枯死が甚大だったことを物語っていた。

タイリクヤツバキクイムシは、英語でSpruce bark beetle（トウヒの樹皮の虫）と呼ばれ、主にトウヒなどのマツ科針葉樹の樹皮下の師部を食害する。アメリカマツノキクイムシと同様、大陸ヨーロッパにもともと生息する昆虫で、普段は枯死した幹や弱った幹に穿孔するが、大発生すると幹の防御システムを突破し、健康な木も食害するようになる。生態も似ており、タイリクヤツバキクイムシの親は、樹皮に穿孔して師部にたどり着くと、そこに一〇～二〇センチ程度の母孔を掘って、母孔の壁に沿って産卵し、卵を並べていく。孵化した幼虫は、師部にトンネルを掘り進み、通導阻害を引き起こす。青変菌と共生関係にあるところもアメリカマツノキクイムシと共通しているが、タイリクヤツバキクイムシは菌を持ち運ぶための特別なポケットは持っていないようだ[6]。

樹木の防御システムを突破するのは簡単なことではないので、特定の病害虫による被害は、特定のグループの樹木に限定されることが多い。そのため、多様な樹種からなる森林なら、そのうちの一種が病

図8-4　ドイツトウヒの大量枯死（左）とその後大発生するツガサルノコシカケ（褐色腐朽菌、右）。針葉樹の枯木に生え、日本のアカマツの枯木でもよく似たものが見られる（ポーランド）

害虫により枯れてしまったとしても、森林がなくなってしまうことはない。しかし、ほぼ単一の樹種しか生えていない純林なら話は別だ。純林が病害虫で枯死するとこうなってしまうのか……。

あまりの光景に圧倒されていたが、しばらくすると、枯木に相当な確率で大きなサルノコシカケが生えていることに気づいた。近づいて見ると、縁取りにオレンジ色の目立つ帯がある。ツガサルノコシカケだ（図8-4、口絵㉓）。主に針葉樹の枯木に生え、世界中に分布する褐色腐朽菌である。日本でも、アカマツの枯木の調査をしているときによく似たものを見た。キクイムシによってドイツトウヒが枯死した後の枯木に、ツガサルノコシカケが大発生することは、ヨーロッパではよく知られていて、キクイムシが胞子を運んでいる可能性が検証されているが、キクイムシからはツガサルノコシカケだけでなくいろいろな菌類の胞子が見つかったので、キクイムシによる胞子散布がこの菌の大発生の原因とは考えにくい。これについては、後でもう少し考えることにしよう。

ところで、褐色腐朽では枯木の成分のうち難分解性のリグニンが分解されずに蓄積するので、炭素貯留への貢献が大きいかもしれないと第7章で書いた。もしかしたら、カナダでのマツの大量枯死後に、枯木の分解による炭素放出が予想よりも早く減少に転じたのは、枯木に褐色腐朽菌が優占したせいかもしれない。実際、ブリティッシュコロンビア州でキクイムシによって大量枯死したロッジポールマツからも、ツガサルノコシカケが高頻度で見つかっている。(7) 大量枯死後の枯木に褐色腐朽菌が優占するのはどのくらい一般的なことなのだろう？

伊勢湾台風がもたらした大台ヶ原の風倒被害

台風による風倒は、日本でも森林の崩壊を引き起こしている。一九五九年九月に和歌山県潮岬に上陸し、紀伊半島から東海地方を中心にほぼ全国にわたって、五〇〇〇人以上の死者・行方不明者という甚大な被害をもたらした伊勢湾台風も、各地の森林に風倒被害を残した。紀伊半島の大台ヶ原も、被害を受けた地域の一つである。

奈良県と三重県の県境に位置する大台ヶ原は、標高一六九五メートルの日出ヶ岳を主峰とした山岳地帯で、太平洋からの湿った空気が急峻な斜面を吹き上げるため、屋久島に並ぶ多雨地帯として知られる。豊富な雨量が育んだ渓谷は美しく、翡翠《ひすい》色の水を湛えた大杉谷から日出ヶ岳へと抜けるコースは、僕の

図 8-5　伊勢湾台風をきっかけとしてトウヒ林が崩壊した紀伊半島の大台ヶ原。倒木が褐色腐朽し、地表をササが覆う

お気に入りの登山ルートだ。途中にある「桃の木山の家」は、急峻な斜面に張りつくように建てられている。まさに秘境の宿といった風情で、それだけでも旅情をそそるが、ボリュームいっぱいのエビフライ定食と温かい風呂で疲れを癒せる、おすすめの宿だ。

標高の高い大台ヶ原には、近畿地方にはめずらしいトウヒの純林（東大台）や、ブナの原生林（西大台）がある。いや、〝あった〟と言ったほうがいいかもしれない。いまやトウヒの純林は風前の灯だ。かつては日出ヶ岳周辺にもトウヒの純林が広がっていたらしいが、現在は一面のササ原になっている（なので、日出ヶ岳からの見晴らしはとても良い）。かろうじて点々と残っている白骨化したトウヒの立枯れと倒木が、六〇年ほど前はそこが森であったことを物語っている（図8-5）。

伊勢湾台風は、日出ヶ岳周辺のトウヒをなぎ倒した。日の当たるようになった地表には、ミヤコザサというササの一種が繁茂し、それを主食とするニホンジカの個体数が増加した。増えたシカはササだけでなく、トウヒの樹皮も食べる。樹皮を大きく剝がされると通導阻害が起こり、トウヒは枯れてしまう。シカはトウヒの稚樹も食べる。ササが繁茂すると、そこに隠れることができるので、ネズミが増える。ネズミもトウヒの種子や実生を食べる。密集したササは地上を暗くし、トウヒの種子は発芽することも難しくなる。

これらの複合的な要因によって、日出ヶ岳周辺ではトウヒの森は衰退し、ササ原になったと考えられている。ここでは、トウヒの枯木はどのように腐朽しているのだろうか。

カラカラに乾燥しているように見える倒木の、一部崩れ落ちた部分には、濃い茶色の、ブロック状にひび割れた材が覗いている。明らかに褐色腐朽だ。

大台ヶ原には、今でもトウヒが高密度で生えている場所もわずかに残っている。森林の衰退度合いの違いで、枯木の腐朽がどう違うか、大台ヶ原の中で比較してみることにした。

現在でも残っているわずかなトウヒの純林は、風当たりの強い山頂から少し西側に下ったところにある。一ヘクタールもないくらいのその区画は、環境省が設置したシカ避けのがっしりとした鉄製のフェンスで囲われていた（図8-6）。中に入ると、豊富な雨量のせいだろう、地表は一面のコケに覆われ、コケの森として名高い北八ヶ岳の白駒池周辺や屋久島のような雰囲気だ。日出ヶ岳周辺でもかつてはこ

図8-6　大台ヶ原の防鹿柵。シカはトウヒの樹皮や稚樹を食べるため、大台ヶ原ではフェンスやネットで囲まれた植生保護エリアが各所に作られている

のような光景が見られたのだろうか。

バッテリー式の電気ドリルで、倒木から材のサンプルを採ってみると、日出ヶ岳のカラカラの倒木とはまったく違う。白くふわふわとして水っぽい。白色腐朽だ。もう一ヶ所、中程度にトウヒ林が衰退した場所でもサンプルを採り、三ヶ所で比較したところ、トウヒ林の衰退が進むにつれて、褐色腐朽の頻度が増加していることがわかった。

どんな菌類が枯木を分解しているのだろう？　倒木の表面にはあまりキノコは見られなかった。材のサンプルからＤＮＡを抽出し、ＤＮＡメタバーコーディング（第６章参照）を使って、枯木の中にどんな菌類がいるのかを調べてみた。すると、トウヒ林が衰退した日出ヶ岳の枯木には、ツノフノリタケというアカキクラゲの仲間が高頻度で生息していることがわかった。アカキクラゲの仲間は褐色腐朽菌なので、これらが優占して分解することで、日出ヶ岳ではトウヒの倒木が褐色腐朽したのかもしれない。チェコのドイツトウヒやカナダのロッジポールマツとは菌種が違うが、日本のトウヒ林衰退地でも枯木の褐色腐朽が起こっている点は共通していた。

北八ヶ岳の風倒跡地

伊勢湾台風による風倒被害は、大台ヶ原だけではない。大台ヶ原から三〇〇キロほど北東に位置する、長野県北八ヶ岳の亜高山帯針葉樹林。シラビソやオオシラビソの〝縞《しま》枯れ現象〟で知られる「縞枯山」を含むこの山域も、大規模な被害を受けた。ちなみに縞枯れ現象とは、シラビソやオオシラビソの樹林が帯状に枯死と更新を繰り返すことにより、遠くから見ると帯状の模様が樹林を移動していくように見える現象のことである。現象としては、サッカーの試合などの観客席で行われる〝ウェーブ〟と同じである。縞枯れ現象では、縞模様は斜面の上方向へと移動していく。

縞枯山から、南に麦草峠を挟んで白駒池周辺にわたる山域も、伊勢湾台風によってまだら模様に風倒被害を受けた。大台ヶ原と異なるところは、台風後に生き延びたシラビソやオオシラビソの若木が成長することで、ササ原にはなっていない点だ。ただし、森林を構成する樹種は、台風前と台風後ではやや変化している。台風前は、シラビソやオオシラビソだけでなくコメツガ、トウヒ、ダケカンバも混じる典型的な本州の亜高山帯林だったが、台風後はシラビソやオオシラビソが風倒地のほとんどの部分を占めている。この場所では、風倒木の腐朽はどうなっているだろう?

大台ヶ原と同じように、風倒被害を受けた場所とそうでない場所で、トウヒの倒木の腐朽型と菌類群集を比較した。その結果、伊勢湾台風による風倒は、現在のトウヒ倒木の腐朽型にも菌類群集にも影響を残していないようだった。風倒被害を受けた森林にはトウヒの大径木は生き残っていないので、調査対象にした倒木は、伊勢湾台風のときの風倒で発生したか、それ以前からあったものだと思われる。針葉樹の大径木は分解にも時間がかかるのだ。どちらにせよ、トウヒの倒木は風倒後の環境の激変を経験したはずだ。それにもかかわらず、風倒の影響が見られなかったのはなぜだろう?

考えられるのは、風倒後にシラビソやオオシラビソが急速に成長して、森林としての環境が急速に回復したことで、風倒の影響が短期間に抑えられた可能性だ。倒木の上に樹冠が広がり、日光が遮られることで、倒木の乾燥や温度上昇が抑えられる。温度や水分は、菌類の成長や群集構造に強い影響を与えるので、これらが保たれることで菌類群集も風倒の影響をまぬがれ、腐朽への影響もなかったのかもしれない。

となると、森林が崩壊した後に褐色腐朽が多くなるのは、日当たりがよくなって倒木に直射日光が当たることで、倒木が高温になり、乾燥することが原因なのではないだろうか。褐色腐朽菌は、白色腐朽菌よりも高温で成長が速い傾向があり、成長可能な最高温度も高い(8)。また、乾燥を好む傾向もある(9)。枯木をよく乾燥させれば腐らないのは当たり前だが、乾燥することで褐色腐朽菌が優占し、材が褐色腐朽すれば、それがもう一度湿るなどして分解が再開したとしても、リグニンが蓄積しているので、有機物として森林に炭素が貯留されやすくなるかもしれない。しかし、これだけではまだ事例が少なく、一般的なことはいえなそうだ。もっといろいろなタイプの大量枯死で事例研究が必要である。

マツ枯れ

日本でも、風倒だけでなく樹病による大量枯死も起こっている。マツ材線虫病（通称「マツ枯れ」）は、北米から侵入したマツノザイセンチュウという、体長一ミリ程度の線虫（図8-7上）が、日本在来のマツノマダラカミキリによって媒介されることにより発生する。これも、北米のマツやヨーロッパのトウヒの枯死と同様、通導阻害による枯死だ。一九七〇年代から被害が拡大し、全国的には一九七九年あたりにピークを迎えた。その後は減少してきているが、これは関西を中心にマツがほとんど枯れてしまったためだ。四〇～五〇代の方なら、子どもの頃に近所の松林がみるみるうちに枯れていったのを見た記憶がある方も多いと思う。日本に分布するマツはどれもマツ枯れに対する感受性が強く、アカマツやクロマツは分布範囲も広いため、被害の規模も大きくなった（図8-7下）。

僕が博士号を取った直後に変形菌の調査をしたのも、杉浦さんの変形菌と甲虫の研究が行われたのも、アカマツの倒木だ（第2章参照）。アカマツは人里近くの小高い場所に生えていることが多い。全国の〝森林公園〟的な場所には必ず生えていて、たいてい倒木があった。研究費がない貧乏研究者には格好の研

図8-7　マツ枯れを引き起こすマツノザイセンチュウのオス（上左）とメス（上右）（ともに竹本周平博士提供）。体長は0.6～1.0mm。日本には北米から侵入し、在来のマツノマダラカミキリに寄生することにより媒介される。下はマツ枯れで枯死したアカマツ（山形県）。アカマツはマツ枯れに対する感受性が強いため、広い範囲で被害を受けた

究対象である。学会などで遠出するときには、必ず近くの森林公園をチェックしておいてアカマツの倒木を探しにいった。そんなふうにしてコツコツと全国のマツの枯木を訪ね歩いていたが、その後、研究費から旅費を出せるようになったのでたくさんの場所を訪問できるようになり、秋田県から宮崎県まで全国三〇ヶ所で合計二〇〇〇本近いアカマツの倒木の腐朽型を調べることができた。

マツ枯れで枯死したマツは、線虫やそれを媒介するカミキリムシの拡散を妨げるために、短く切って積み上げられ、ビニールで覆って薬剤燻蒸される。すでに燻蒸から時間が経ち、ビニールがぼろぼろになっている場所もあった。そういった、マツ枯れの〝状況証拠〟やマツ枯れの分布、公園の作業記録などさまざまな情報から、マツ枯れで枯れたのか、それとも他の樹木との競争など他の原因で枯れたのかを調査地ごとに推定して、腐朽型との関係を解析してみた。すると、褐色腐朽も白色腐朽もマツ枯れで高頻度になっていた。予想と異なり、「大量枯死が起こったから褐色腐朽が増える」という傾向は見られなかったわけだ。

一方、この全国調査からは新たに面白いことがわかった。南の調査地ほど褐色腐朽の頻度が高かったのだ。やはり、褐色腐朽菌は暑いところで元気なのかもしれない。アカマツの枯木から培養した白色腐朽菌と褐色腐朽菌、それぞれ複数種の菌株を使って、五℃から四〇℃まで八段階の温度で菌糸の成長速度を調べた。すると面白いことに、どちらも成長速度が最大になるのは二五℃前後だったが、二五℃以上の高温条件では、白色腐朽菌に比べ褐色腐朽菌の成長速度が大きく、四〇℃では褐色腐朽菌しか成長できなかった。暑いと褐色腐朽菌が増えて褐色腐朽が起こる、という法則はアカマツでも成り立ちそうだ。野外調査でマツ枯れと褐色腐朽の関係が見られなかったのは、アカマツが純林を形成していることが少なく、他の広葉樹と混ざって生えていることが多いため、アカマツが枯死しても森がなくなることはなく、枯木が直射日光に晒されることがなかったことが理由かもしれない。北八ヶ岳でトウヒの倒木の腐朽型が風倒被害の有無で違わなかったのと同じ理屈だ。他の樹種ではどうだろう?

ナラ枯れ

日本で全国的な樹木の大量枯死を起こしている、マツ枯れと並ぶ樹病は、ブナ科樹木萎凋病(通称「ナラ枯れ」)だ。コナラやミズナラといったコナラ属の樹木が次々と枯死している。こちらは外国からの移入種ではなく、日本の在来のキクイムシとその共生菌による枯死が、樹木の大径木化や温暖化などの要因により広がったものだと考えられている。この章のはじめに紹介した北米のマツの大量枯死と同じパターンだと思う。

コナラは古くからシイタケ栽培のホダ木に使われたり、薪にされたりと、人間の生活に深く関わる樹種だった。根元から切り倒して丸太を収穫しても、切り株から新しい幹が何本も再生して育つので、一〇年くらい経つとまた丸太が収穫できる。このようにして何十年も繰り返し収穫されたコナラは、非常に太い根株から何本もの幹が立ち上がった特徴的な形になり、〝あがりこ〟と呼ばれる(図8-8)。あがりこが見られる林は、かつて〝薪炭林〟として使われていた。昭和三〇年代の高度経済成長期に、

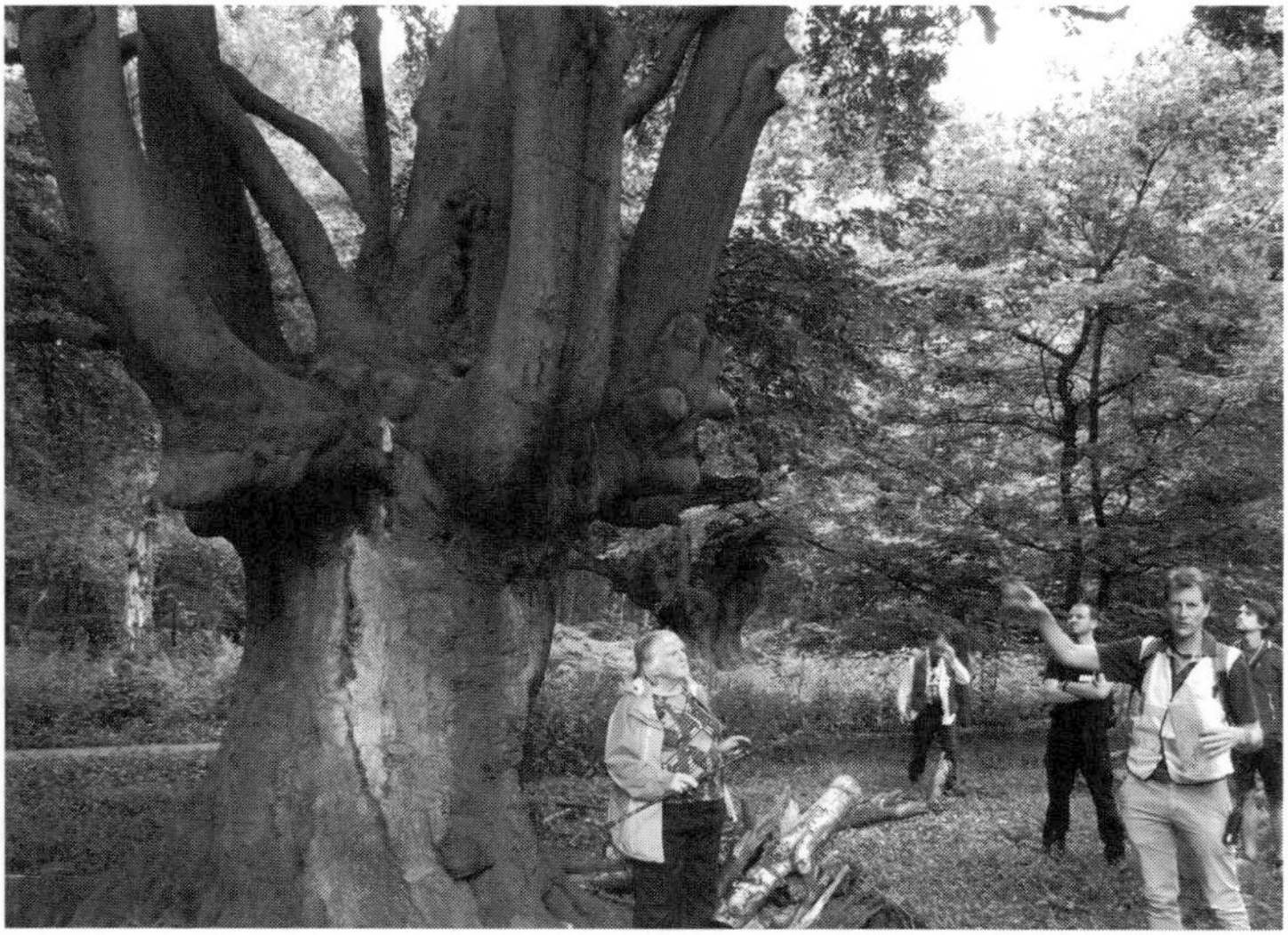

図 8-8　萌芽再生による「あがりこ」樹形のブナ。イギリスでは、葉を食べるヒツジが届かない高さで萌芽再生させるため、日本よりも切る位置が高い

家庭で使われる燃料は薪炭から石油や天然ガスなどの化石燃料に大きく転換し、薪炭林は使われなくなった。幹を収穫されなくなったコナラは、そのまま成長を続けて大径木となる。ナラ枯れを媒介するキクイムシは大径木を好んで穿孔するので、このこともナラ枯れの拡大の一因だと考えられている。

ナラ枯れを媒介するキクイムシは、カシノナガキクイムシという細長いキクイムシである（図 8-9）。このキクイムシは、これまでに登場したアメリカマツノキクイムシやタイイリクヤツバキクイムシのような、樹皮下を食害する〝樹皮下キクイムシ〟とは異なり、辺材の奥深くまで穿孔する。さらに、幼虫の餌となる菌を入れる専用のポケット（菌嚢）を体に持っていて、メス成虫はこれをトンネルの壁に植えつけていく。この点はアメリカマツノキクイムシと似ているが、ポケットのある場所は上顎ではなく、胸部の背中側（前胸背板と呼ばれる部分）だ。植えつけられた菌は、トンネルの壁にペースト状に繁殖し、卵から孵化した幼虫はこれを食べて成長する。

このペーストを一八三六年に発見した研究者は〝アンブロシア（ギリシャ神話に登場する、不老不死の神の食べ物）〟と呼んだ。[10] 当時はこれが菌であることもわかっていなかった。材のトンネルの中に勝手に湧いてくるように見える不思議な食べ物を発見した研究者の驚きが伝わってくる。現在では、このペーストを作る菌にはいくつかの種が知られ、まとめてアンブロシア菌と呼ばれている。また、アンブロシア菌との共生関係を作り上げているキクイムシのグループのことを〝アンブロシアキクイムシ〟と呼ぶ。カシノナガキクイムシはこのグループに含まれる。

図8-9　カシノナガキクイムシのメス成虫（上）。胸部背中側の菌嚢（下）に幼虫の餌となる菌を入れ、穿孔したトンネルの壁に植えつけていく。体長は約5mm（ともに升屋勇人博士提供）

カシノナガキクイムシは、幼虫の餌となるアンブロシア菌だけでなく、いくつかの菌を持ち運んでいるらしい。その中の一種が、樹木を枯死させる*Raffaelea quercivora*（通称「ナラ菌」）だ。ナラ菌も、これまで紹介した例と同様、樹木に通導阻害を起こして枯死させる。日本におけるナラ枯れ被害は、二〇一〇年にピークを迎え、その後減少傾向にあったが、二〇二〇年から再び増加の兆しが見られる。これまで被害が比較的少なかった東北地方などへの拡大も顕著だ。まさに今現在進行中の大量枯死である。こういった生態系の大規模な改変に巡り会う機会はあまりない。この機会に、ナラ枯れが枯木の分解にどのような影響を与えるか、野外での実験をしてみることにした。

日本全国で、ナラ枯れが起こっている森林四ヶ所と、ナラ枯れが起こっていない森林三ヶ所を選んだ。それぞれの森林でコナラを切り倒して一メートルの丸太にし、地面に転がしておいて、定期的にサンプリングすることで、丸太の中に定着している菌類群集と丸太の分解をモニタリングしようという計画だ。ナラ枯れが起こっている場所では、ナラ枯れで枯れた直後のコナラと、枯死していない健全なコナラをそれぞれ丸太にし、調査地の中でもナラ枯れとそうでない丸太を比較できるようにした。

コナラの木を何本も切り倒し、直径三〇センチにもなる丸太をたくさん林内に置いて長期間モニタリングする大規模な実験なので、管理のしっかりしている場所でやる必要がある。全国の大学演習林や国立の試験地にお願いしてまわった。幸運なことに、すべての試験地で、そこを管理する研究者の方に定期的なサンプリングもお願いすることができた。

プロジェクトは現在進行中である。データはまだまとめきれていないが、これまでにわかったことを紹介しよう。まず、分解が始まる一番最初、コナラを切り倒したときの菌類群集を、ナラ枯れが起こっている調査地四ヶ所と起こっていない調査地三ヶ所で比較してみた。対象としたのは、生きているうちに切り倒された〝健全丸太〟である。これは七ヶ所の調査地すべてにある。ナラ枯れで枯死した〝ナラ枯れ丸太〟は四ヶ所の調査地にしかないので比較することができない。

生きている木の中にも、私たち人間の皮膚にいる〝常在菌〟のように菌類が存在することは、第3章で書いた通りだ。そこで紹介したのは葉の内生菌だが、幹の中にはまた別の内生菌がいる。その中には、白色腐朽菌や褐色腐朽菌のような強力な木材腐朽菌もいるのだ。電気ドリルで採取した材サンプルから、DNAメタバーコーディングで菌類をリストアップすると、ナラ枯れが起こっている調査地と、ナラ枯れが起こっていない調査地で、菌類群集がまったく違うことがわかった。特に、褐色腐朽菌の種数（正確にはOTU数、第6章参照）が、ナラ枯れが起こっている調査地で多いことがわかった。

コナラやミズナラは純林になることがほとんどない。他の広葉樹や針葉樹と混ざって生えているので、コナラやミズナラが枯死しても森自体がなくなるわけではない。その点で、先に紹介した北米のマツやヨーロッパのドイツトウヒよりも、マツ枯れに状況は似ているので、なぜ褐色腐朽菌の種数がナラ枯れの起こっている調査地で多くなったのか、その理由はよくわからない。ただ、丸太の分解に伴い菌類群集は移り変わっていくはずなので、ナラ枯れが枯木の菌類群集の発達と材分解にどう影響するかは、モニタリングを続ける中で今後わかってくるだろう。

森林火災——木炭化が与える影響

第7章の冒頭やこの章のはじめで紹介したように、地球温暖化の影響で大規模な森林火災も世界各地で増えている。これも、〝樹木の大量枯死現象〟といえるだろう。炭化した木は腐りにくい。また、燃え残った木には、特徴的な菌類群集が発達する。さらに、多孔質な炭は、養分を吸着したり微生物の住処になったりして、生態系の中で独特な役割を果たしているようだ。

枯木は、燃えることによりどのように変化するのだろう？ 実験的に木材を加熱していくと、一二〇℃から一四〇℃で重量減少し始め、二〇〇℃から三〇〇℃でセルロースが分解、三五〇℃から四五〇℃でリグニンが分解し、木炭化していく。つまり、これ以上の温度で燃えた木材は、もはやもとの木材の成分であるセルロースやリグニンを含んでいない。木材腐朽菌が枯木を分解するのは、セルロースやリグニンを分解して糖を食べたいからだ。木炭になってしまっては、分解する理由がない。だから、木炭は森の中に放置されても分解されない。キャンプ場などで炭をそこらに放置しないように言われるのもそのためだ。

逆に、家などを建てる際に木材の表面を火で炙《あぶ》って焦がしておくと、防腐剤などを使わなくてもある程度腐りにくくすることができる。僕の家の外壁も、炙ったスギ板を使っている。黒々としてなかなかカッコイイ（図8-10）。森林火災があると、大量の木炭ができ、それらは分解されずに長期間残ることになる。縄文時代の遺跡や奈良時代の工房跡から完全な形の炭が発見されたり、地層に太古の森林火災の跡が黒い層として残っていたりする。

長期間残る木炭は、森林の回復にも大きく影響することがわかってきている。その効果は主に木炭の吸着力によるところが大きい。木炭になっても、もとの枯木の細胞構造は保存されていて、細胞だったところは無数の孔として残っている。つまり、木炭は多孔質なのだ。多孔質ということは、〝表面積が大きい〟ということになる。一グラムの木炭の表面積を計算してみると、テニスコート七面分に相当するそうだ。無数の孔によって作られた、この巨大な〝表面〟に木炭はさまざまな物質を吸着する。土壌から雨水によって流出しやすい窒素やリンといった養分を吸着して土壌中に保持する効果がある。木炭に保持された養分は、菌根菌によって吸収され、樹木の成長を促進する（『炭と菌根でよみがえる松』[11]）。

図 8-10　焼杉板を使った外壁。木炭は腐朽菌に分解されないため壁が腐りにくく、見栄えも良い

森には直径の大きい木も生えているので、森林火災が起こったとしてもすべての枯木が燃えてしまうわけではない。枯木は、内部の無数の細胞が空気を含んでいるため、熱伝導率がとても低く、表面が燃えていても内部の温度は上がらず燃え残ることが多い。とはいえ、葉や幹表面に近い形成層などの生きている部分は燃えてしまっているので、枯木には違いない。表面が焦げていて分解しにくいと

はいっても、内部にはセルロースが残っているのだから、いずれは木材腐朽菌が定着し、分解するだろう。

ただ、焼け跡というのはかなり特殊な環境である。森林土壌や枯木は普通酸性になるが、木炭はアルカリ性を帯びる。燃焼が進んで灰になると、アルカリ性はさらに強まる。これは、燃焼によって炭素が飛んでいく一方でミネラル分は灰の中に残るためだ。酸性の強い畑の土壌改良剤として灰が使われるのもそのためである。また、内部にセルロースがあるとはいえ、表面は分解できない木炭で覆われている。このような森林火災後の枯木は、どんな腐朽菌が分解するのだろうか。

火入れで生態系はどう変わるのか

大規模な森林火災を予防するために、定期的に火入れを行う管理がなされることは、この章のはじめに書いた。また、次章で述べるように、北欧では、長い林業の歴史の中で生態系から失われてしまった枯木を、人の手で再び作り出す一つの手段として、森林に火入れをすることがある。このような火入れ跡地の生物多様性を調べる研究が近年多く行われて、木材腐朽菌についても調べられている。フィンランドやスウェーデンの研究例を紹介しよう。

ロシアとの国境に近い、フィンランド東部の北方林。ヨーロッパアカマツとドイツトウヒが優占する森林で、二〇〇一年に火入れが行われ、その後一〇年にわたり木材腐朽菌類が調べられている。[12]調査対象とされたのは、木材腐朽菌の中でも硬いキノコを作るサルノコシカケの仲間だ。比較対象とした火入れをしていない森林と比較すると、記録された七八種のうち一四種の菌類が火入れした森林を特に好むことがわかった。面白いのは、この一四種のうち半数以上の八種が褐色腐朽菌だったことだ。

スウェーデン北部、ウメオ近郊のヨーロッパアカマツとドイツトウヒが優占する森林では、二〇〇一年に火入れがなされる前後で、枯木に生えたサルノコシカケの種類を比較した。火入れした森林では、白色腐朽菌の割合が六〇％から四〇％まで減少したのに対して、褐色腐朽菌の割合は二〇％前後で変化しなかった。[13]菌類の種類だけでなく、枯木の腐朽型の調査も必要だが、森林火災で燃え残った枯木は、火災が起こっていない森林に比べ褐色腐朽しやすくなるのかもしれない。

森林火災が起こると二酸化炭素が放出される。しかし、木炭は分解しにくく、炭素として長期間森林土壌に貯留され、樹木の生育を促すことで二酸化炭素の吸収を促進する働きもあるだろう。さらに、燃え残った枯木が褐色腐朽しやすい傾向にあるとすれば、それも有機物の蓄積に貢献する可能性がある。森林火災はダイナミックなイベントだけに、感情的に受け止められがちだが、将来の気候変動や生物多様性にどのような影響を与えるのか、慎重に評価していく必要がありそうだ。[14]

フィールドノートから

二〇〇二年の夏、アメリカ西部、カリフォルニア州のヨセミテ国立公園にクライミングに行った。氷河が削った高さ一〇〇〇メートルを超える垂壁を登る経験はもちろん素晴らしいものだったが、赤い樹皮をしたマツの巨木がそびえ立つ光景も、カリフォルニアの乾燥した空気とともに強く印象に残っている。メモによれば、まさに第8章で大量枯死の例として紹介したポンデローサマツだ。ヨセミテ国立公園では、二〇〇〇年代になってからも干ばつとキクイムシによる樹木の大量枯死をたびたび経験しているらしい。あのマツの巨木たちは今どうなっているだろうか？

外国産のマツは日本国内でも各地に植栽されているので、変わった形の松ぼっくりを拾うこともある。信州大学農学部のユリノキ並木でストローブマツらしき長い松ぼっくりを拾った。こいつも故郷のアメリカではキクイムシで大量枯死しているが、同じくアメリカからきたマツノザイセンチュウが日本で引き起こしている「マツ枯れ」には耐性が高いらしい。よく考えたら、「ユリノキ並木」のユリノキもアメリカ原産だ。人間の移動に伴う外国からの病害虫の移入は、世界中で樹木の大量枯死を引き起こしている。世界の航空機や船舶の経路を記入した世界地図に、病害虫による樹木の大量枯死の発生地点をプロットしてみると、人間の移動の中心になっているアメリカ、ヨーロッパ、そして日本周辺で大量枯死が頻発していることがわかる。世界三大樹病といわれるオランダニレ病、五葉松類発疹サビ病、クリ胴枯れ病はいずれもアジアでは大人しい菌が欧米に渡って引き起こしたものだ。

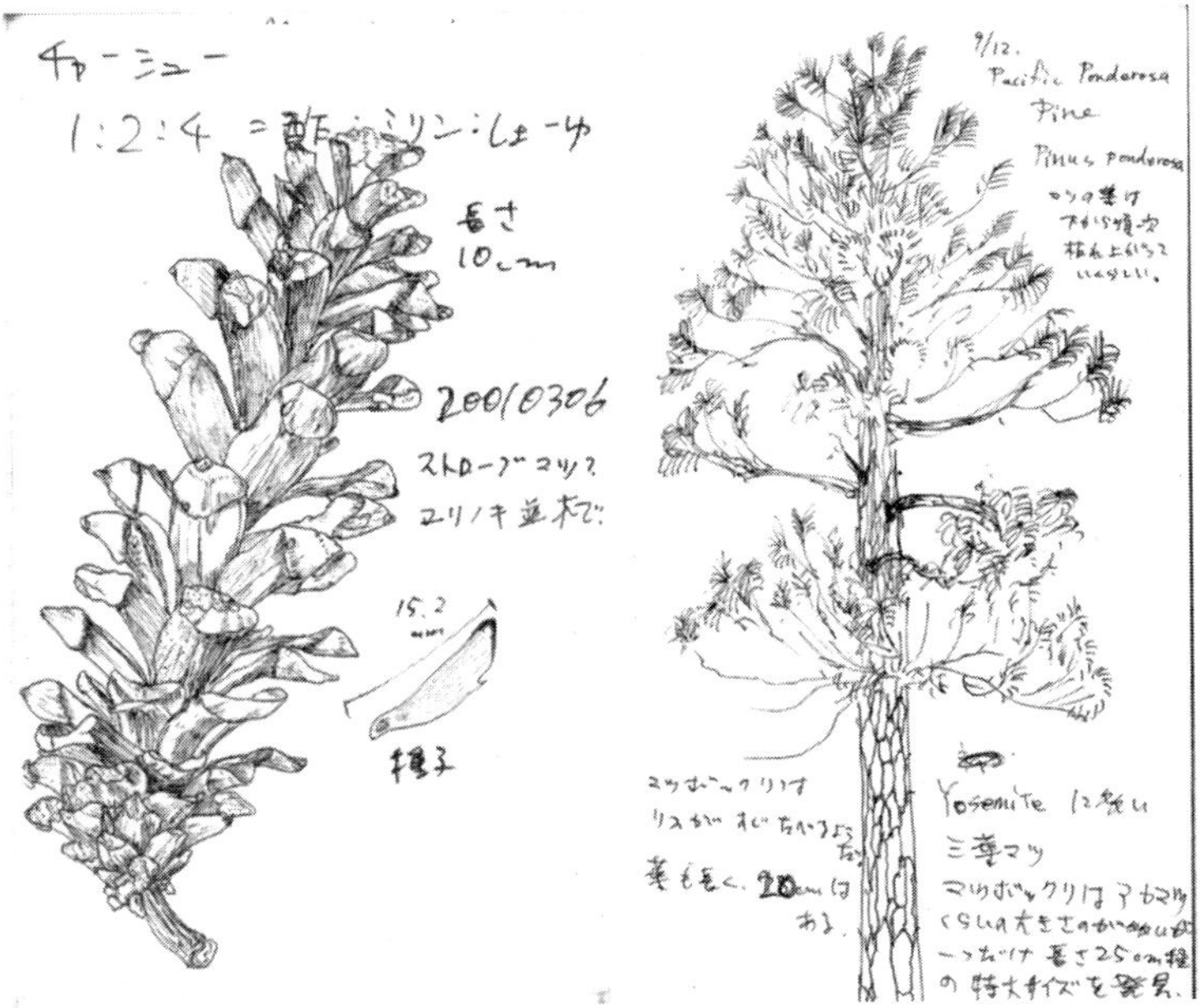

左：ストローブマツの松笠。なぜかチャーシューのレシピが……
右：大量枯死の例として紹介したポンデローサマツ

第９章　枯木が消える——喪失を取り戻せるか

エルトンと枯木

食物連鎖やニッチといった生態学の重要な概念を世に定着させ、博物学から生態学が立ち上がるときに重要な役割を果たした、イギリスのチャールズ・S・エルトン。オックスフォード近郊のワイタムの森で、生物同士の相互作用についてつぶさな観察を行ったエルトンは、その成果を『動物群集の様式』[1]という分厚い本にまとめた。この本の中でエルトンは、枯木の生物群集や菌類について二章分を割いて解説している。その冒頭に、枯木の重要性が簡潔に書かれているので、ここに引用しておこう。

現代林業の悪習に由来するかなり退屈で整然とした森林——たとえば、ハンプシャー州にあるニュー＝フォレストのよく管理された林地の中を歩きまわっていると、枯れかけの木や枯れた木が自然林にいる動物にとって、二つないし三つある最大級の資源の一つになっており、もし地上に落下した材やいくぶんか腐朽した樹木が取り除かれたなら、おそらくそこの動物相の五分の一以上の種が消え去り、森林系全体がはなはだしく不毛化してしまうなどとは、とうてい信じがたいかもしれない。

エルトンはワイタムの森の動物目録の作成を進める中で、枯木に住む四五六種もの動物を記録した。時代をくだり、世界自然保護基金（ＷＷＦ）の二〇〇四年の報告書でも、ヨーロッパの森林に生息する生物種のじつに三分の一は枯木に依存していると書かれている（＊1）。

エルトンが通ったワイタムの森には、僕も一度行ったことがある。ロンドンでＩＮＴＥＣＯＬという生態学の国際学会があった際に、学会関連のツアーの訪問場所の一つがワイタムの森だった。エルトン好きの一人としてこのツアーは外せない。実際に訪問したワイタムの森は、茅葺《かやぶ》き屋根の民家群に隣接する〝里山〟だった（景観として保存されているらしい。京都府美山町の「かやぶきの里」のような感じ）。イギリスにも茅葺き屋根の家があることに驚いたが、一〇〇年ほど前までの田舎ではこれが主流だったらしい。イギリスとの意外な共通点を見つけて嬉しくなった。また、このような身近な環境で生態学の重要な歴史が作られたことに感慨を覚えた。

エルトンでなくとも、生き物好き、特に虫好きの人にとって枯木は近しい存在だろう。ひっくり返し

＊1……〝Deadwood - living forests〟
ＷＷＦ
https://wwfeu.awsassets.panda.org/downloads/deadwoodwithnotes.pdf

▼サンショウウオ（北米）

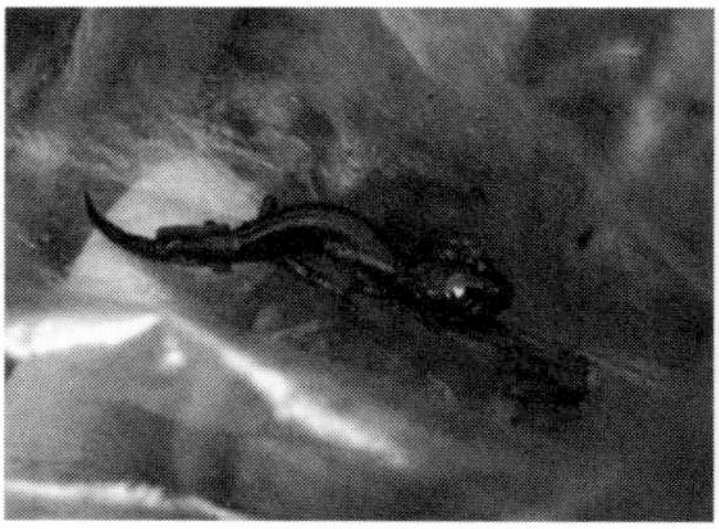

▼マムシ（日本）

▼ナメクジ（イギリス）

▼ナメクジ（ノルウェー）

図9-1　倒木の下に見られる生き物。その顔ぶれは地域によって異なる

て枯木の下を見れば、必ず何かいる。アリやシロアリの大群に驚くこともあれば、巨大なムカデがトグロを巻いていることもある。僕はいろいろな国で枯木の調査をするとき、必ず倒木をひっくり返してその下を覗いてみることにしている。みられる生き物が地域ごとに違っていて面白いのだ（図9-1、口絵㉔）。

アメリカ、アパラチア山脈のグレート・スモーキー山脈国立公園では、霧にそぼった森の中で、倒木の下に可愛いサンショウウオを何匹も見つけた。イギリスやヨーロッパでは、オレンジ色や真っ黒の巨大なナメクジが居座っていることが常だった。枯木の表面や内部にも、植物や変形菌、キノコや昆虫などたくさんの種類の生物が住んでいることは、この本の第1部でも紹介してきた通りだ。「枯木」がなくなれば、たくさんの生き物が住処や食べ物を失うことは容易に想像できる。

枯木ロスによる生物の絶滅

森林が切り開かれ農地になっていった古い時代から、枯木に依存する生物の絶滅は始まった。農耕の歴史が古いヨーロッパでは、今から約三〇〇〇年前の青銅器時代後期にはすでに、耕作可能な平地から森林が消失している。準化石（化石になりきっていない生物遺体）の昆虫についての研究が多く行われているイギリスでは、五〇〇〇年前から三〇〇〇年前までの青銅器時代の終わり以降、枯木に依存した甲虫の準化石が見られなくなるそうだ。たしかにイギリスではどこまでも広がる草地が印象的である。イギリスのウェールズに住んでいたとき、急峻な山々で知られるスノードニア国立公園ですら、山の麓から頂上まで高木がまったく生えていない草地になっていて、羊がいることに驚いた記憶がある（図9-2）。

森が残っていても、管理された森、特に木材の生産を目的とした人工林では、木材は収穫されて持ち出されるため、森の中には枯木が残らない（もちろん不要な枝葉は残されるが）。巨大な枯木の存在は、森の自然度の指標でもある。また、人工林は〝売れる木〟の純林として仕立てられている場合が多い。幹が真っ直ぐに育ち木材として使いやすい樹種ばかりが植えられ、大きくなれば伐採されて収穫される

図 9-2　イギリス、ウェールズ北部に広がるスノードニア国立公園。花粉分析によれば、ここも青銅器時代以前は森林に覆われていたが、今は山頂まで草地になっている

ため、さまざまな樹種の枯木は見られなくなる。

林業活動によって、森の中に多様な樹種の枯木、特に直径の大きな枯木がまったくない状態が長期間続くと、そういった枯木に依存している生物は絶滅してしまう。小枝や葉がたくさん落ちていても、直径の大きいよく腐った枯木や、樹洞のある太い木にしか住めないという生物は多い。その結果、枯木に依存する生物は、現在では農耕に不適で林業も盛んでない山岳地帯の天然林に点々と分布することになる。近代的な林業が比較的早くから活発に行われてきた北欧では、枯木に依存する菌類や昆虫の多くが絶滅危惧種としてレッドリストに掲載されている。一方で、フィンランドとロシアの国境に広がるカレリア地方のように、あまり林業が盛んでない地域では、枯木に依存する希少な昆虫が現在でも豊富に存在する（『枯死木の中の生物多様性』[2]）。

絶滅の負債

注意すべきなのは、枯木の不在による生物相への影響が現れてくるには、時間がかかるということだ。極端なことを言えば、枯木の豊富な天然林だったところを切り開いて、日本であればスギなどを植えて人工林にしても、枯木に依存する生物のすべてがすぐに絶滅するわけではない。絶滅は時間の遅れを伴って起こる。林業の歴史が浅い北米では、人工林と天然林の間で枯木に依存する甲虫の種数に顕著な違いはまだ現れてきていないそうだ。ただ、枯木がない状況が長期間続けば、枯木に依存している種は遅かれ早かれ、絶滅する。このように、好適な生息場所（この場合は枯木）が将来においてこれ以上減少しないとしても、すでに引き起こされた環境の変化によって個体群が徐々に絶滅へと向かっており、生物種の絶滅が遅れて生じる現象のことを、生態学の用語で「絶滅の負債（extinction debt）」と呼ぶ[3]。絶滅への途上にある生物は、現在の生息地の状態ではなく過去の生息地の状態に依存していると考えられる。

いったいどのくらいの数の生物種が絶滅に向かっているのか。この手の予測は常に難しく、「絶滅の負債」を過度に強調することに対する批判はある。例えば、どの程度の面積の生息地（枯木の場合は「体

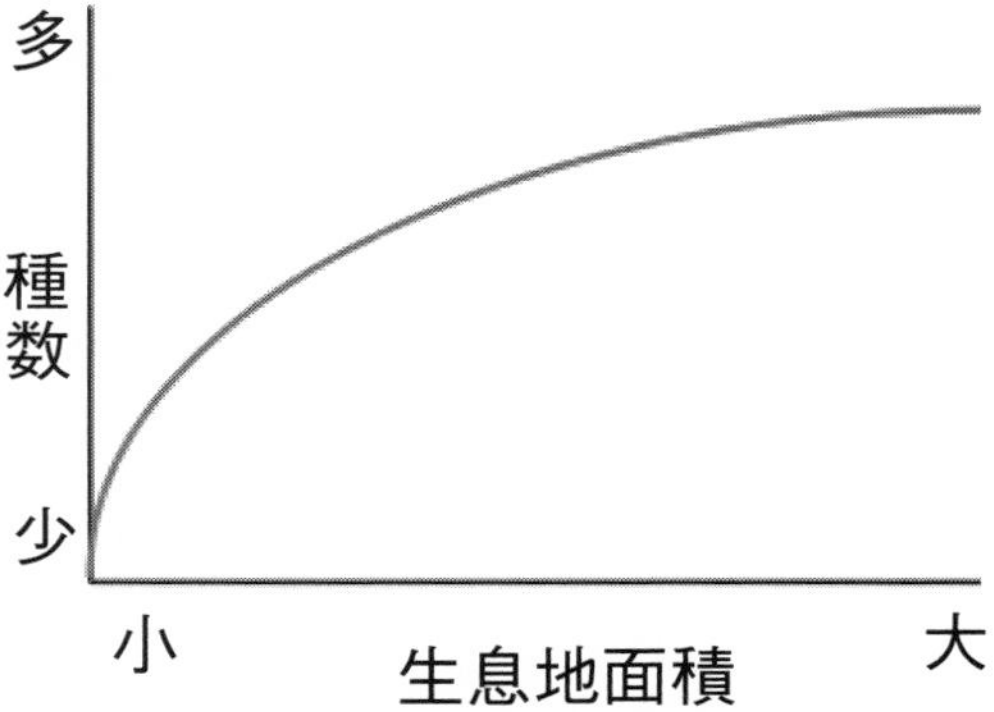

図9-3　生物の種数と生息地面積の関係を表した「種数－面積曲線」。生息地面積が大きくなると、そこで観察される生物の種数は増加するが、次第に増加はゆるやかになる

積」でもよい）が失われるとどのくらいの種が絶滅するかを予測するためには、実際の調査データから作られた「種数―面積曲線」が使われる（図9-3）。これは、広い面積の調査地で例えば樹種の分布を記録したデータなどから、調査面積とその中に記録された種数の関係を図にしたものだ。調査面積が小さいうちは、面積が少し増えるだけで記録される種数は大きく増加するが、面積が増えていくに従い、次第に頭打ちになっていく。これを、大きい面積のときから小さい面積のときへと逆にたどっていけば、生息地の面積が減少していったときに、そこに生息可能な種数（逆にいえばそれまでに絶滅するであろう種数）を推定できると考えてもおかしくないだろう。

絶滅速度の推定

ところが二〇一一年に、熱帯雨林の広い面積で生物の分布を調べていた中国とアメリカの研究者が、この推定

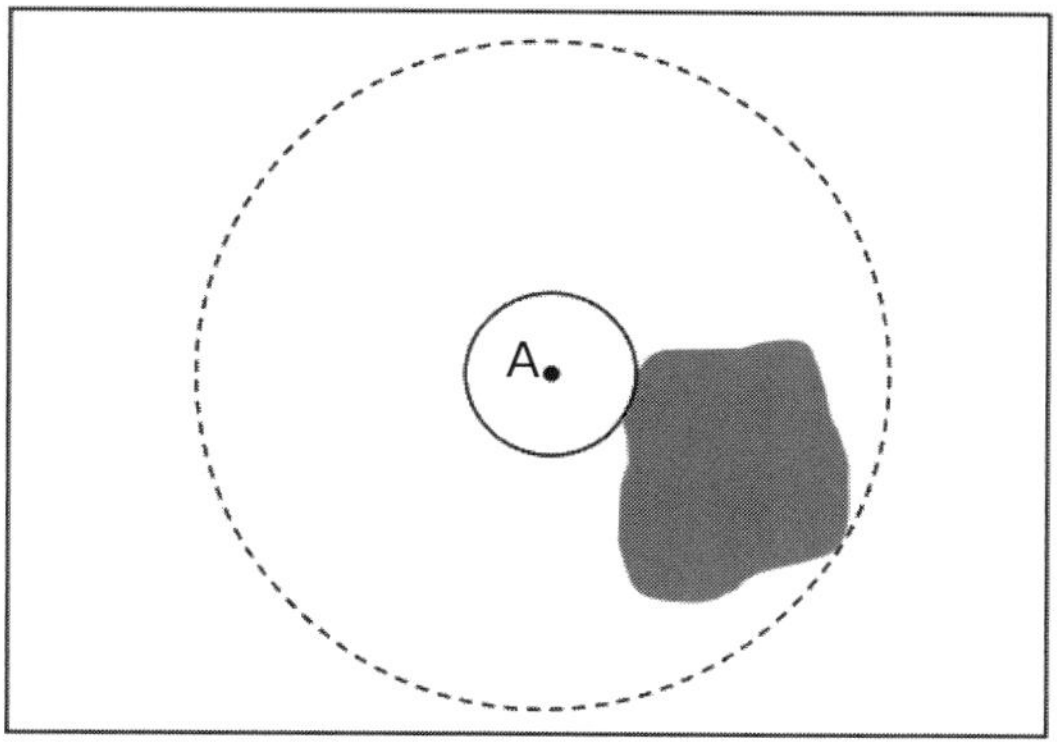

図 9-4　種数ー面積曲線による絶滅種数の推定方法が、実際の生息状況とは異なることを示す図。四角い生息地の中の灰色のエリアにある生物が生息している場合、A の場所から調査面積を同心円状に広げていくと、実線の円のところまで調査面積が広がったときに初めてこの生物が記録される（種数ー面積曲線で種数が 1 つ増える）。ところが、同じように A の場所から生息地を同心円状に消していくと、この生物が絶滅するのは点線の円のところまで生息地を消したときになる。この、「生物が最初に記録される面積」と「絶滅する面積」の違いにより、種を記録していくときの曲線と種が絶滅していくときの曲線にズレが生じる。つまり、図 9-3 の曲線を右から左にたどっただけでは、生息地面積の消失に伴う正確な絶滅種数は予測できない

方法では絶滅が過大評価になるという論文を発表した[4]。考え方としては、図9-4のような四角い生息地の中の灰色のエリアに、ある生物が生息していたとする。今、Aの場所から調査面積を同心円状に広げていくと、実線の円のところまで調査面積が広がったときに初めてこの生物が記録される。ところが、今度は同じようにAの場所から生息地を同心円状に消していくと、この生物が絶滅するのは点線の円のところまで生息地を消したときだ。この、「生物が最初に記録される面積」と「絶滅する面積」の違いにより、種を記録していくときの曲線と種が絶滅していくときの曲線にズレが生じる。調査地の中の生物が完全にランダムに、一個

体ずつ無関係に分布している場合は「種数―面積曲線」を逆にたどれば「絶滅曲線」を導くことができるが、そんな状況は自然ではありえない。同じ種の生物は集団でかたまって分布していることもある。そのような場合、種の絶滅速度は「種数―面積曲線」を単純に逆にたどったときに推定されるよりも遅くなる。論文によれば一六〇％以上も違う場合もあったそうだ。

このような、絶滅速度推定の精度に関する議論はあるが、生息地（枯木）がなくなればそれに依存する生物がダメージを受けることは確実だ。二〇一〇年のヨーロッパ版レッドリストによれば、枯木に依存している甲虫類四三六種のうち一一％にあたる四六種が絶滅危惧種として掲載されている。[5] 特に北欧スカンジナビア半島の国々で枯木と生物多様性の研究が多い。ノルウェーやスウェーデン、フィンランドといった北の国では、森林の高木層もごく限られた樹種からなる。針葉樹ではドイツトウヒやヨーロッパアカマツ、広葉樹ではヨーロッパダケカンバやヨーロッパヤマナラシ、ヨーロッパナラなどが森林の主要な樹種である。もともと樹種の多様性が低い上に、林業の対象となるドイツトウヒは純林が広い面積で管理されている。

絶滅危惧種

枯木に依存する昆虫の種組成と樹種の関係をノルウェーで二〇年もかけて調べたデータによれば、絶滅危惧種はほとんどがヨーロッパナラと強く関係していた。[6] 日本の里山で細いコナラの木を見慣れているとちょっと想像しにくいが、ヨーロッパナラの木は人里でも家畜の放牧地で日陰を作る木などとして非常に古い大木が保存されていることが多い。そういった古木には大きな樹洞があり、枯木に依存する昆虫の重要な住処となっている。

有名なのはオウシュウオオチャイロハナムグリで、樹洞の中に溜まった腐葉土で幼虫が育つ。オス成虫はアンズのような甘い芳香をもつらしい。この香りはデカラクトンという化合物によるもので、メスに対して誘引フェロモンとして作用するそうだ。日本にも同属のオオチャイロハナムグリが分布しており、やはり珍種として知られている。いつかこのハナムグリの匂いを嗅いでみたいものだ。オウシュウオオチャイロハナムグリのような、象徴的な生物種が生育できる環境を保全することは、似た生育環境を利用している他の生物を保全することにもつながる。

枯木に住む菌類についても、同じことがいえる。フィンランドで、ヨーロッパダケカンバやヨーロッパヤマナラシといった広葉樹と、ドイツトウヒやヨーロッパアカマツといった針葉樹の倒木に生える菌類（キノコ）を調べた論文では、菌類の種組成は広葉樹と針葉樹で大きく違っていた(7)。枯木の樹種によってそこに住む菌類の種はかなり違うので、人工林になって針葉樹の単一の樹種だけになると、針葉樹の枯木に住む種類しかいなくなってしまう。さらに、林業などの森林管理によって直径の大きな枯木が森からなくなると、そこに依存している菌類が住めなくなる。

菌類は微小な胞子で風に乗ってどこまでも飛んでいけるので、〝どこにでもいる〟と思われがちだが、実際には大部分の胞子はキノコのすぐ近くに落ちてしまう。フィンランドで、フレビア・セントリフー

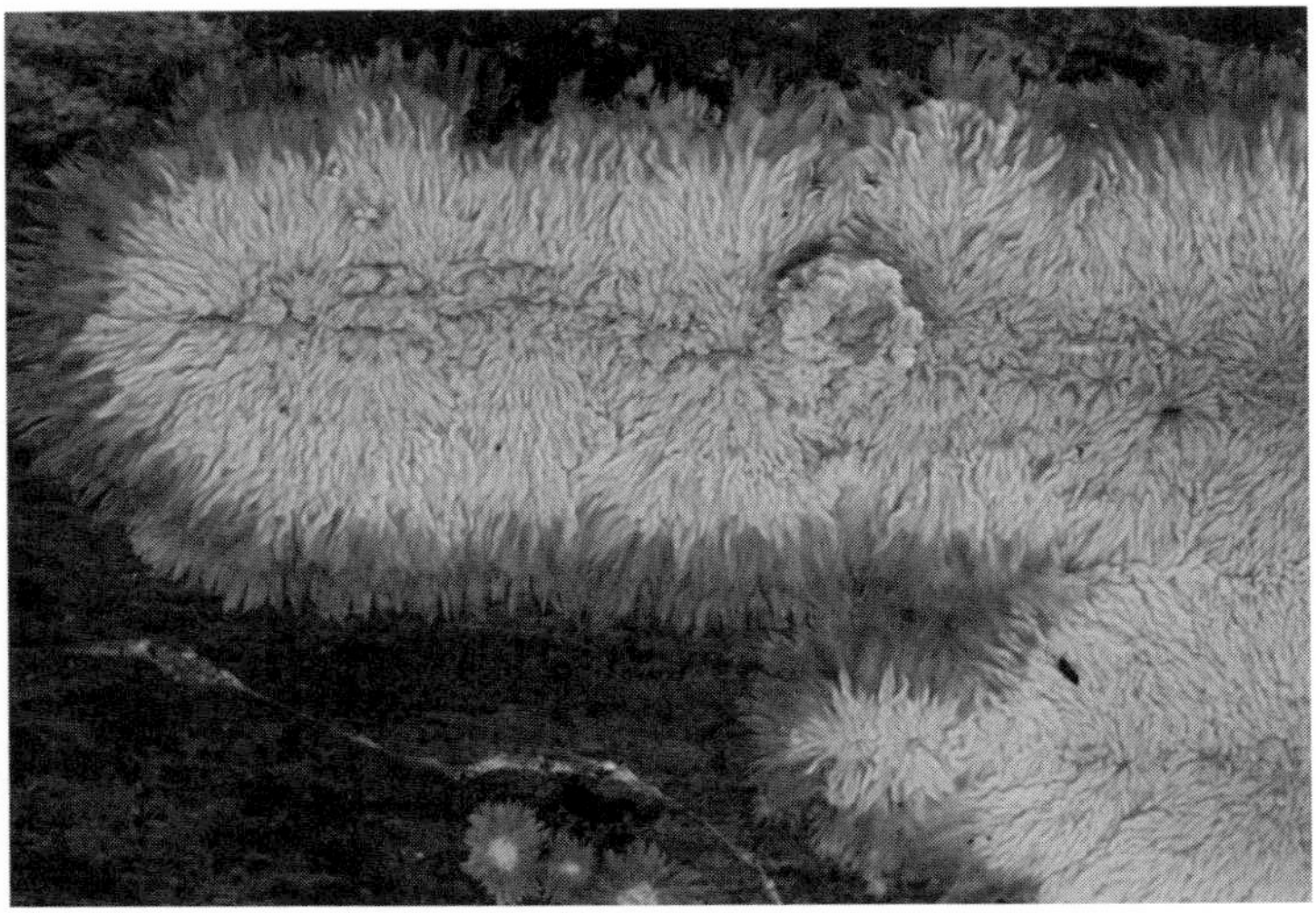

図9-5　直径の大きなドイツトウヒの枯木に依存するフレビア・セントリフーガ（*Phlebia centrifuga*）のキノコ（ルツィエ・ジーバロヴァー氏提供）。胞子の大部分はキノコから10～20m以内に落ちるため、森林の分断化により絶滅の危機に瀕している。

ガ（*Phlebia centrifuga*）という、直径の大きなドイツトウヒの枯木に依存している菌種の胞子の散布距離を調べた研究によれば、大部分の胞子はキノコから一〇～二〇メートル以内に落ちる[8]。風に乗って遠くまで飛ぶ場合もあるが、日光が当たると胞子の生存率は急速に低下するので、遠くまで飛んでいった先で胞子が生きている確率はかなり低いだろう[9]。菌類はどこにでもいるが、特定の菌種が持続的に生存できるのは、生息場所があるところに限られる。

フレビア・セントリフーガは、直径の大きな枯木が豊富に存在する自然度の高い森林にしか生息できない（図9-5、口絵㉕）。スカンジナビア半島では自然度の高い森林の消失や分断によって激減しており、フィンランド、スウェーデン、ノルウェーでは準絶滅危惧種に指定されている。

日本の絶滅が危惧される菌類

日本でも、戦後の拡大造林政策で全国的にスギやヒノキなどの針葉樹が植えられ、今では全国の森林面積の約四割が人工林である。近畿以南の県では人工林率が六割を超える県も多い。人工林化に伴って絶滅に瀕した菌類も多いと想像できる。環境省のレッドリストから、枯木に依存する菌類をピックアップしてみよう。例えば、国際自然保護連合（ＩＵＣＮ）の基準で、絶滅の可能性が高いカテゴリーである絶滅危惧ＩＡ類（絶滅の危機に瀕している）に指定されているオオメシマコブ（仮称）は、発見から八〇年以上にわたって、高知県の横倉山に生えるヨコグラノキ（クロウメモドキ科）からしか見つかっていない。[10] ヨコグラノキ自体も、多くの県で絶滅危惧種に指定されている希少な樹種だ。同じく絶滅危惧ＩＡ類に指定されているカンバタケモドキは、北海道の高原地域数ヶ所のヤナギ科樹木の生木や枯木からしか見つかっていない。ニセカンバタケは熱帯のキノコで、広葉樹やヤシ類に生えるらしいが、日本国内では一九四七年に宮崎県で一度採集されたきりで、絶滅したと考えられている。

メシマコブは健康食品として有名で、韓国や中国では栽培されているが、自然条件ではクワやヤマグワ（クワ科）の老木に発生する。日本では自然条件での発生は極めて稀で、絶滅危惧II類（絶滅の危機が増大している）に指定されている。クワの老木の減少や乱獲が原因だと考えられている。同じく絶滅危惧II類に指定されているアラゲカワウソタケやナンバンオオカワウソタケは、日本では数ヶ所の暖温帯・亜熱帯の老齢林で広葉樹の枯木からしか見つかっていない。暖温帯林の伐採・開発により生育地が減少したことが、これらの菌種が絶滅に瀕している原因だと考えられている。

準絶滅危惧種（現時点では絶滅危険度は小さいが、生息条件の変化によっては「絶滅危惧」に移行する可能性がある）にも枯木に依存する菌種がある。クロムラサキハナビラタケは、冷涼な地域の広葉樹の枯木や、冷温帯の老齢な渓畔林からしか見つかっていない。チョレイマイタケは、冷涼な地域の広葉樹の枯木や、枯木につながった菌核から発生する。もともと稀な菌種だが食用・薬用として乱獲され、減少しているらしい。シイノトモシビタケは、光るキノコとして毎年ニュースになるので珍しくない種かと思いきや、暖温帯林のシイ類（ブナ科）の古木や腐朽材にしか生えない。老齢の照葉樹林が伐採されて減少すれば絶滅危惧に移行する可能性もあるそうだ。

以上を見ればわかる通り、日本で枯木に依存する菌種のうちレッドリストに載っているものは、すべて広葉樹の老齢林、古木、枯木に発生するものばかりだ。開発や針葉樹の植栽によって広葉樹の老齢林が減少したことが、これらの菌種の減少を招いた一因であることは確実だろう。他にもまだたくさんの種類の生物が、人知れず絶滅に瀕していると思われる。ただ、ある生物が〝いない〟ということをはっきりと言うのはなかなか難しい。アマチュアの研究者も含めた大勢の観察記録を集約していく仕組みが必要だと思う。

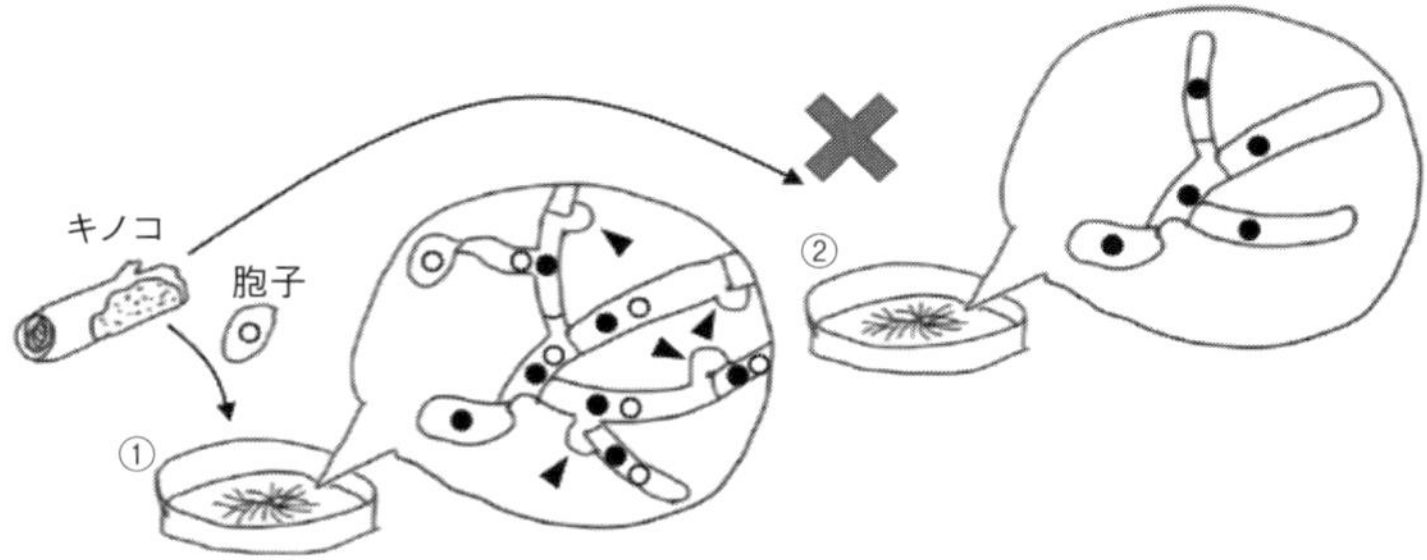

図9-6　胞子の散布距離を確かめる実験。倒木上のキノコから散布された胞子から伸びた菌糸体が培地の菌糸と交配すると、菌糸が２核化し、コブ（クランプコネクション、三角矢印）ができる。黒丸と白丸はそれぞれ遺伝型の異なる核を示す。①のシャーレでは、キノコから胞子が飛んできて二核菌糸になったが、②のシャーレでは、胞子の散布範囲外で一核菌糸のまま

胞子の散布距離

　ところで、フィンランドのフレビア・セントリフーガの研究で紹介したような、菌類の胞子がどこまで飛んだかを野外でどうやって調べるのだろう？　空気中の胞子をエアサンプラーなどで集めたとしても、胞子の種名を同定することはちょっと難しい。特に木材腐朽菌として重要な担子菌類の胞子は形が単純で、形態的特徴から種名を判断することはほぼ不可能だ。仮に種名を特定できたとしても、どこにでもいる菌種だとあちこちに胞子の発生源があるので、どこから飛んできた胞子かを特定することは難しそうだ。逆にいえば、胞子の発生地点が限定される絶滅危惧種を対象にするとやりやすい。その菌種の保全に役立つデータにもなる。

　フレビア・セントリフーガを対象とした研究では、菌類の交配を利用したユニークな手法で胞子の散布距離を検証している[8]（図9-6）。まず、胞子一つから発芽した菌糸体

を用意する。第7章の「お菓子の家の話」で紹介した通り、胞子から発芽したばかりの菌糸体の細胞には、核が一つずつ入っている。そして、この核は「半数体」だ。つまり遺伝情報を親の半分しかもっていない。この半数体の菌糸体同士が交配して細胞融合することで、完全な遺伝情報をもつ菌糸体になることができる。この半数体の菌糸体同士の細胞融合は、動物における「受精」に相当すると考えればわかりやすいかもしれない。ただ、動物の場合には受精卵の中で精子の核と卵子の核が融合して一つの二倍体の核になるのと違い、菌類では二つの菌糸体の核が融合せず、もともとの半数体の核のまま、一つの細胞の中で共存する状態になる。一つの細胞の中に核が二つあるので、交配後の菌糸のことを「二核菌糸」、交配前の核が一つの菌糸のことを「一核菌糸」という。そして、二核菌糸には「クランプコネクション」という特徴的な「コブ」がある。

この、〝交配前の菌糸体は核が一つで、交配後の菌糸体は核が二つ〟、そして、〝二核菌糸にはコブがある〟というのがこの実験の鍵となる。今、胞子を飛ばしているフレビア・セントリフーガのキノコから〇〜一〇〇〇メートルの間に、一核菌糸体を培養したシャーレを距離別に何枚も置いておく。シャーレのフタを開けておけば、飛んできたフレビア・セントリフーガの胞子がシャーレの中の一核菌糸と交配して二核菌糸になる。つまり、しばらくフタを開けておいたシャーレの中の一核菌糸が二核になっていたら、そこに胞子が飛んできていたというわけだ。二核菌糸になったかどうかは、顕微鏡で見て菌糸に「コブ」があるかどうかを見れば容易に確かめられるので、この方法は簡単にやってみることができる。

ただし、一核菌糸にも交配しやすいものとしにくいものがあるらしく、交配しやすい一核菌糸を選抜したりといった工夫は必要だ。また、一〇〇〇メートルまでの距離をあらゆる方向でカバーしようとすると（風向きによって胞子はどっちに飛んでいくかわからない）、必要なシャーレの枚数は相当なものになる。フレビア・セントリフーガの実験では、二万枚近い数のシャーレを使っていた。

サルベージ・ロギング——枯木撤去の長所と短所

枯木がなくなると、枯木を住処とする生物はいなくなってしまう。胞子を遠くまで飛ばせそうな菌類でさえそうだ。逆に、前章で述べたような、枯木が大量に発生する樹木の大量枯死は、枯木に依存する生物にとっては福音となる。実際、樹木の大量枯死が起こると、昆虫やキツツキなど枯木に依存する生物は増える。[11] その中には絶滅危惧種も多い。

ところが、樹木の大量枯死が起こると、森林の管理者によって枯木が伐採され、持ち出されることが多い。このような、枯死後の木材の伐採・搬出のことを〝サルベージ・ロギング（救援伐採）〟と呼ぶ。これには、枯木が腐らないうちに木材として活用したいという経済的な理由や、病虫害の発生源を減らそうという衛生的な理由もあるが、公園などでは単に見栄えが悪いので片付けが必要という理由で行われることもあるかもしれない。その結果として、枯木に依存する生物の多様性が脅かされている。また、森林の回復自体が遅れることもある。

地上に折り重なった枯木は、自然のバリケードとなり、樹木の実生や稚樹がシカなどに食べられることを防いでくれる。また、地表の環境が不均一になることで、いろいろな植物が育つことができる。例えば、日陰ができることで、直射日光を好まない植物も生育できる。一方、枯木が取り除かれて〝綺麗に〟されると、外来植物が一気に繁殖する場合もある。(12) 外来植物の侵入は植生遷移のプロセスに影響を与え、森林の回復を遅らせる可能性がある。

枯木や古木の分布は、その場所にどんな樹木が生えていたかという〝森の記憶〟ともいえる。針葉樹の人工林になっている場所でも、広葉樹の巨大な古木の存在から、そこにかつては立派な広葉樹林が広がっていたことがわかる。そういった古木の存在は、針葉樹の人工林の中で過去の生物相が残存する生物多様性のホットスポット（活発な場所）としても機能する。(13)

樹木が立っていると、その幹の周囲では風が乱れるため、根元に雪が積もりにくい。雪山に登ると、立木の根元は積雪が少なく穴のようになっているのを見ることができる。春になれば、幹の周囲から雪解けが進む（図9-7）。同じことは立枯木でも起こる。すると、立枯木の根元に樹木の実生が育ちやすくなり、次世代の森林の樹木分布は、過去の樹木の分布をある程度反映したものになる。(14) つまり、第8章で紹介したような大規模な樹木の枯死があっても、枯木がそのまま残っていれば、その後に似たような樹木分布の森林が回復しやすくなる。

こういった、次世代の樹木の分布や成長に対する効果には、他にも切株上・倒木上が樹木の実生にとって良い生育場所であるといったことも関係している。これについては第11章で詳しく述べるが、腐朽し

図9-7　樹幹の根元にできた雪穴（宮城県）。立木の幹の周辺では風が乱れるため、根元に雪が積もりにくく、雪解けも早い。立枯木の根元にもこういった雪穴ができ、実生が育ちやすくなる

た切株や倒木の上では、樹木の実生が生き残って成長しやすい。ということは、逆にいえば倒木が持ち出されてしまうと、樹木の実生が生き残りにくいということになる。北海道の森林を想定したシミュレーションでは、サルベージ・ロギングによって倒木が取り除かれると、倒木上で実生が更新するエゾマツやアカエゾマツのような樹種が数十年後には森林からいなくなってしまうことが予想されている[15]。

さらに枯木には、大量枯死後の土壌生物相へのダメージを緩和する効果があることがわかってきた。樹木が大量に枯死して、地表を覆っていた樹冠がなくなると、直射日光が差し込んで地表が乾燥・高温化する。それまで涼しい日陰の土の

中でひっそりと暮らしていた土壌生物にとっては過酷な環境だ。ストレスに強い生物しか生き残れないだろう。ただ、枯木がたくさん残っていれば話は違ってくる。大きな倒木の下は直射日光が遮られ、ジメジメしているので、乾燥・高温ストレスに弱い生物の避難場所になる。この章のはじめに書いた通りだ。

チェコのシュマヴァ国立公園（キクイムシによるドイツトウヒの大量枯死が起こった場所。第8章参照）で行われた最新の研究からは、大量枯死後に枯木が残っていると、土壌の微生物群集へのダメージも小さくなることがわかってきた[16]。大量枯死が起こって生きた樹木が減ると、樹木と共生している菌根菌も土壌中から大部分が姿を消す。しかし、枯木が残っているだけで土壌中の菌類バイオマスの減少が緩和され、生き残る菌根菌も多くなる[17]。それに伴って、土壌中の菌類の酵素活性や養分濃度も森林本来のレベルに近い状態で維持される。枯木があると菌根菌が生き残るというのは不思議な気もするが、これには先に紹介したように、樹木の実生が定着しやすく森林の回復が促進されることも関わっているようだ。

サルベージ・ロギングは、こういった〝森の記憶〟を断ち切ってしまうだけではない。枯木の持ち出しは、そのまま森林の炭素貯留量の減少につながる。第8章でも紹介した日本の北八ヶ岳で、一九五九年の伊勢湾台風による風倒後に枯木の持ち出しが行われた場所と行われなかった場所の枯木量が、二〇一〇年代に調べられている[18]（図9-8）。それによれば、風倒による大量枯死から半世紀以上経っても、枯木はあまり分解されず森林内に残っていた。生きた樹木と枯木を合わせた炭素量は、一ヘクター

図 9-8　伊勢湾台風による風倒から半世紀経った北八ヶ岳針葉樹林の、枯木を搬出した森林（上）と残した森林（下）。枯木は分解されずに残っており、枯木を残した森林では、風倒が起こらなかった森林と同じ量の炭素を貯留している

ルあたり約一〇〇トンで、これは風倒が起こらなかった森林とほぼ同じだった。つまり、枯木の持ち出しが行われなかった場所では、五〇年以上もの長期にわたって森林の全体の炭素量は風倒の影響がないレベルで維持されていたのだ。北八ヶ岳は亜高山帯なので、冷涼な気候が長期間の枯木の保存に役立っているのだろう。このような場所では、枯木を放置することで炭素貯留と生物多様性の保全のどちらにも貢献できるかもしれない。

一方、枯木の持ち出しが行われた場所では、炭素貯留量は一ヘクタールあたり約七〇トンと大幅に少なくなっていた。持ち出された木材が家具や建材などに使われて長期間保存されるなら、大気中への炭素放出にすぐにはつながらないが、大量枯死後に持ち出された樹木全体のうち実際に家具や建材になるのは一部である。残りが燃料などに使われた場合は、大気中への炭素放出に直結する。

サルベージ・ロギングが森林の生態系機能に与える悪影響には、他にも土壌侵食を促進する可能性や、森林の保水力の低下などいろいろなものが考えられる。一方で、病虫害による大量枯死の場合には、病気の広がりを食い止めるために、発生源となりうる枯木を除去して処理する必要があるという考えもあるかもしれない。サニタリー・ロギング（衛生伐採）という用語もある。ただ、本当にそこまでして病気の広がりを食い止める必要があるのかということは、一度立ち止まって考えてみる必要があるだろう。森林の病気を人間の病気になぞらえて感情的に捉えることは、正常な判断を鈍らせることにもつながりかねない。サニタリー・ロギングが往々にして樹木の伐採にお墨付きを与えてしまう点も問題になる。

風倒とキクイムシの大発生によるドイツトウヒの大量枯死を研究しているヨーロッパの研究者の間で

は、樹木の年輪解析などを使った森林の長期動態推定の結果から、ドイツトウヒの森林が二〇〇年程度の周期で大量枯死と再生を繰り返して維持されているとの認識が広がりつつあるようだ。[19] つまり、キクイムシの大発生を抑制しようとするのではなく、自然のプロセスとして静観しようということだ。

サルベージ・ロギングは人間生活とも直結しているため、樹木の大量枯死後の森林管理についての判断にはさまざまな要素が関わり、一概に結論を出すことは難しい。個々の事情に即して柔軟な対応が求められる。サルベージ・ロギングが森林の生態系機能に与える影響についても、まだ研究が追いついていないのが現状だ。[20]「もったいない」とか「整理整頓」といった感覚に基づいた思考停止に陥らず、科学的データに基づいて議論をしていくことが必要だろう。[21]

枯木や老齢木を作り出す——保持林業

森の中に枯木や老齢木がないのなら、森林管理によって積極的に作り出したらいいのではないか。そういった動きはすでに広がっている。やむをえず天然林を切り開いて新たに人工林を作るといった機会は、先進国では少ないだろうが、開発途上国ではあるだろう。そのようなときでも、択伐（伐採する木を選んでそれだけ切る）にしたり、天然林由来の樹木を点々と残しておいたりするだけで、完全な人工林にする場合に比べ、その場所の生物の多様性を高く保つことができる。残された樹木は、それまではなかった乾燥や温度変化、風圧といったストレスにさらされることになるので枯れやすいが、枯れた場合も枯木に依存する生物の住処として重要な役割を果たす。生き残れば、人工林の成長とともに老齢木となり、樹洞などに依存する生物の重要な住処になるだろう。例えばミズナラの老齢木がカラマツの人工林の中に点々と残っているだけで、枯木に依存する甲虫類にとっての重要な救命ボートになりうる[13]。

東京大学の北海道演習林では、一〇〇年以上にわたって天然林の択伐が続けられている（「林分施業法」として確立したのは一九五八年）。およそ一〇〜一五年に一度の頻度で、森林蓄積の七〜一七％に相当する量の樹木が択伐されてきた。森林蓄積は順調に増加しながらも、樹洞があるような大径木や枯木が維持されていて、クマゲラやフクロウ類も多く生息しているそうだ。こういった、天然林の択伐と天然更新による、低インパクトな森林施業は「近自然型林業（close to nature forestry）」と呼ばれる。木を一本ずつ切り出すので作業効率は悪く、コストがかかるが、作業がしやすい平坦な立地なら生物の多様性と木材生産を持続的に両立させる良い方法かもしれない。

すでに人工林になっている場所を伐採して木材を収穫するときにも、何本かを点々と、または一定面積残す、あるいは高い位置（地上約四メートル）で幹を切った〝高切りの切株〟を残すことで、積極的に立枯木を作り出すことができる。立枯木には倒木とは違った生物が住むので、意識して立枯木を残すことは重要だ。わかりやすい例はやはりキツツキ類だろう。倒木から採餌することもあるが、営巣はできない[22]。立枯木は倒木よりも炭素濃度が高いので、そのぶん森林への炭素貯留にも貢献するかもしれない（第10章参照）。

このような、伐採時に生立木や枯木、一定面積の森林を残すことで、生物多様性や炭素貯留といった生態系サービスをなるべく損なわないように森林を管理する方法を、「保持林業（retention forestry）」と呼ぶ（『保持林業――木を伐りながら生き物を守る』[23]）。木材生産と生物多様性保全の良好なバランスを目指した施業方法として主に北米やヨーロッパで普及していて、研究例も多い。注意したいのは、保持林業は施業前の森林の生物多様性や生態系サービスをなるべく損なわないようにしているだけで、それらを完全に保全できるわけではないことだ。大型の動物など、保持林業では保全することが不可能な生物もいる。点々と残す単木保残と、一定面積を残す群状保残では、効果も異なる。目的や状況に応じて、保残率や保残の形態（生立木／立枯れ）も変えていく必要があるだろう[24]。

日本でも、北海道のトドマツ人工林で、二〇一三年から大規模な実証実験が始まっていて、現在次々に生物多様性や生態系サービスに対する効果についての研究成果が出てきているところだ。最近掲載された論文をざっと眺めてみると、伐採地に広葉樹を点々と残したり、トドマツを一定面積で残したりすることにより、地表徘徊性のゴミムシ・オサムシ[25]や死肉食のシデムシ・糞虫[26]、コウモリ[27]、菌根菌[28]の種多様性保全に効果があるようだ。

ただし、何をどのくらい残すのが有効かは、生物により異なる。例えば、広葉樹を点々と残すことは、昆虫やコウモリの種多様性保全には効果があるが、菌根菌にはあまり効果がない。また、これまでに得られている結果は、施業後数年間の短期的な影響である。今後の継続調査により、長期的な影響がわかってくるだろう。計画では、トドマツの伐期が来る五〇年後までモニタリングを続けるそうだ。今後の進展が楽しみである。

一方、高切りの切株や立枯れなど、枯木を積極的に作り出すような施業やその大規模な実証実験は、日本ではまだほとんど行われていないようだ。これはおそらく、枯木に依存する生物の絶滅に関して、日本ではまだそれほど危機感がもたれていないためだろう。幸か不幸か、安価な外材の輸入によって、日本中に植えられたスギやヒノキの人工林では、間伐材を売ろうとしても採算がとれず、「伐り捨て間伐」といって、間伐材を林内に放置して自然に腐らせる処理が広く行われている。また、マツ枯れやナラ枯れといった樹病による大量枯死もあり、日本の森林には枯木が割と豊富だ。枯木に依存する生物にとっては「良い時代」なのかもしれない。

しかし、伐り捨て間伐や樹病によって発生する枯木は、直径の小さなスギ・ヒノキや、樹病で枯死したマツ、ナラ類などに限られる。絶滅危惧種のところで述べた通り、大径木の枯木や古木は少なく、それに依存する生物種は人知れず絶滅に瀕しているかもしれない。また、樹病で枯れた枯木では、それを利用できる生物群集が偏っている可能性が大きい。キクイムシにより枯死したドイツトウヒにはツガサルノコシカケという褐色腐朽菌が優占することはすでに述べた。絶滅危惧種で、国の特別天然記念物にも指定されているキツツキの仲間のノグチゲラは、普段はオキナワジイの生立木の幹に開けた孔に営巣するが、マツ枯れで枯死したリュウキュウマツの立枯木があると、加工のしやすさからかそれに営巣してしまう。しかしマツの立枯木は崩壊しやすく、子育てに失敗するケースもあるようだ[29]。このように、一見豊富にみえる枯木がトラップとなり、生物種によってはネガティブな影響を受けている可能性もある。

図 9-9　胸高直径 2m 超えの巨木が立ち並ぶスギの天然林（高知県）。広葉樹も含む混交林になっている

僕らのグループでは、第8章で紹介した通り、ナラ枯れで枯死したコナラの分解過程を継続調査する大規模プロジェクトを進めている。さらに、伐り捨て間伐されたスギの倒木がどういった菌類によって分解されているのかを調べる全国調査も最近開始した。スギは身近に植林されており、見慣れている人も多いと思うが、日本固有の樹種であり、全国に三〇ヶ所ほどの天然林が残されている。これらの天然林でも倒木の菌類群集を調べ、伐り捨て間伐された人工林の倒木と比較してみたいと思っている。このプロジェクトは二〇二二年に開始したばかりだが、普段よく見る細いスギとは違う、胸高直径（地際から一・三メートルの高さの直径）が二メートルを超えるような巨木の森をめぐる旅から、すでに自分の中

の「スギ林」の概念がガラガラと崩れていくのを感じている（図9‐9）。どんな違いが出るか、結果が楽しみだ。

ベテラナイゼーション――古木に親しむ

乱暴な言い方をしてしまえば、枯木は木を切り倒せば作ることができる。しかし、枯木といってもいろいろある。直径が大きく、しかも腐朽の進んだ枯木は、生きている木を切り倒したからといって一朝一夕にできるものではなく、時間が必要だ。そして、腐朽が進んだ枯木のほうが、新鮮な枯木よりも生物の種多様性が高く、希少な生物種が生息していることが多い[30]。

同じように、樹洞を持つような古木も、できるのには時間がかかる。樹洞は、枝の折れた部分や樹皮についた傷から木材腐朽菌が侵入し、幹の心材まで到達して腐朽が進行することによってできる。辺材は生きているので、菌類に対する抵抗性があり、材組織が死んで腐るのは菌類が侵入したあたりに限られる。しかし心材はすでに死んでいる細胞でできているので、いったん菌類の侵入を許すと、腐朽が広がってしまう。そしていずれ、腐朽した心材は崩れ落ちて下に溜まり、上部は空洞となる。これが樹洞だ（第7章参照）。樹洞の中には、腐朽が進んだ材が土のようになった腐植が溜まっていて、この中にオオチャイロハナムグリなどの希少種が生息することはすでに述べた。

ヨーロッパや北米では、まだ比較的若い木に人為的に傷をつけたり、場合によっては腐朽菌を植えつ

図 9-10　巨大な樹洞のできたカエデの古木（イギリス、ブリストル）。何度も刈り込みと再生を繰り返し、一定の高さから多数の枝が出る「あがりこ」になっている。笑う悪役キャラのようにも見える（マシュー・ウェインハウス氏提供）

けたりすることにより、「古木化」させることが二〇年ほど前から行われている。英語で、ベテラナイゼーション（veteranisation）という。木をベテラン化させるという意味だ。何もそこまでしなくても、と思うかもしれないが、事態は切迫しているのである。

ヨーロッパには原生林がほとんどのこっていない。そのため、古木も少ない。いや、あるのだが、牧畜の歴史が古いぶん、逆に原生林ではなく人里に近いところに点々と残っているのだ。放牧地の日陰木として残されたナラやカエデ、トネリコ、土地の境界に植えられた生垣のブナやシデなどである。こういった古木は、周りに競争相手となる木がないので、思う存分枝を広げている。また何度も刈り込みと再生を繰り返した〝あがりこ〟の幹はバオバブのように太く、ふしくれだち、一部崩れ落ち、妖怪のように見える。それらは、二〇〇年生から四〇〇年生、時には一〇〇〇年近い樹齢と推定されるものもある（図9-10）。

一方、それ以外の木は若い。放牧地では、若木は家畜に食べられてしまうので基本的に生き残らない。日本と同様に、一九六〇年頃の燃料革命後に放置された裏山で育ちつつある木もあるが、せいぜい五〇年生ほどだ。つまり、若木と古木の間の年代の樹木が抜け落ちている。古木が枯れていくのに、現在の若木が古木化するスピードが追いつかず、将来的に古木の数が少なくなることが危惧されている。このため、若木の古木化のスピードを速めようとしているわけだ。

イギリスに滞在していた二〇一七年に、こういった古木を保護する活動をしている人たちの会合に参加したことがある。参加者は高齢者も若者もおり、みな穏やかに古木を愛している様子には共感をもてた。関連の研究発表や活動報告もあり、「王室の方が訪問した古木は……翌年枯死しました」といったイギリス人らしいシニカルなユーモアも交え、活発な様子だった。会場では古木のポストカードや写真集、絵画、書籍などが販売されていた。

イギリスで僕が滞在していたボッディ教授の研究室は、枯木や古木の中にどういった菌類がいるのかを研究しているので、ベテラナイゼーションに学術的な根拠を提供している。幹に穴を開けて木材腐朽菌を植えつけるにしても、何の菌を植えてもいいわけではない。菌が幹の中に定着してほどよく腐らせてくれる必要があるが、木を枯らしてしまっては困る。自然の古木に見られる菌類の中から、最も適した地元産の菌を選ぶ必要がある。これまでの研究から、ブナではサンゴハリタケが良いようだ。僕の滞在中にも研究室の学生が、レンガのような角材に腐朽菌を蔓延させたものを木の幹に開けた穴に挿入して定着させる実験をしていた。これもまた息の長い実験だ（図9-11）。

ちなみに、この会合を主催していたThe Arboricultural Association（全英樹芸協会とでも訳すのだろうか）は、World Fungi Day（世界菌類の日）というイベントを二〇二一年から開催している。ボッ

図9-11　心材腐朽菌を生きた木に接種して「ベテラン化」させる実験。チェーンソーで若いブナ（樹齢およそ50～80年）の幹に空洞を作り、木材腐朽菌を植えつけた角材をはめ込む（上）。埋め込まれた角材から生えてきたサンゴハリタケ（下）。この菌種はイギリスでは絶滅が危惧されており、このような接種は種の保全にも貢献すると期待される（ともにマシュー・ウェインハウス氏提供）

ディ教授が以前からやっていたUK Fungus Day（イギリス菌類の日）を世界に広げたらしい。菌類に親しむいろいろなイベント（ベニテングタケの模様を風船とトイレットペーパーで作る遊びが個人的には一番好き。教授によれば、安いトイペほど良い、とのこと）の他、オンラインでの講演会もあり、僕も第一回の演者の一人として菌類の知能の話をさせてもらった。

日本でも、漫画「もやしもん」のテレビドラマ化を記念して七月八日が「菌労感謝の日」に制定されているらしい。食用キノコの栽培で有名な株式会社ホクトは、五月二四日を「菌活の日」に制定して、キノコを食べる健康な食生活を推奨している。神奈川県立生命の星・地球博物館では、二〇〇六年に「菌類感謝の日」というイベント（講演会＋発酵食品の宴）が開催されたこともある。[31] 最近では各地の博物館や植物園でキノコ展が開催されている。ポップなものも多い。こういった活動がもっと広まって、日本でも菌類がより認知されるようになれば嬉しい。

話を古木に戻そう。日本には社寺林があり、そこに古木が残っていることが多い。明治の終わり頃から、時の内閣によって進められた神社合祀（地域ごとにたくさんある神社を統合して一町村一神社にするという政策）に、貴重な生物が絶滅するとして反対運動を繰り広げた南方熊楠の先見性には本当に頭が下がる。

一方、そこまで樹齢は古くないが、もっと身近な場所にも古木がある。一九六〇年代頃まで薪炭林として使われていた、里山のコナラ林の〝あがりこ〟だ。東京近郊のコナラ林でも、根元が異様に膨らんだコナラを見たことがあるが、これはそこがかつて薪炭林だった証拠だ。

薪炭林として利用されなくなったコナラは大きく成長し、それがナラ枯れの原因であるカシノナガキクイムシの大発生の要因の一つともいわれる。かつての薪炭林の手入れを再現することで、里山の生態系を復活させる一環として、コナラの伐採と萌芽更新を取り入れている市民団体も多い。それは良いと思うのだが、コナラを伐採する際に、地際で切らずに、地上から一～二メートル程度の高さで高切りしてみてはいかがだろうか。低い位置で伐採して、低い位置から萌芽させたほうが、萌芽枝の生存率は良いのかもしれないが、現代では伐採した幹を薪炭として利用することが主目的ではなく、里山の生物多様性を保全することが主目的である場合が多いと思う。むしろ多様な生物の住処になる古木を作るための「コナラのベテラン化」を目指した管理をすることが、現代の里山に求められていることではないかと思う。それとも、太い幹の部分を残すとカシノナガキクイムシを誘引してしまうだろうか？　実験してみる価値はあると思う。

フィールドノートから

我が家の周りに生えているアカマツも、一本また一本というように枯れていっている。マツは立枯れになっても、コナラのようにあまり派手にキノコがたくさん生えるわけではないが、それでも見ていると面白い。まず、枯れた直後（まだ人間の目には枯れたかどうかよくわからないレベル）には、幹からヒトクチタケというまるっこい可愛いキノコがポコポコと生えてくる。ヒトクチタケは独特の強烈な匂いがするので、キノコが目に入らなくても匂いでその存在を知ることも多い。もうしばらくすると、幹の上のほうにシハイタケが折り重なってたくさん生えてくる。さらに時間が経つと、根元あたりからツガサルノコシカケが膨らんでくることもある。高いところの枝には褐色腐朽菌のサケバタケが生えている。枝は乾燥するので、こいつは乾燥ストレスに強いのかもしれない。腐朽の進んだ根株部分には、ヒメカバイロタケやクヌギタケ属のキノコがたくさん生えてくる。

立枯れには、地上からの距離に応じて異なる種類のキノコが生える。これに影響するのは水分条件と、菌種ごとに異なる定着方法だ。湿った土から離れるほど、材は乾燥する。また、土から菌糸で定着してくる菌は根元に、空気中から胞子で定着してくる菌は土から離れたところに定着する。こういった、立枯れ内部の菌類の分布は、ボッディ師匠がブナで詳しく調べている。それによると、木が生きているうちから材に定着している内生菌も、枯死直後に広く材に定着するそうだ。アカマツでもそういう菌がいるだろうか？

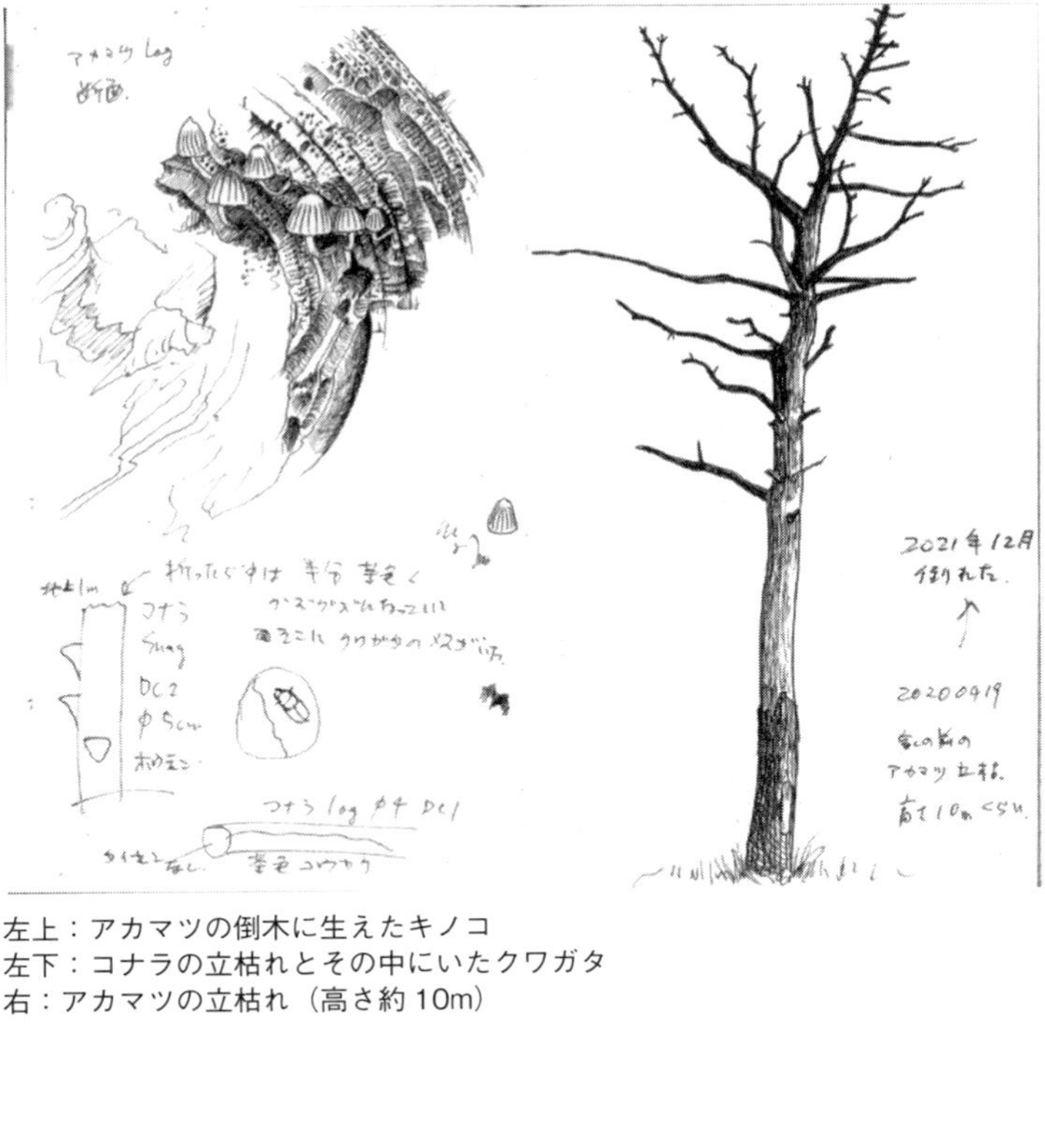

左上：アカマツの倒木に生えたキノコ
左下：コナラの立枯れとその中にいたクワガタ
右：アカマツの立枯れ（高さ約 10m）

第10章　枯木の恩恵——生態系サービス

森林バイオマスの利用は〝環境にやさしい〟のか？

枯木が生物の多様性に重要であることはわかった。だが、人間生活に何か関係するのだろうか？　日本政府は、地球の気候変動を食い止めるための目標として、二〇二〇年一〇月、二〇五〇年までに二酸化炭素やメタンなどの温室効果ガスの排出量と樹木の成長などによる二酸化炭素吸収量を均衡させて、全体として炭素の排出をゼロにする、カーボンニュートラルを目指すことを宣言した。この目標のための具体的な方策を非常に大雑把にいうと、①再生可能エネルギーでできるだけ化石燃料の使用量を代替する（足りない分は原子力）、②森林の炭素蓄積を増やす、という二点に集約される。

人類はこれまで石炭や石油、天然ガスといった化石燃料を地中から掘り出し、バンバン燃やして大気中に放出して、現在の温室効果ガスの大気中濃度の上昇をもたらした。これからは再生可能なエネルギーの利用を増やし、化石燃料を掘り出す量を減らしていかなければならない。温室効果ガスの濃度を産業革命より前のレベルに戻すには、本当は炭素の吸収量が放出量を上回るようにしなければならないが、ひとまず差し引きゼロ（ネットゼロ）を目指すということである。

再生可能エネルギーとは、太陽光や風力、地熱、水力、そして我らが枯木も含まれるバイオマスなどのことである。要は、使っても減らない、あるいはバイオマスのように植物の成長によって再生することが可能なエネルギーのことをいう。つまり、森林に関していえば、伐採して燃料として使い、伐採後には植林して再び森として再生させ、木が育ったらまた伐採して燃料として使うということを繰り返していくことになる。

この目標のために、森林バイオマスの燃料利用が推進されている。具体的には、①これまで伐り捨てされていた間伐材を燃料として使う、②主伐（樹齢四〇～六〇年くらいの人工林を木材として伐採する）の後に残った枝葉を燃料として使う、③建築、家具などに使われた木材は、なるべく長く使うことで炭素を固定しておき、耐用年数がきたら最終的には燃料として使う、の三点である。

懸念されるのは、本当にこのサイクルがうまくいくのかということである。燃料として燃やすのは一瞬だ。だが樹木が育つには数十年という時間がかかる。建材や家具のように、長期的に保存可能な用途に使われる割合が多ければ、樹木の成長と収穫のバランスは取れるのかもしれないが、現在の住宅事情や、モノの消費スピードを見ると、木造の家や家具がすべて一〇〇年も保存されるとは思えない（図10-1）。二〇年程度で燃やされてしまえば炭素は放出され、樹木が成長して再び炭素を固定するスピードではとても追いつかない。これは、収穫された木材がいったん建材や家具など保存可能なものになり、その後燃料に利用された場合を想定しているが、はじめから燃料として収穫された木材はすぐに燃やさ

図10-1　1170年頃に建てられたと伝わるノルウェーのロム・スターヴ教会。木造で、屋根も木の板で葺かれている

れるので、森林の再生はますます間に合わない。

日本では現在、毎年〇・七億～一億立方メートルの木質バイオマスが増加しているそうだ。しかし、この一億立方メートルの増加分をすべて燃やして発電しても、日本の化石燃料消費分の六・六日分にしかならない。もし仮に日本の森林を全部伐採して燃やし、発電したとしても、化石燃料の〇・九年分にしかならない。そして一度使い切ったら、森林がもとに戻るのは数十年後である（『そのとき、日本は何人養える？——食料安全保障から考える社会のしくみ』[1]）。

林野庁が公表している資料によれば、間伐材等を利用した燃料の利用量は、この一〇年で一〇倍以上に増加している。主伐面積も増加している。一方で、伐採後の植林はあまりうまくいっておらず、伐採跡地の放置が問題になっているようだ。これでは、せっかく樹木として固定されていた炭素を燃やして放出しているだけではないか。樹木の成長による森林バイオマスの再生が行われていないのであれば、現状やっていることは、単に石油の代わりに木材を燃やしているだけであり、大気中の二酸化炭素をせっせと増やしていることに変わりはない。

植林がうまく進んでいないのは、林業が産業としてうまくいっておらず、労働力が慢性的に不足していることが関係している。林業従事者の数は、一九八〇年の一六・六万人から、二〇二〇年の四・四万人へと激減しており、高齢化も進んでいる（＊1）。

林野庁は、林業の低コスト化・早期の収穫に向けた取り組みとして、成長の早い精英樹の育成や、コウヨウザン（図10-2）など成長の早い外来樹種の利用を推進しているようだ。収穫時期が早くなることは、たしかに林業を産業として成り立ちやすくする上ではいいことかもしれない。しかし、森林のサイクルを早めることは、生態系にとって、ひいては私たちの暮らしにとって、いいことなのだろうか？成長が早いからといって中国原産のコウヨウザンを大規模に植栽することは、生態系をさらに破壊することにならないだろうか？　この章では、枯木そのものの恩恵をもう一度捉え直してみたい。

図 10-2　中国原産のコウヨウザン（高知県牧野植物園）。成長が早いため林野庁が植栽を推進しているが、森林の生態系にどんな影響を与えるかはよく考える必要がある

＊1……「林業労働力の動向」林野庁 https://www.rinya.maff.go.jp/j/routai/koyou/01.html

誰もが受けている生態系サービス

本書の中で、ここまでもときどき出てきたように、我々人間が生態系から受けるさまざまな恩恵のことを、生態系サービスと呼ぶ。例えば、日々の食べ物や飲み水も生態系から供給されるサービスだ。森があることで気温が調整されて住みやすくなる、といったことも生態系サービスといえる。僕の家は宮城県の森の中にあるが、夏もエアコンなしで暮らしていける。しかし一歩森から出ると、宮城県といえども真夏はエアコンなしではつらい。さらに、僕は山登りに行くのが好きなのだが、こういったレクリエーション、文化的なサービスも、生態系サービスに含まれる。あまりにも当たり前に日々享受しているものも多いので、あらためてサービスと言われると違和感があるかもしれないが、生態系のもつ複雑な機能を体系的に整理し、時には経済的価値に換算する上で必要になる考え方だ。「もしこの生態系（例えば森林）がなくなってしまったら失うもの」と考えるといいかもしれない。

今、「もし枯木がなくなってしまったら」と考えてみよう。別に自分には関係ないと思うかもしれない。だが、枯木がないとシイタケやヒラタケ、ナメコの栽培はできない。夏にクワガタムシやカブトムシを採ることもできない。古木を愛でて絵を描いたり、俳句を作ったりすることもできない。本書をここまで読んでこられた方なら、生物多様性の喪失に伴ってさまざまな生態系サービスを失う可能性があるかもしれないことは想像に難くないだろう。その中には、まだ知られていないものも多いはずだ。例えば、枯木にしか生息しないある菌類が、がんや世界的な感染症の特効薬の開発につながるかもしれない。他にも、生物の多様性自体に多面的な機能があることがわかってきている（口絵㉖）。

例えば、植物の種多様性が高いと植物群落全体の生産性が向上する（第7章参照）。植物の生産性（つまり炭素の貯留）は重要な生態系サービスの一つだ。作物の生産という生態系サービスに貢献できる可能性もある。地上の植物生産は、地下の養分吸収ともリンクしているので、土壌からの養分の流出を防ぐという生態系サービスも、植物の種多様性とともに増加する。また、枯木の分解は、腐朽菌の種数が多いと遅くなる（つまり、炭素は貯留される）。さらに重要なことは、これら一つひとつの生態系サービスだけを見ると、生物の種数が少し増加しただけですぐに機能は頭打ちになってしまうのだが、複数の生態系サービスを考慮すると、生物の種数が増加するほどサービスも向上していく[2]。

世界と日本の森林炭素貯留量

炭素の貯留は、枯木の重要な生態系サービスの一つだ。第7章の冒頭で紹介した通り、現在森林には八六一ギガトンの炭素が蓄えられているとの見積もりがある[3]。このうち、枯木は七三ギガトン。森林全体の約八％である。多いのは土壌で三八三ギガトン、生木が三六三ギガトン、残りが落葉の四三ギガトンである。森林全体の炭素量の八％でしかない枯木は、大したことないと思うかもしれない。しかし、膨大な土壌中の炭素も、もとをたどれば枯木か落葉である（枯死根なども あるが）。枯木や落葉の量が少ないのは、人間の調査の技術的な限界と関係している。枯木の形をしているもの、落葉の形をしてい

図10-3　朽ち果てた「元」倒木（ポーランド）。形がなくなるまで崩れても、高濃度の炭素を貯留している

るものしか、枯木や落葉として測定できないので、ボロボロになって崩れてしまったものは土壌として測定されるのだ（図10-3、口絵㉗）。枯木（七三ギガトン）と落葉（四三ギガトン）の比率からも、土壌中の炭素の半分以上はもとは枯木だったと推定できる。

さらに、枯木は分解が進むにつれて炭素濃度が高くなっていく[4]。これは、分解が進むにつれて、だんだんとセルロースやヘミセルロースが分解されてリグニンが蓄積していくことと関係している。セルロースやヘミセルロースの炭素濃度が四〇～四四％なのに対して、リグニンの炭素濃度は六〇～七〇％と、だいぶ高い。リグニンが蓄積した古い枯木は、新しい枯木に比べ炭素の貯蔵効率が良いといえる。さらに、分解が進んだ枯木は、分解速度自体が非常に遅い。高濃度の炭素を長期にわたって貯蔵してくれているのだ。

リグニンの炭素濃度が高いということは、リグニンが高濃度で蓄積する褐色腐朽では、リグニンが分解される白色腐朽よりも炭素が蓄積しやすいと考えることができる。データからは、広葉樹の枯木よりも針葉樹の枯木のほうが炭素濃度が高い傾向が見られる。これも、針葉樹の枯木が広葉樹の枯木よりも褐色腐朽菌に分解されやすい[5]ためかもしれない。

日本では、亜高山帯針葉樹林に見られるような、褐色腐朽した古い枯木が大量に蓄積している場所は、炭素貯留の観点からして非常に貴重な保全すべき生態系といえるだろう。第9章のサルベージ・ロギングのところで紹介した北八ヶ岳での研究が示す通り、亜高山帯針葉樹林では六〇年前の倒木もあまり分解されずに炭素の貯留に貢献している。サルベージ・ロギングによる持ち出しさえなければ、伊勢湾台風によって倒れた木も炭素を貯留し続け、森林全体としての炭素貯留量は健全林と変わらないレベルで維持されているのだ。

世界の森林を気候帯で区分してみると（図10-4）、日本が含まれる温帯の枯木の炭素貯留量は、他の気候帯に比べ少ない(3)。枯木の炭素貯留量が一番大きいのは熱帯で、五三・六ギガトン、次が寒帯の一六・一ギガトン、温帯はたったの三・三ギガトンである。熱帯に枯木が多いのは、生きた植物バイオマス自体が多い（二六二・一ギガトン）せいもあるだろう。温帯の生きた植物バイオマスは四六・六ギガトンである。そこで、生きた植物バイオマスに対する枯木の割合を炭素量で計算してみると、寒帯三〇％、熱帯二〇％、温帯七％となる。寒帯では熱帯に比べ有機物の分解が遅いので、枯木の割合が熱帯より大きくなるのは理解できる。しかし温帯では、分解速度は寒帯と熱帯の中間の値のはずなので、枯木の割合も中間の値を示しそうなものだがそうなっていない。温帯は他の気候帯に比べ相対的に枯木としての炭素貯留量が極端に少ない。おそらく温帯では集約的な林業が行われている場所が多く、枯木が残っている森林が少ないのではないかと思う。同じことは寒帯の中でもいえる。最も枯木があるのは極東ロシア、次がカナダで、古くから人手が加わってきたヨーロッパにはほとんど残っていない。日本を含む温

（ギガトン）

気候帯と地域	生きた植物	枯木	落葉・落枝	土壌	全炭素
寒帯					
極東ロシア	27.9	8.8	10.5	120.1	167.3
欧州ロシア	9.6	2.3	3.3	26.7	42
カナダ	14	5	11.7	19.7	50.4
北欧	2.5	0.1	1.4	7.9	11.8
計（寒帯）	53.9	16.1	27	174.5	271.5
温帯					
アメリカ	19.4	2.7	4.8	16	42.9
欧州	10.5	0.3	2	16.3	24
中国	6.5	0.1	1.2	16.3	24.2
日本	1.6	–	–	–	1.6
韓国	0.2	–	–	–	0.2
オーストラリア	6.6	0	3.9	5.6	16.1
ニュージーランド	1.3	0.1	0.1	0.7	2.2
その他の国	0.5	–	0.1	1.8	2.3
計（温帯）	46.6	3.3	12.1	56.7	118.6
熱帯					
東南アジア	43.2	9.1	0.4	29.8	82.4
アフリカ	79.2	18	1.2	42.5	140.9
南アメリカ	139.8	26.5	2.4	79.1	247.8
計（熱帯）	262.1	53.6	4	151.3	471
合計	362.6	72.9	43.1	382.5	861.1

図 10-4　2007 年時点の森林の炭素貯留量（文献 3 より抜粋）。枯木や落葉・落枝の値が小さいのは、これらが崩れた後（図 10-3 参照）は「土壌」として計測されるため。日本を含む温帯で枯木の炭素貯留量が少ないのは、集約的な林業が行われており枯木が残る森林が少ないことも理由の一つだろう。寒帯では生きた植物より土壌に、熱帯では土壌よりも生きた植物に炭素が貯留されていることがわかる

帯は、他の気候帯に比べ、枯木としての炭素貯留を増やす余地がある生態系といえるだろう。

仮に今、温帯で潜在的に貯留可能な枯木の炭素量を、熱帯と同様の、生きた植物バイオマスの炭素量の二〇％とすると、四七ギガトンの二〇％で、九・四ギガトンと計算できる。これは、現在枯木として蓄積されている炭素量三・三ギガトンの二・八倍に相当する。現在蓄積されている枯木の三倍近い量が潜在的に温帯には蓄積可能だということだ。

日本についても見てみよう。日本は森林率七〇％、生きた植物バイオマスの炭素量は一・六ギガトンだ。この二〇％は〇・三ギガトンになる。二〇一二年に発表された日本の枯木の炭素量推定値[6]によれば、森林面積あたりの枯木の炭素量の全国平均は〇・四二キロ／平方メートルだそうだ。林野庁のデータによれば、日本の森林面積は約二五〇〇万ヘクタールだ。これらから計算すると、日本の森林に蓄積されている枯木の炭素量は、約〇・一ギガトンとなる。粗い推定だが、右で計算した〇・三ギガトンの三分の一しか蓄積できていない。つまり、日本の森林には、枯木を放置するだけで少なくとも〇・二ギガトンの炭素を貯留するポテンシャルがあるのだ。さらに、もちろん〇・三ギガトンがポテンシャルの最大値だと考える理由はどこにもない。もっと貯留できる可能性もある。

温暖化はシロアリの枯木分解を促進する？

温帯とは逆に、今現在枯木の貯留量が多い熱帯では、このレベルを維持する努力が必要といえる。し

図10-5　アカマツ枯木の樹皮下に張り巡らされたシロアリの巣（左、長野県）。アカマツの枯木から出てきたシロアリの羽アリ（右、山形県）

かしそれは難しいかもしれない。森林伐採の問題もあるが、そもそもシロアリがいるためだ（図10-5）。

多くの場合、分解に伴い枯木の炭素濃度が高くなることは先に述べた。[4] しかし面白いことに、亜熱帯のいくつかの樹種の枯木では、分解に伴い顕著に炭素濃度が減少していた。これはシロアリが枯木の中に土（ミネラル）を持ち込むせいではないかと、論文の著者は考察している。

シロアリは、世界の熱帯・亜熱帯を中心に分布しており、枯木や落葉などの植物遺体の分解を強力に推進する。僕も、実家（山梨県）で長いこと本棚に入れっぱなしになっていた本が、壁から侵入したシロアリによって完全に巣にされていて、仰天したことがある（図10-6）。

最近行われた大規模な野外実験によれば、温暖化が進行するとシロアリによる枯木の分解が加速することが予想されている。[7] シロアリは暖かい地域に多いので、温暖化が進めばその影響が大きくなることは容易に想像できるが、その影響を世界規模できちんと定量的に調べた例は意外にも少ないのだ。

実験では、カマボコ板よりやや大きいくらいのマツ材を、南極大陸以外のすべての大陸の二〇ヶ国一三三ヶ所で、二年間ほど野外に放置して分解させた。このとき、シロアリが侵入可能な網袋に入れたものと、シロアリが入れないメッシュの網袋に入れたものを用意し、分解速度を比較した。

日本の研究者も何人か参加したこの実験の結果、いくつか面白いことがわかった。まず、気温が上がると、シロアリがカマボコ板を発見する確率が加速度的に増加する。特に、年平均気温二一℃付近で発

図 10-6　シロアリに食われた本。本棚に接した壁から侵入したと見られ、完全に巣になっている（山梨県）

見率の増加が著しい。

次に、気温の上昇に伴うカマボコ板の分解速度の増加が、シロアリに発見されることでさらに加速する。温度が一〇℃上がると、一般に分解速度は二倍になることが経験的に知られており、この実験でもシロアリが入れない網袋に入れたカマボコ板では、温度上昇一〇℃で分解速度は約二倍になった。これは、これまでにも知られている微生物による分解によるものだ。ところが、シロアリが入れる網袋では、温度上昇一〇℃で分解速度はなんと約七倍にもなった。

さらに、降水量もシロアリによるカマボコ板の発見確率に影響していたのだが、降水量によって発見確率が上がるかどうかは、気温の影響を受けていた。どういうことかというと、気温の高い熱帯では、降水量の少ない場所のほうが降水量の多い場所より発見確率が高かったのだが、気温の低い温帯では、逆に降水量の多い場所で発見確率が高かったのだ。その結果、降水量が多い熱帯多雨林よりも、やや乾燥した亜熱帯林や熱帯季節林で、シロアリによる材分解の促進が最もよく見られた。この結果は、枯木の分解に伴う炭素濃度の減少（おそらくシロアリによる土の持ち込みに起因）が、亜熱帯の樹種でのみ見られたことと一致している。

この実験結果から危惧されることは、温暖化が進むとシロアリによる枯木の分解が加速度的に進み、大気中への二酸化炭素の放出量が増え、温暖化がさらに加速するのではないか、ということだ。

ただ、この実験ではわからないことももちろん残されている。一つは、シロアリによってかじり取られた材のすべてが分解され、大気中に放出されたわけではない点だ。この実験に用いられた小さな角材の中にシロアリが巣を作っているとは考えにくく、本体の巣は地中など別の場所にあるだろう。シロアリはそこで未消化の有機物を糞として排泄するだろうから、角材からかじり取られた材のうち一定の割合は、ただ土の中に移動しただけ、ということになる。このことを考えれば、先ほどの七倍という数字は少し過大評価になっている可能性がある。

もう一つは、サイズの大きな枯木の分解だ。この実験は、カマボコ板程度のごく小さい角材を分解させたときの話なので、直径二メートルにもなるような巨大な枯木では、話が違ってくる可能性がある。例えば、この実験で使われたような、現在流通している木材は、辺材である場合が多い。これは、林業で収穫されるのが、それほど直径の大きい木ではないことによる。辺材には分解阻害物質などがあまり含まれず、分解されやすい（第7章参照）。

一方、幹の直径が太くなってくると、分解阻害物質が多く含まれた心材が発達してくる（図7-2）。さらに、枯木のサイズが大きくなると、中心部は酸素が足りない状態になるので、状況はカマボコ板とはまったく異なってくるだろう。巨大な丸太は運ぶだけで大変だし、丸ごと乾燥させることも難しいので樹病を媒介する恐れもあり、カマボコ板のように世界中にばらまいて実験することは困難だ。しかし、直径の大きな古木や枯木の炭素貯留に果たす役割は非常に大きいと考えられる。一部誤解されていることもあるので、次に巨木や老齢林の炭素貯留について力説したい。

巨木や老齢林の炭素貯留はすごい

植物は、光合成によって大気中の二酸化炭素を吸収して体を作る。そして酸素を放出する。しかし、植物は僕らと同じように呼吸もしており、夜間は酸素を吸って二酸化炭素を放出している。この炭素の、光合成による固定と呼吸による放出の差が、植物の成長量、つまりバイオマスとなるわけだ。

年間の成長量は、若い樹木のほうが老齢の樹木よりも大きい。このことから、森林の炭素吸収力を高めるためには、成長の遅い老齢林は伐採して、成長の速い若木の林に更新すべきだという、乱暴な意見を耳にすることもある。しかしよく考えてみてほしい。老齢の巨木には、これまでの長い年月で蓄積した膨大な炭素がすでに含まれている。その巨木が生きている限り、その炭素は貯留され続けるのだ。

その巨木が切り倒されてしまったら、炭素の放出が始まる。もしその巨木が大切に扱われ、家具などに加工されて大部分の木材が長期間保存されるのなら話は別だが、分解されるような状況なら、炭素は放出されていく。しかし、森の中に残されて自然な分解に身を委ねられるのならまだ良いかもしれない。巨木の心材は腐りにくく、枯木としても長期間炭素を貯留し続けるだろうし、分解しにくい成分は土壌有機物として、さらに長期にわたって安定して炭素を貯留できる。最悪なのは、燃料に使われることだ。樹木が数百年かかって蓄積した炭素が、一瞬で大気中に放出されてしまう。

また、森林の炭素蓄積は、生きた樹木だけでなく、枯木や落葉、土壌中の有機物も含めたものだ。炭素貯留のところですでに紹介した通り、森林の炭素の大部分は土壌中に蓄積されている。北方林ほどこの傾向が強い。これは、北方林では枯木や落葉の分解が遅いため、有機物が土壌に蓄積しやすいせいだ。逆に熱帯では、枯木や落葉は速やかに分解されるため、土壌中にあまり有機物は残らず、むしろ生きた植物に炭素が蓄積されている。熱帯で森林が伐採され、表土が雨などで流されると、土地があっという間に荒地化してしまうのはこのためだ。

老齢林が伐採されると、直射日光が当たることによる温度の上昇や乾燥によって、この土壌中に蓄積された有機物の分解が促進される可能性がある。特に、永久凍土の上に成立している北方林では、伐採の効果はてきめんである。地表の温度上昇は凍土を溶かし、時には火災も誘発して、土壌炭素の大気中への放出が促進される(8)。

土壌への炭素蓄積の少ない熱帯林でも同様に、伐採後は土壌有機物の分解が促進される。世界中の熱帯で、天然林が切り開かれてパームオイルを採取するためのアブラヤシの植栽が行われることが多いが、天然林を切り開いた後は、植物遺体が急速に分解される。植栽後三〇年のアブラヤシのプランテーションでは、森林全体の炭素貯留量は天然林の三五％にしかならない(9)。

日本では、伐採後速やかに植林されてそれがうまく育てば、数十年後には伐採に伴う炭素の放出分を取り戻せる可能性もある。五五年生のスギ林では、隣の天然林（モミやコメツガが優占）と比べ土壌炭素量が多くなっているところも存在する(10)。しかし、これは伐採・植林時の土壌攪乱が少ないなど好条件が重ならないと難しいだろう。伐採して新たに植林するよりも既存の森林を保全する方が炭素貯留に寄与できることについては、ＷＷＦジャパンの解説がわかりやすい（＊２）。

＊2……ＷＷＦジャパン「炭素だけで見ても植林するより既存の森林を守る方がいい理由」
https://www.wwf.or.jp/activities/opinion/5146.html

枯木の貯蔵庫 Wood Vault

さて、化石燃料の使用により増えてしまった大気中の温室効果ガスの濃度を下げるためには、ネットゼロでは不十分だ。なんとかして、放出量を上回る量の炭素を固定しなければならない。大気中から二酸化炭素を固定するいろいろな技術が考案されている。しかし、一番誰でも思いつく方法は、木を腐らないように保存することだろう。これについて真面目に考えている人たちもいる。枯木を生態系の中で保存しようという本書の意図とはずれるが、関連する話題として紹介しよう。

微生物の活動を抑え、物を腐りにくくするためには、乾燥、低温、低酸素のいずれかの条件が必要だ。木材でもこれは同じである。日本では昔から、木材の収穫（伐採）は冬の寒い時期に行われるし（材に水分が少なく乾燥後の捻れが小さいという理由もあるが）、伐採後の木材は乾燥させたり、あるいは水没させて低酸素条件に置くことで腐らないように保存する。

ヒノキ材を使って建てられた法隆寺の五重塔は、適切な乾燥管理によって一三〇〇年以上保たれている。逆に水分の多い粘土質、火山灰質の地中に埋まった木材も、低酸素条件のために二〇〇〇年以上の間腐らずに保存されている。こういった木材は、道路工事や河川工事などで地中から発見されることがある。独特の色合いが美しく、神代木と呼ばれ珍重される（図10-7、口絵㉘）。

Wood Vault（木材貯蔵庫）と呼ばれる試みでは、これらのプロセスを人工的・集約的に行う[11]。つまり、地中、水中、砂漠、極地といった、分解のしにくそうな場所に塚を作って丸太を大量に貯蔵する（図10-8）。塚は粘土で密閉するので、丸太から放出される二酸化炭素によってすぐに酸欠になり、分解は停止する。これは、炭素の貯留になると同時に、将来のための木材資源の備蓄にもなる、と論文の筆者らは書いている。たしかに、丸太の伐採や輸送、塚の造成などに必要なエネルギーよりも大量の炭素を貯蔵できるのであれば、炭素の貯留に貢献するだろう。

図 10-7　水分の多い粘土質や火山灰質の地中に埋まって保存されていた木材、神代木。上は神代スギ（秋田県仁別森林博物館）、下は左から、神代クリ、一つ飛んで神代スギ、神代ケヤキ。左から２つ目は現代の木材コシアブラ（東北大学川渡フィールドセンター）

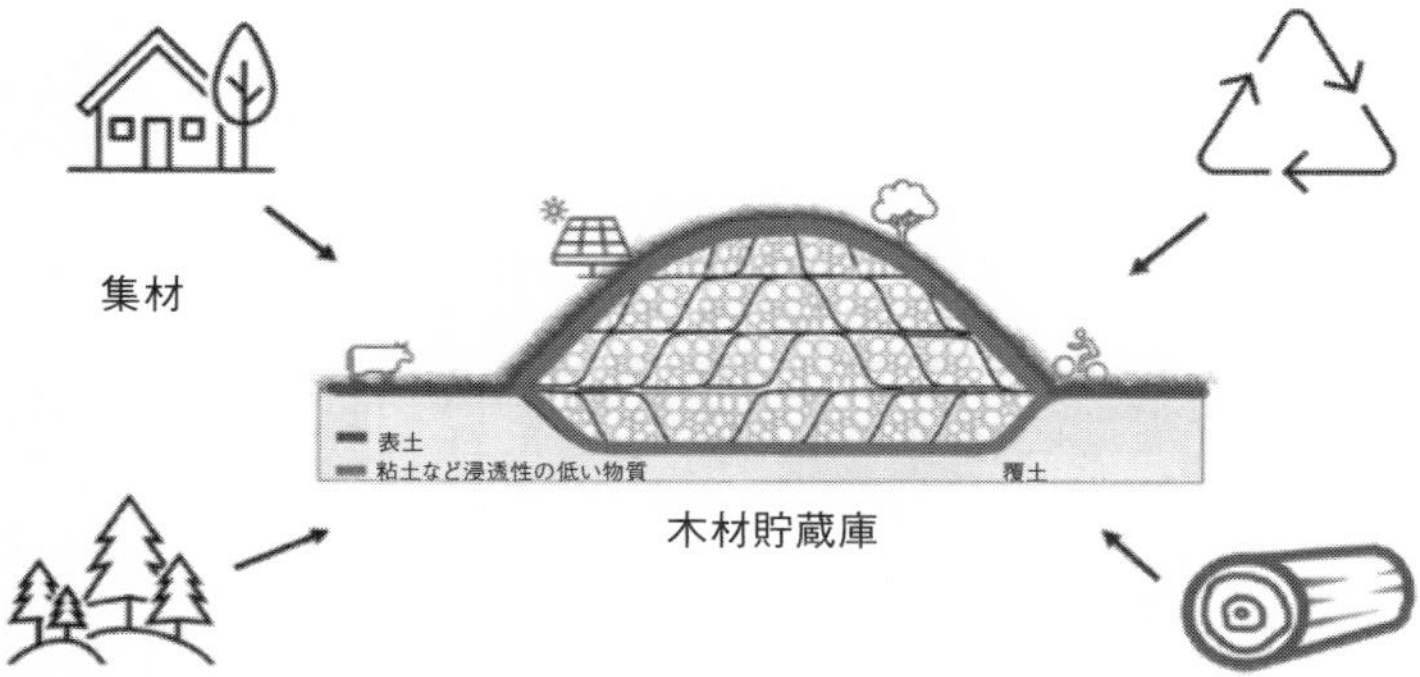

図 10-8　Wood Vault（木材貯蔵庫）による炭素隔離。森林から収穫した木材や廃材を集めて塚にし、その上を粘土や土壌で覆うことで内部を酸欠状態にして長期間保存する。文献 11 を改変

効果的な貯留にするには、その地域で得られる木材量を推定し、輸送コスト、塚の建造コストから塚のサイズを適切に設計する必要がある。放置された採鉱跡地などを利用できれば、掘削のコストが削減できるかもしれない。筆者らは一ヘクタール程度が基本的な塚の単位になるだろうと述べている。大規模な塚が完成したら、その上は公園や農地、太陽光発電所などに使える。

とはいえ、土地が狭く地震が多い日本では、大規模な塚を作るのはなかなか現実的ではないかもしれない。Wood Vault にはいくつかオプションが考えられている。周りが海に囲まれている日本は、Aqua Vault が使えるかもしれない。これは、海底に丸太を沈め、堆積物に埋めていくというものだ。ただし、これは陸上に塚を作るよりもコストがかかるし、技術の進展も必要だろう。

論文の中で筆者らも書いているが、Wood Vault は石炭の生成過程と考えられているプロセスの初期段階を模倣している。地下から来た化石燃料を燃やして出た炭素を、地

下に戻すというのはある意味正論だ。ただ、やっぱり巨大な穴に丸太が大量に埋められていくのを見るのはあまり楽しくない、と思ってしまう。しかし、大気中の二酸化炭素濃度は一〇年単位で上昇している（燃やせば炭素は一瞬で放出される）のに対し、人類の努力（実際には植物の力）によって二酸化炭素濃度を下げることができるとしてもそのスピードは一〇〇年単位といったゆっくりとしたものになるだろう（炭素の固定には時間がかかる）。もはや楽しくないとか、躊躇している場合ではないのかもしれない。

生態系の安定性とバイオマス利用

この章で述べてきた、炭素を枯木として森の中に貯留しようという考え方は、木質バイオマスを効率よく利用しつつ再生産して回していこうとする考え方とは、方向性が異なる。前者では、炭素が長時間かけて大気に戻ってゆくとともに、一部は土壌中にさらに長期間にわたって土壌炭素として貯留される。枯木の分解には多種多様な生物が関わるので、生態系の種多様性は高くなるだろう。一方後者では、バイオマスは燃料としてその大部分があっというまに大気に戻り、成長の早い樹木に固定されてすぐにまたバイオマスとなり、燃やされる。森の中には枯木が存在しなくなり、枯木に依存する生物はいなくなるので、生態系の種多様性は低下する。

伐採と若木の成長を繰り返す森は明るく、チョウやバッタといった植食性の昆虫と、それに伴う捕食

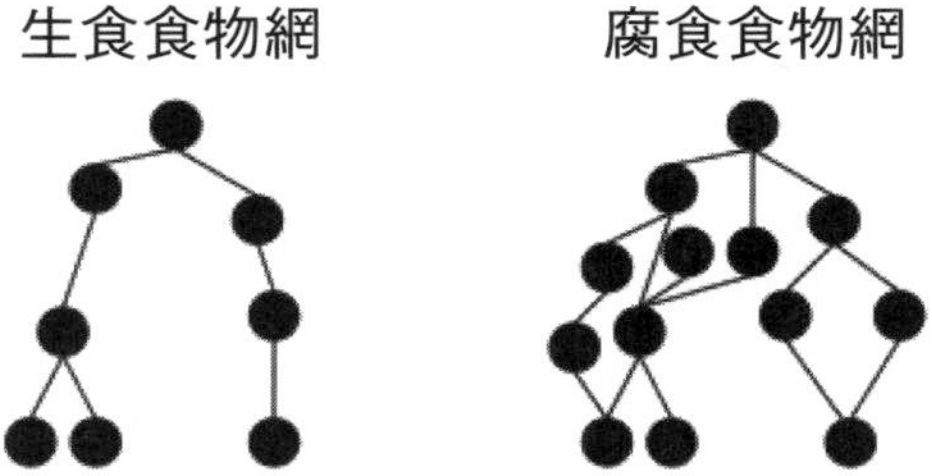

	生食食物網	腐食食物網
種の多様性	低	高
生物間相互作用の数	少	多
炭素の流れ	速	遅

図10-9　生きた植物組織を食べる生物から始まる生食食物網と、死んだ植物組織を食べる生物から始まる腐食食物網の違い。後者のほうが栄養段階が多く、関わる生物種も増え、生物群集の安定性が高い

者といった、いわゆる里山の生物群集が発達するだろう。これら人目につきやすい生物の多様性は高くなる。しかし、枯木に依存する膨大な数（これまでも紹介してきたように、森林の生物の三分の一は枯木に依存するといわれる）の生物種は失われる。

また、第7章で少し紹介したように、チョウやバッタといった生きた植物組織（葉など）を食べる生物から始まる「生食食物網」と、枯木などの死んだ植物組織を食べる生物から始まる「腐食食物網」では、後者のほうが種の多様性や生物間相互作用の複雑性が高い（図10-9）。

具体的に考えてみよう。生食食物網では、葉がイモムシに食べられる。イモムシは小鳥に食べられる。小鳥はタカに食べられる——終わり。食物網の中の生物同士のつながり一つ分を栄養段階と呼ぶが、これが植物も入れて四段階しかない。葉の汁を吸うハダニなどから始まったとしても、クモ、小鳥、タカと栄養段階は五段階である。

一方、腐食食物網では、枯木が菌類によって食べら（分解さ）れる。菌類はトビムシに食べられる。トビムシはクモに食べられる。クモはトカゲに、トカゲはヘビに、ヘビはタカに食べられる。栄養段階は七段階である。菌類（分解者）が入っている分、栄養段階が多い。

もちろん、それぞれの栄養段階には、さまざまな生物種が含まれる。栄養段階が多い分、腐食食物網には生食食物網に比べ多様な生物種が関わり、関係性も複雑になる。また、腐食食物網は生食食物網に比べ、広食性（さまざまな生物を食べる）の生物種が多い。アゲハの幼虫はミカンの葉しか食べない（専食性）が、カタツムリはいろいろな種類のキノコを食べる（広食性）。こういった、ゆるやかな生物種間の関係性がたくさんあることで、腐食食物網は生食食物網に比べ生物種間のつながりが格段に複雑になっている。さらに、枯木は分解に時間がかかるので、腐食食物網の炭素の流れは生食食物網に比べゆっくりとしたものになる。

理論的な研究から、①生物種の多様性が高く、②生物間相互作用のつながりがゆるやかかつ複雑で、③炭素の流れが遅い、という性質をもつ腐食食物網は、これとは反対の性質をもつ生食食物網に比べ、生物群集の安定性が高いことがわかってきている[12]。

これは次のように考えれば理解しやすいだろう。まず生物種の多様性が高いことは、食物の選択肢が多いことを意味する。どれか一種類の餌がいなくなっても、ピンチに陥ることがない。さらに食物に対する好みが強くなく、何でも食べられたほうが、選択肢が限られるときにも生き延びられる確率が高くなる。そして、炭素の流れが遅ければ目の前に食べ物がいつまでもあるので、食べるチャンスも多くなる。

食物網の安定性が高いことは、その生態系の安定性が高いことを意味する。生態系の安定性が高ければ、安定的に生態系サービスを受け続けることができるだろう。僕らが巨木の森や苔むした倒木を見てどこか安心するのは、本能的にそこの生態系の安定性を感じ取っているからなのかもしれない。

こういったことを考えると、成長の速い樹種からなる森林を仕立て、そこからバイオマスを恒常的に収穫することは、生態系の安定性を低下させることにつながるかもしれない。早く成長した木材は、年輪の間隔が広く、密度が低いため、分解しやすい。つまり、枯木の「ゆっくり分解される」という特性が損なわれている。成長の速い植物は落葉も分解しやすい。分解しやすい有機物では、分解者である菌類の量も種多様性も低下するので[13]、食物網の複雑性も低下するかもしれない（ただ、バクテリアの種多様性は増加する）。

また、バイオマスを恒常的に収穫すれば生態系の物質循環が途切れるので、施肥や有機物の添加を注意深く行わない限り、「再生可能」な期間はそれほど長続きしないのではないかと思う。つまり、森林が「畑」化する。森林と畑は、炭素の循環速度もまったく異なる（『地上と地下のつながりの生態学』[14]）。森林では、分解しにくい有機物が菌類によってゆっくりと分解されて循環している。一方畑は、分解しやすい有機物がバクテリアによって速やかに分解される生態系だ（ただし、もちろん畑にも菌類はいるし、森にもバクテリアはいる。森は菌類による分解で畑はバクテリアによる分解というのは、あくまで相対的な話)。畑が環境の変化に対して不安定で、肥料や農薬の添加といったコストがかかることは言うまでもないだろう。森林が畑化すれば、こういったコストがかかるようになるであろうことも考えておかなければならない。

腐食食物網は、消化しにくい食べ物から始まって、最終的な「食べ残し」も多い。この一見「無駄が多い」ことが、安定性という非常に重要な側面を生態系に与えている。

フィールドノートから

妻が新潟で古民家に住んでいたときに、家の中をよく探検した。改築されて内装は近代的になっている部屋もあったが、二階の廊下の突き当たりにある小さなドアから一歩出ると、魑魅魍魎《ちみもうりょう》がいそうな薄暗い空間が広がっていた。見上げると、曲がりくねった太いアカマツを組み合わせた梁《はり》が屋根を支えている。これで水平をとって豪雪地の屋根の荷重をちゃんと分散しているのだから、すごい梁組の技術だ。最大震度七を記録した新潟県中越地震にも耐えたのだから、相当柔軟性と強度を兼ね備えた構造なのだろう。カーボンニュートラルを達成するためには、収穫した木材をすぐには燃料にせず、建築用材などなるべく長期保存できる用途に使うことが望ましい。炭素貯留のための新しい技術を開発することも大事だが、こういった昔からある技術をしっかり継承することも大切なのではないだろうか。

僕も和歌山で古民家に住まわせてもらっていたことがある。茅葺き屋根をトタンで覆ったタイプだ。残念ながら屋根裏を覗いてみたことはなかったので（ときどき足音がしたので怖くて覗く気にならなかった。たぶん異世界が広がっていたのだろう）梁組を観察する機会はなかった。隙間は多かったようで、畳の上をカマキリやキリギリス、果てはサワガニが歩いていたこともあった。仕事から帰ってくると、大きなアオダイショウが土間においてあった生ゴミ入れのバケツに頭を突っ込んで卵の殻を飲み込もうとしていたことも何度かある。アシダカグモがゴキブリを捕獲する様子を初めて観察したのもこの家だった。

築100年以上の古民家の屋根裏。曲がりくねったアカマツの梁が組み合わさっている

第11章　次世代の森へ——倒木更新

倒木更新との出会い

博士号を取った直後に始めた東京近郊の公園での調査で、倒木の腐朽型が変形菌やコケの種組成に影響を与えていたことについては第2章で書いた。そのときに気づいたのは、倒木の上には、地面の上とはまた違ったいろいろな樹木の実生が生えていることと、倒木の腐朽型がそれらの実生にも影響していることだった。

倒木の上に樹木の実生が成長して、次世代の森林を形作る樹木が更新していくプロセスのことを、「倒木更新」と呼ぶ。北米やヨーロッパの針葉樹林、特にトウヒ属の樹木が優占する森林ではよく知られる現象だ。日本でも北海道のエゾマツやアカエゾマツが、倒木更新することで有名である。それらの老齢林に行くと、倒木の上にたくさんの実生がにぎやかに生えているのを見ることができる。もう少し大きくなると、倒木の表面を伝って長く伸ばした根が地面に到達し、土壌から養分を吸って太くなって倒木を包み込むようになる（図11-1、口絵㉙）。

図 11-1　倒木上に生えた実生（上、チェコ）。このような実生が大きくなると根が倒木を巻き込んだようになり（下左、北海道）、倒木が分解されてなくなると根が浮き上がったような形になる（下右、宮城県）

顔を上げて周りを見渡すと、根元が何本かに割れて仁王立ちしているように見える巨木や、人が植えたわけでもないのに一直線に並んで生えている巨木が見つかる。そんな木の根元を覗き込むと、古い切株や倒木が見つかる。もうすでに朽ち果ててボロボロになっていることもあるが、意外と硬くしっかりしている場合も多い。数百年は生きているであろう巨木の根元に朽ち果てた倒木の破片を見つけると、目の前に保存されている出来事の時間の長さにクラクラしてくる。

こういった光景は、巨木が立ち並ぶ天然林に行かないと見ることができないので、倒木更新も特定の樹種に限った話のような気がしていた。しかし調査を進めると、倒木更新は意外に一般的な現象らしいこともわかってきた。僕らの身の回りでは、樹木は人間の都合のいい場所に植えられたり刈り込まれたりして、本来の姿がわからなくなっていることも多い。本書の最後となるこの章では、森林が持続的に存在する上で枯木が果たす重要な役割——倒木更新——について紹介しよう。

東京都立東大和公園

アカマツの倒木二〇〇〇本に印をつけて調査をしていた、東京都立東大和公園は、アカマツが枯れた後にコナラやアカシデ、ヤマザクラが林冠樹種として優占した、典型的な武蔵野の里山林だった。林内にはリョウブやエゴノキ、ソヨゴといった低木が生えていた。春になると、地上にはいろいろな樹木の種子が芽生え、たくさんの実生が足の踏み場もないくらいの密度で現れる（口絵㉚）。

調査していた倒木の中には、腐朽が進んで柔らかくなり、半分崩れたようなものもたくさんあった。そのような倒木の上に、実生がたくさん生えていることは、調査を始めてすぐに気づいた。しかし初めのうちは、これが倒木更新かもしれないとは露ほども思わず、キノコと変形菌とコケの記録を取るのに忙しかった。倒木更新とは遠い北方林の話だと思っていたのだ。

ところが春になり、地上にたくさんの実生たちが賑やかに並ぶ時期になると、倒木上と地上の違いがはっきりしてきた。地上の喧騒を尻目に、倒木の上にはいつものメンバー、お馴染みの実生たちが何事もなかったかのように並んでいる。そのメンバーは、地上を賑わしている実生たちとは明らかに違う。しかも、毎日毎日同じ倒木を巡っていると、倒木の腐朽型によって倒木上に生えている実生も違うようだということも薄々感じていた。これはデータを取ってみたら面白いかもしれない。

ただ、樹木の実生というのは、親とは似ても似つかない姿かたちをしている。大人になったら巨木になる樹種でも、芽生えた直後はコケよりも小さいことなどザラだ。大きさが小さいだけでなく、葉の形が親とはまったく違うことも多い。世の中に花や葉の図鑑は多いが、実生の図鑑はほとんどない。しかし毎日見ていたおかげで、形が違うとはいえ、なんとなく親と子は雰囲気が似ている様子が感じ取れるようになった。例えば葉に生えている毛の様子や、枝先の冬芽の形などだ。そこで、実生のデータも取ってみることにした。

倒木の近くの地上にも一平方メートルの調査区を作って地上に生えている実生を調べ、倒木上と比較した。すると、地上にはコナラやアカシデの実生が多かったのに対し、倒木上にはこれらはほとんど生

図11-3　リョウブの実生（長野県）。褐色腐朽した倒木上に多いのは、酸性土壌に強いツツジ目の植物だからかもしれない

えておらず、リョウブの実生がたくさん生えていることがわかった。

リョウブは、サルスベリのような樹皮をした低木で、白いフサ状の花を初夏に咲かせる。種子が非常に小さくほこりのようで、鼻息でも簡単に飛んでいってしまう。芽生えも非常に小さいが、本葉は特徴的なギザギザした鋸《きょ》歯《し》があるのでわかるようになった（図11-3）。

面白いことに、リョウブの実生は褐色腐朽した倒木にたくさん生えていた。褐色腐朽した倒木は酸性が強く、これがリョウブの実生が褐色腐朽した倒木で多いことと関係がありそうだった。リョウブはツツジ目の植物で、ツツジ目は酸性土壌に強い。

このリョウブのデータを「Forest Ecology and Management（森林の生態と管理）」という学術誌に発表したところ[1]、驚いたことに、同じ雑誌の同じ号にチェコのグループによる似たような論文が掲載された。ただ、対象としている樹種は異なり、チェコのグループでは、これまで本書でもたびたび登場したドイツトウヒを対象としていた。ドイツトウヒは、まさに倒木更新することで有名なトウヒの仲間である。それによれば、ドイツトウヒの実生は褐色腐朽菌が生えている倒木よりも白色腐朽菌が生えている倒木に多いという。リョウブとは逆だ。

このことが、倒木更新に対する僕の好奇心を俄然刺激した。他の樹種の実生では腐朽型の好みはどう違うのだろう？　また、このリョウブの研究は、僕が博士号を取った後に初めて自分ひとりで調査をしてまとめたデータが論文になったものだった。その論文が国際誌に掲載を認められ、しかも海外にも現在進行形で似た興味をもって研究している人がいるという事実は、研究テーマ設定に関する自信にもつながった。

マツ枯れの倒木は実生のホットスポット

杉浦さんが変形菌に来る昆虫の調査をしたのも、アカマツの倒木だった（第2章参照）。そのときの調査地である京都大学上賀茂試験地は、もともとアカマツとヒノキが混ざって生えていたのだが、マツ枯れでアカマツが枯れてしまったので、現在ではヒノキを主体とした天然林になっている。ここのアカマツ倒木で調査をすれば、ヒノキの実生が倒木の腐朽型にどう応答しているかがわかるかもしれない！

さっそく、京都のゲストハウスに泊まり込んで調査を開始した。調査項目は東京のときと同じ、地上と倒木上の実生と、倒木の腐朽型調査である。その結果、ヒノキの実生も地上よりも褐色腐朽した倒木上で多かった。(2) また、低木であるコバノミツバツツジも褐色腐朽した倒木上に多く生えていた。東京でのリョウブと同じ結果だ。では、さらに他の樹種では？

このときには僕は東北大学に移っていて、倒木の腐朽型と倒木更新の研究テーマで研究費ももらっていた。そこで、研究費を使って全国のアカマツ倒木をめぐる調査旅行をして、倒木上の実生をいろいろな場所で調べることにした。結局、全国一〇ヶ所の森林で実生のデータを取ることができ、じつに五九種もの樹木の実生が倒木上で記録された。もちろんこのすべてが倒木更新しているわけではないだろう。通常は地上に生えるが倒木上にたまたま生えてしまったものも多いはずだ。それでもこのデータからは、マツ枯れで生じたアカマツの倒木が、日本の里山林において樹木実生定着のホットスポットになっていることがわかる。

倒木上の実生の種組成は、それぞれの森林の植生を反映していろいろだったが、種子が小さい樹種が倒木上に多いという点は共通していた。おそらくドングリくらいのサイズの種子になると転がり落ちてしまい、倒木の上にうまく乗らないのだろう。一〇ヶ所の調査地のうち五ヶ所以上で記録できた一三樹種のデータを使い、倒木上の実生定着に、倒木の腐朽型が影響しているかどうかを調べた。ただ、ある調査地で倒木の上にある樹種の実生がたくさん生えていたとしても、それはその調査地でその樹種の親木が多かっただけかもしれない。そこで、調査地ごとに各樹種の〝定着指数〟というものを考えた。こ

図 11-4　定着指数のイメージ図。樹種 A の成木が少ないわりに倒木に定着している実生が多い左の状況では定着指数は大きくなり、成木がたくさんあるのに実生が少ない右の状況では小さくなる

の定着指数が大きいほど、親木の多寡を勘案しても倒木上での実生定着が多い（図11-4）。

定着指数と腐朽型との関係を調べたところ、アカマツの実生は褐色腐朽した倒木の上には生えにくいのに対し、ヤマウルシの実生は褐色腐朽した倒木の上に生えやすいことがわかった[3]。どうやら、やはり実生の樹種によって腐朽型（特に褐色腐朽）との関係は違うようだ。しかし、アカマツ倒木の上に生えている実生はどれも小さく、これらがこのまま成木になっていくのかはよくわからない。これは、歴史の浅い里山林での研究の限界ともいえる。長期間安定している天然林なら、倒木更新している樹種では、発芽したばかりの実生から、倒木を包み込むように根を下ろした若木、根元に空間が空いて仁王立ちしている巨木まで、いろいろな生育段階の樹木を見ることができるだろう（図11-1）。一方、里山林は、薪炭林としての利用がされなくなって放置された一九六〇年代からまだそれほど時間が経っていない。またマツ枯れが本格化して大量の倒木が発生し、それが実生の定着に適した状態にまで腐朽したのはさらに最近である。成長の進んだ状態の若木が倒木上に見られないのは仕方ない。
やはり、実際に倒木更新していることが確実にわかっている樹種の天然林で、腐朽型との関係を調べてみたい！　ということで、日本の亜高山帯針葉樹林に生えているトウヒでの調査を計画した。

倒木更新の王道、トウヒ

亜高山帯とは、山の頂上付近の森林のないエリア（高山帯）よりも標高の低い場所にある、森林の発達したエリアである（図11-5上）。日本の本州中部では、標高一五〇〇〜二五〇〇メートル程度の範囲になる。トウヒやオオシラビソ、シラビソ、コメツガといった針葉樹が優占しており、亜高山帯針葉樹林と呼ばれる。これよりも標高が低くブナやミズナラなどの広葉樹が優占するエリアは、山地帯と呼ばれる。

トウヒ（*Picea jezoensis* var. *hondoensis*）は、北海道からロシア極東に広く分布するエゾマツの本州亜種（亜種名 *hondoensis* は「本土の」という意味）で、北は尾瀬から北アルプスや南アルプスを含む中部山岳地帯、八ヶ岳、富士山、さらに南は紀伊半島の大台ヶ原に至る範囲に、点々と隔離分布している。約二万年前の氷期にはもっと広く連続的に分布していたが、その後現在に至る温暖な間氷期が来ると、標高の高い亜高山帯に次第に追いやられたと考えられている。トウヒに会いたいなら、亜高山帯にいく必要がある。高校と大学では山岳部だったので、山登りはむしろ望むところだ。でも、具体的にはどこに行けばトウヒに会えるのだろう？

文献を調べると、宇都宮大学の逢沢峰昭博士が、古い文献記録をもとに実際の踏査を行い、日本の亜高山帯針葉樹の分布を再確認するという、足を使ったものすごい調査をされていた[4]。その中にはもちろんトウヒも含まれている。さっそく逢沢さんに連絡を取り、トウヒの調査地を紹介してほしいとお願いすると、地図と現場写真付きで非常に丁寧に教えていただいた。見ず知らずの僕に大変丁寧な対応をしてくださった逢沢さんには本当に感謝している。ちょうど、コケ好きの安藤さん（第1章）が研究室に入ってきたときだったので、コケを絡めた倒木更新の研究をすることにした。

図 11-5　御嶽山の標高 1,500 ～ 2,500m に位置する亜高山帯針葉樹林。倒木が豊富に残る

コケと腐朽型と菌根菌と実生の関係

倒木更新といっても、どんな倒木でも実生が生えるわけではない。ほどよく腐って柔らかくなり、表面にはコケの層ができて、常にしっとりと水分を含んでいなければ、倒木表面で種子が発芽したとしても夏の乾燥で死んでしまうだろう。コケは倒木更新に非常に重要だ[5]。

長野県と岐阜県の県境に位置する御嶽山での調査では、倒木の上にキヒシャクゴケとタチハイゴケ、イワダレゴケといったコケが緑の絨毯を広げていた。このうち、キヒシャクゴケは苔類であり、やや厚ぼったい多肉植物のような葉を倒木表面にピターッと薄く広げる。一方タチハイゴケやイワダレゴケは蘚類で、先のとがった細い葉をたくさんフワフワと生やすので、特にイワダレゴケはこんもりと厚いマットになる。

イワダレゴケは地上にも多く、倒木の分解が終わりに差し掛かったくらいに優占してくる様子だったが、分解途上の倒木では、キヒシャクゴケとタチハイゴケ、イワダレゴケが熾烈な競争を繰り広げているようであった。そしてこの競争には、倒木の腐朽型が強く影響していた。褐色腐朽した倒木の上にはキヒシャクゴケがタチハイゴケよりも多く生えていたのである（第1章参照）。

このコケのマットの上に、トウヒの実生が生えていた（図11-6）。その姿は、小さくてコケそっくりだ。だが、種子を脱ぎ捨てたあとに放射状に広げた六本のシンメトリックな針葉はコケよりも頭一つ高く、自分がコケではないことを静かに主張していた。

図 11-6　倒木上のキヒシャクゴケ（左）とイワダレゴケ（右）の競合。キヒシャクゴケの上には針葉を広げたトウヒの実生が生える。そしてキヒシャクゴケは褐色腐朽した倒木に多い（御嶽山）

調査対象にした倒木は、腐朽がある程度進んで柔らかくなった倒木に絞った。まだ腐朽していない硬い倒木には、実生はそもそも生えることができない。倒木の中には、樹皮がすべて剝がれ、コケもまったく生えていない倒木があった。おそらく長期間立枯れて乾燥したままで、最近倒れたのだろう。そんな倒木には実生はほとんど生えていなかった。今年芽生えたばかりの実生が、倒木表面の割れ目などから少しは生えていたので、倒れてからの時間が短いということよりも、やはりコケが生えていない影響が大きいのだと思う。コケがないと、樹皮が剝げた倒木の表面はツルツルで種子が落っこちてしまうし、乾燥するので発芽することができない[5]。

実生の多くはコケのマットの上に生えていたが、面白いことに実生の数はキヒシャクゴケの上のほうがタチハイゴケの上よりも圧倒的に多かった。キヒシャクゴケは褐色腐朽した倒木を好むので、褐色腐朽した倒木にはキヒシャクゴケが多く、その上にはトウヒの実生が生えやすい、という関係があることがわかった。

一方で、トウヒ実生と腐朽型の直接的な関係を解析すると、むしろ白色腐朽した倒木で多いことがわかった。これは、先に紹介したチェコでのドイツトウヒの結果と一致しているが、コケとの関係を考えるとどういうことになるのだろう？　おそらく、コケが生えていないような倒木では、褐色腐朽した倒木よりも白色腐朽した倒木に実生が生えやすいが、コケが生え出すと、キヒシャクゴケの生えた褐色腐朽の倒木が俄然人気になるということのようだ[6]。

なぜキヒシャクゴケの上で実生が多いかについては、まずコケの高さが影響している可能性が考えられた。キヒシャクゴケのマットは厚さ一センチ程度だが、タチハイゴケのマットの厚さは四センチ以上になる。小さいトウヒの実生は、あまりにも厚いマットの表面に引っかかってしまうと、乾燥で発芽できないか、発芽しても根が水分に届かず死んでしまう。一方、厚いコケマットの奥に入ってしまうと、発芽しても光合成できず、やはり死んでしまう。発芽したらすぐにコケマットの上に葉を広げることができる、比較的薄いマットのキヒシャクゴケがよいのだろう[7]。

キヒシャクゴケがトウヒ実生に好まれる理由として、もう一つ考えられるのは、コケマットの中の微生物群集だ。トウヒは外生菌根（ＥＣＭ）菌と共生するグループの樹木（ＥＣＭ樹種）なので、実生は発芽後すみやかにECM菌を根に共生させる必要がある。コケマットの中にもさまざまな菌類がいるので、コケの種類による菌類群集の違いが、実生に影響しているのかもしれない。

これを検証するため、キヒシャクゴケとタチハイゴケのそれぞれのマットの中の菌類群集と、それぞれのマットに生育しているトウヒ実生の根の菌類群集を、DNAメタバーコーディングで調べた。[8] その結果、菌類群集はコケの種間で確かに違っていて、その違いがそれぞれの上で生育しているトウヒ実生の根の菌類群集にも影響していた。例えば、タイロスポラ・フィブリローサ（*Tylospora fibrillosa*）というECM菌は、キヒシャクゴケの上に生えていたトウヒ実生の根で最も多く検出された。

タイロスポラ・フィブリローサは、倒木上のトウヒ属の実生の根によく共生しているECM菌で、ヨーロッパのドイツトウヒ実生[9]や、北海道のエゾマツ（トウヒ属）実生からも見つかっている。[10] また、リグニン分解酵素活性をもつので、[11] 実生の根に菌根共生しながら、同時に枯れたコケや倒木を分解している可能性もあるかもしれない。

また、面白かったのは、ジャイガスポラ・ロゼア（*Gigaspora rosea*）というアーバスキュラー菌根（AM）菌も、キヒシャクゴケ上のトウヒ実生で最も多く検出されたことだ。同じトウヒ属のエゾマツやアカエゾマツの実生や、北米のトウヒ属の実生でも、根にAM菌が定着していることが報告されている。[10,12,13] トウヒはECM樹種だが、もしかしたら発芽直後にAM菌とも共生する時期があるのかもしれない。

キヒシャクゴケなどの苔類は、陸上植物の中では最も原始的な系統に属し、四億年前に植物が陸上に進出したときの様子を今に伝えている。最近の研究からは、苔類の仮根（根のような構造）のなかにA

M菌が定着して菌根のような構造を作っていることがわかってきているので、[14] コケとトウヒ実生が菌根菌を共有している可能性もあるかもしれない。倒木の上にトウヒの実生が定着するためには、腐朽型とコケ、菌類の間の密接な関係が必要そうだ。

森林攪乱や気候の影響

御嶽山で見られた、倒木の腐朽型とコケと菌類、そして実生の絶妙な関係は、森林攪乱によって容易に崩壊してしまう。紀伊半島の大台ヶ原では、一九五九年の伊勢湾台風によってトウヒ林が風倒被害を受けた。その後の倒木の分解や菌類群集が、攪乱を受けなかった場所とまったく違っていたことは第8章ですでに述べたが、これはもちろんトウヒの実生にも影響していた。大台ヶ原でトウヒ林が崩壊した日出ヶ岳周辺では、枯木が褐色腐朽しているのに加え、森林がなくなって倒木が直射日光に当たり乾燥し、コケが生えるどころではない。褐色腐朽にコケなしという、トウヒの実生にとっては最悪な状態である。トウヒの成木も、少しは生き残っているので種子がまったく降ってこないわけではないはずだが、倒木の上にトウヒの実生はほとんど生えていなかった[15]（図11-7上）。

大台ヶ原にはわずかだがトウヒ林が残っている場所があり、そこでは倒木が白色腐朽し、コケが生え、トウヒの実生が育っていた。つまり、日出ヶ岳周辺では倒木の腐朽とコケ、トウヒ実生の絶妙な関係が崩壊し、トウヒの倒木更新が妨げられていると考えることができる。トウヒ林からササ原へと変化し、そこで安定してしまっているのだ。これを生態学の用語で、「代替安定状態」と呼ぶ。環境が変化したときに、生態系の状態がそれまでの状態から別の状態へと変化して安定してしまい、環境がもとの状態に近くなっても以前の状態には戻りにくくなる。これを「履歴効果（ヒステリシス）」といい、攪乱を受けた生態系が簡単には回復しない要因の一つである。

大台ヶ原のトウヒ林回復に向けた希望は、倒木上ではなく地上で、おそらくトウヒ林が衰退する前に芽生えていたと思われるトウヒの稚樹が、個体数は少ないが元気に育ってきていることだ（図11-7下）。日出ヶ岳周辺では、増加したシカによる食害を防ぐために、環境省が鉄製のフェンスを作りシカを排除

図11-7　コケがなく乾燥した褐色腐朽の倒木上で頑張っているトウヒの実生（上）と、倒木上ではなく地上で旺盛に成長するトウヒの稚樹（下）（ともに大台ヶ原）

する区画を何ヶ所も設定している。フェンスの中では、わずかに生えているトウヒの若木の周囲のササを刈り払い、若木の成長を助ける試みを行っている。

伊勢湾台風による風等被害を受けたもう一つの調査地、北八ヶ岳では、第8章で述べた通り、おそらく森林がすみやかに回復したために、倒木の菌類群集や腐朽型には影響がなかった。それにもかかわらず、やはり褐色腐朽した倒木の上にはトウヒの実生が少なかった。[16] ちなみに北八ヶ岳のデータからは、同じくマツ科の針葉樹であるツガの実生も、褐色腐朽した倒木上では少ないことがわかった。

トウヒの倒木を訪ねる山登りでは、他にも乗鞍岳（長野県）、北沢峠（山梨県）、大菩薩峠（山梨県）、富士山（山梨県）に行った。それらの場所での調査結果を総合すると、褐色腐朽した倒木の上にトウヒの実生が生えやすい場所と生えにくい場所があるらしいことがわかってきた。そして、褐色腐朽とトウヒ実生の関係は、気温の影響を受けて変化するようだ。年平均気温が高い調査地では、褐色腐朽した倒木の上にトウヒ実生は少ないが、年平均気温が低い調査地では、褐色腐朽した倒木の上にトウヒ実生はむしろ多い傾向があるようだった。しかし、七ヶ所の調査地では、気候条件との関係を解析するには地点数が少なすぎる。トウヒのように、本州の亜高山帯に点々と分布する樹種では、これ以上調査地の数を増やすことは難しい。

トウヒを追ってヨーロッパへ！

トウヒ属の本場は、やはり日本よりも高緯度の北方林である。トウヒ属はアジアで生まれ、北米やヨーロッパへ分布を広げたと考えられており、現在では北半球の北方林に広く分布している。[17] 三五種程度が知られており、そのうちドイツトウヒはロシア西部からスカンジナビア半島、大陸ヨーロッパに広く分布している（ただしスカンジナビア半島と大陸ヨーロッパのものは遺伝的にやや異なるようだ）。

そこで、日本よりも高緯度のヨーロッパでドイツトウヒの倒木更新の研究をしたいと思った。ドイツトウヒは林業樹種としても重要なので、倒木更新に関する研究はもちろんすでにたくさんある。でも倒木の腐朽型との関係についての記述は、リョウブの倒木更新のところで紹介したチェコのグループによる論文しかないようだった。ヨーロッパのもっと広い範囲で調査して、気候と倒木の菌類群集、腐朽型、ドイツトウヒの倒木更新の関係を比較してみるような研究はまだ誰もやっていない。

チェコの論文の著者には、枯木の菌類に関する論文でよく名前を見る人が入っていた。どうやらこの人は菌類の研究者らしい。メールを送ってみると、似た研究をしている人ということで、向こうもこちらのことを認識してくれていたらしい。チェコでの共同研究を快諾してくれた。第8章でも登場した、ポウスカ博士である（後で話してみると、僕と同い年だった）。他にも同様に、見ず知らずの研究者にメールを送る、学会で知り合った人に共同研究をもちかける、といったことを見境なく繰り返し、なんとかノルウェー、ポーランド、チェコ、ルーマニア、ブルガリア、ギリシャの六ヶ国で調査地と共同研究者を確保することができた。緯度としてはギリシャが日本の東北地方くらいである（図11-8）。

ちょうどイギリスのボッディ教授の研究室に滞在していたので、イギリスからこれらの国々へ繰り出すことにした。飛行機代が安く済んで良い。現在データは論文にまとめているところなので詳細は書けないが、予想通りドイツトウヒの倒木の菌類群集と腐朽型には緯度や気候の影響が見られた。そして、ドイツトウヒの倒木更新も、やはり褐色腐朽した倒木の上では少ないことを確かめることができた。

図 11-8　日本の東北地方と緯度が同程度のギリシャはドイツトウヒの自然分布における南限の一つ（ロドピ山脈国立公園）。ヨーロッパブナなどの広葉樹とも混生する。大量枯死が起こったチェコのシュマヴァ国立公園（図 8-3）と比べ、こちらは元気な様子

スギも倒木更新する？

さて、日本全国に植えられていてお馴染みのスギも倒木更新するといったら驚くだろうか。人工林のスギは、人が苗を地面に植えているのでなかなか本来の生態を想像しにくいが、屋久杉の森を訪問した

ことがある人なら、スギの巨木が古い切株の上に生えていたり、根元に空洞ができて仁王立ちしているようなスギを見ただろう。秋田県でも、桃洞《とうどう》・佐渡のスギ原生林では、スギが倒木や切株の上で更新していることが報告されている[18]。

僕がアカマツの倒木上の実生を調べていたときにも、調査地によってはスギの実生がよく生えていた。山形県の千歳山で駒形くんとやった調査では、スギの実生の数も成長も、白色腐朽している倒木より褐色腐朽している倒木で大きかった[19・20]。中には、高さ五〇センチ近くまで成長しているものもあり、成長速度も非常に速かったので、倒木の上でそのまま大きくなっていくのだろう（口絵㉛）。

スギは日本の固有種で、太平洋側のオモテスギと日本海側のウラスギという言葉があるように、性質の異なるいくつかの集団が存在する。ＤＮＡを調べると、屋久島の集団、太平洋側の集団、日本海側の山形県以南の集団、日本海側の秋田県以北の集団の四つの系統に分かれる[21]。倒木上の実生更新が知られている一方で、多雪な日本海側では伏条更新といって幹の低い位置についている枝が垂れ下がり、地面についたところから発根してクローン繁殖することも知られている[22]。

おそらく、種子による有性繁殖と、クローンによる無性繁殖を環境によってうまく使い分けているのだろう。日本全国で調べたら、アカマツやトウヒ、ドイツトウヒで見られたような倒木の腐朽型や菌類と気候の関係が、スギの倒木でも見られるかもしれない。こういった、倒木の腐朽の地域性が、スギの遺伝的な違いや繁殖様式の地域性と何か関係があれば面白いが、それは今データを集めている最中である。

倒木の樹種	実生の樹種	実生の菌根タイプ	倒木の腐朽型との関係
アカマツ	ヤマツツジ	ERM	褐色（＋）、白色（－）
	ヤマウルシ	AM	褐色（＋）
	リョウブ	AM	褐色（＋）
	スギ	AM	褐色（＋）
			白色（－）
	ヒノキ	AM	褐色（＋）、白色（－）
	アカマツ	ECM	褐色（－）
			白色（－）
トウヒ	トウヒ	ECM	褐色（＋）、白色（＋）
			褐色（－）
	シラビソ／オオシラビソ	ECM	褐色（－）、白色（－）
	コメツガ	ECM	褐色（－）
ドイツトウヒ	ドイツトウヒ	ECM	褐色（－）、白色（＋）

図 11-9　倒木の腐朽型と実生定着の関係。AM：アーバスキュラー菌根性、ECM：外生菌根性、ERM：エリコイド菌根性。右列の＋・－は褐色腐朽や白色腐朽の倒木の上に実生が多いか（＋）、少ないか（－）を表している（文献 23 を改変）

倒木更新と腐朽型の関係

　ここまで、いろいろな樹種で倒木更新と倒木の腐朽型の関係を見てきた。まとめると、図11-9のようになる。樹種により、腐朽型に対する反応、特に褐色腐朽に対する反応が異なるように見える。この樹種による違いを生み出しているのは何だろうか？

　褐色腐朽した倒木は酸性が強くなるので、それに耐えられる種は褐色腐朽した倒木の上に生えることができるだろう。しかし、スギのように褐色腐朽した倒木の上で白色腐朽した倒木の上より成長が良い樹種もある。この理由は何だろうか。表を見ていると、実生の菌根タイプが関係ありそうにも見える。AM樹種であるスギやヒノキ、リョウブ、ヤマウルシに加え、エリコイド菌根と呼ばれるツツジ科植物に特有の菌根を形成するヤマツツジの実生は褐色腐朽した倒木の上で実生が更新している。一方、ECM樹種であるアカマツやトウヒ、モミ属（シラビソ・オオシラビソ）、コメツガ、ドイツトウヒは褐色腐朽した倒木の上では実生が更新しない傾向があるようだ。ツツジ科植物は酸性に強いので、それが褐色腐朽した倒木に生えやすいのは理解できる。しかしAM樹種とECM樹種の実生定着と倒木の腐朽型に何か関係があるとしたら、その要因は何だろうか？

そこで、「AM樹種の実生は褐色腐朽した倒木で、ECM樹種の実生は白色腐朽した倒木で、それぞれ更新しやすい」と仮説を立て、学生の北畠寛之くんと、条件をそろえたポット実験で確かめてみることにした。野外から採集してきた褐色腐朽材・白色腐朽材（ともにアカマツ）を砕いて粗い木粉にし、バーミキュライトと混ぜてポットに入れた。表面殺菌して無菌状態で発芽させたスギとヒノキ（AM樹種）、ダケカンバとシラビソ（ECM樹種）の実生をそのポットに植え、二〇〇日程度インキュベータ内で栽培した（図11-10、口絵㉜）。さらに、木粉の中にいる微生物の影響を評価するために、滅菌した木粉でも同じようにポットを作り、実生の成長を比較した。

その結果、ECM樹種であるダケカンバの実生は、褐色腐朽材よりも白色腐朽材の上でよく成長した。一方、AM樹種であるスギの実生は、白色腐朽材よりも褐色腐朽材の上でよく成長する傾向があった。これらの結果は仮説を支持している。また、木粉の腐朽型による実生成長の違いは、スギでもダケカンバでも木粉を滅菌するとなくなったので、木粉の中の微生物が何か影響していたと考えられる。栽培後

図 11-10　上：AM・ECM 樹種と腐朽材の組み合わせで実生の成長を比較する実験の全景。左中：スギ、右中：ヒノキ、左下：ダケカンバ、右下：シラビソ

に回収した実生の根を観察すると、スギでは白色腐朽材よりも褐色腐朽材の上でＡＭ菌の感染率が高くなっていた。スギ実生の成長が褐色腐朽材で良かったのは、これが原因かもしれない。ただ、木粉から抽出したＤＮＡのメタバーコーディングでＡＭ菌は検出されなかったので、どんなＡＭ菌がいたのかは謎のままだ。

残念ながらダケカンバ実生ではＥＣＭ菌の定着は見られなかった。この実験を行ったときには、「ダケカンバはＥＣＭ樹種」という思い込みがあったので、ＥＣＭ菌の感染率しか測定しなかった。しかし、御嶽山のトウヒのところで紹介したように、ＥＣＭ樹種でも発芽直後の実生はＡＭ菌が共生していることも多いらしい。文献を漁ってみると、カバノキ属の実生でもＡＭ菌の感染で成長がよくなるという論文があった[24]。もしかしたらダケカンバ実生でもＡＭ菌の感染率が褐色腐朽材と白色腐朽材の間で違い、それが成長に影響している可能性はあるかもしれない。

この実験では、ダケカンバとスギで仮説を支持する結果が得られたとはいえ、ヒノキとシラビソの実生成長は褐色腐朽材と白色腐朽材の間で差がなかったので、全体としては仮説が支持されたとは言いにくい。実験に使った樹種も少ない。倒木の上での実生の更新のしやすさは、実生成長以外にも、倒木上での種子の留まりやすさ、種子の生存率や発芽率、発芽した後の実生の生存率など、いくつもの項目が影響してくる。もっとたくさんの樹種の実生で、これらの項目をテストする必要がある。

倒木更新はわりと古くから知られている現象だが、倒木に生息する菌類やコケが関わるそのメカニズムは思っていた以上に複雑で、まだまだ研究すべきことは多そうだ。

フィールドノートから

種子から芽生えたばかりの実生は可愛い。小さいながら親の面影のある葉をつける樹種もあれば、親とは似ても似つかない葉をつける樹種もいる。カエデ類の成木は手のひらを広げたような形の葉をした種が多いが、実生が最初に出す本葉は涙形をしている。針葉樹の実生も面白い。スギやヒノキはプロペラのような三枚の双葉をまず広げるし、モミやマツ、トウヒなどマツ科の実生が最初に広げる針葉は、もっと枚数が多く風車のようにシンメトリックな配置をしている。

実生の名前を覚えるには、自分でスケッチをするのが手っ取り早い。左のスケッチは僕の努力の痕跡の一部である。学生の頃はほとんど変形菌とキノコやカビのことしか知らなかったが、就職した後に東京近郊の森で植生調査を繰り返すうちに、樹木をある程度同定できる目が身についた。これは大学に職を得てからも非常に役立っている。それ以来、僕は初めての調査地ではとりあえず毎木調査（一定面積の中に生えるすべての樹木の名前と胸高直径を記録する）をしないと気持ちが悪い。どなたかが言っていたが「性《さが》としてやってしまう」のだ。

大学の教員になってからは、研究室の教授だった清和研二先生がずっとやってこられた「種蒔き試験」というものを知った。秋に山に行っていろいろな木の種子をたくさん集め、森のさまざまな場所に蒔いて、発芽や成長・生存への影響を調べるのだ。種子のために丁寧に地ごしらえし、一粒ずつ穴に入れて試験の準備をする様子に感動した。良い研究は地道な準備の上に成り立っている。

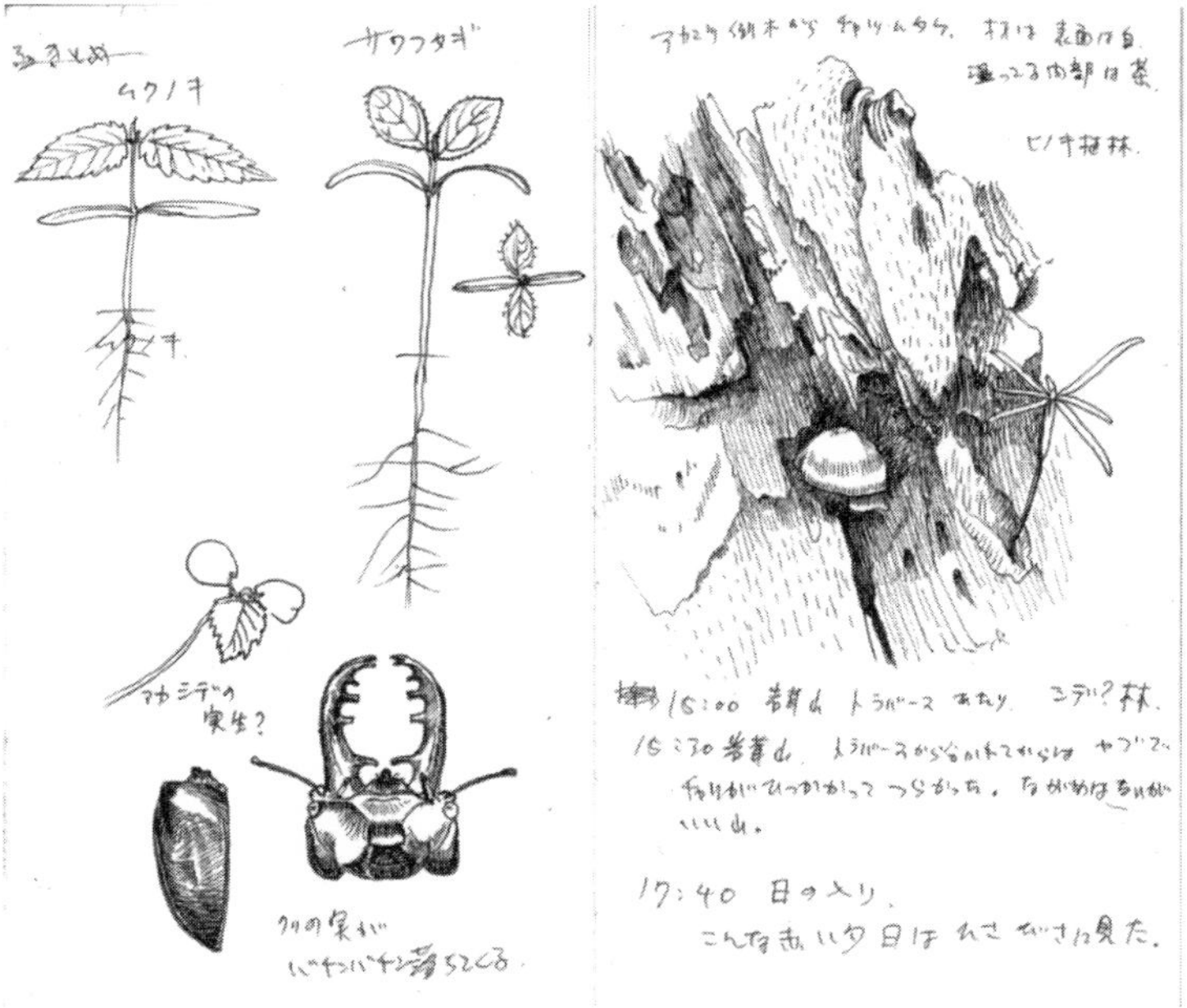

右：腐朽したアカマツ倒木上のチャツムタケとモミの実生
左：３種の実生。ミヤマクワガタはおまけ

おわりに

僕は、これまで二〇年間ほど、枯木に集まる生物の多様性や相互作用、生態系の中での役割などについて研究してきた。その中で、枯木に住む生物の美しさや生態の面白さに魅了されてきた。これをなるべく多くの人に知ってもらいたい。それが、本書を執筆しようと思った一番の理由である。

一方で、再生可能エネルギーとして木質バイオマスの利用を推進する議論の中では、森林に放置される枯木が、単なる燃料としてしか認識されず、〝もったいないから積極的に使わないといけない〟という風潮が広まっていることに驚いた。特に、環境に配慮した暮らしをしたいと考えている人たちの間でそういった考えが広がっていることに危機感を覚えた。それが、本書を執筆しようと思ったもう一つの理由である。

問題の一端は、カーボンニュートラルを達成するための二つの方向性、①木質バイオマスの燃料利用による化石燃料の代替と、②森林（など）への炭素蓄積、この二つが分けて議論されていることではないかと思う。木質バイオマスは、確かに再生可能だ。ただしそれは、樹木が光合成して炭素を大気中から固定してこそ、成り立つ。これらを分けて考えることはできない。分けてしまうと、片方について真剣に考えないまま、もう片方だけの論理で物事が進んでしまう恐れがある。

例えば、木質バイオマスを燃料として利用することを勧めるパンフレットなどには、それが（理論的に）再生可能だというお題目だけが書かれている場合が多い。実際に自分がバイオマスを燃やして発生した分の二酸化炭素を、誰がどこでいつまでに木質バイオマスとして再生させる予定なのか、そしてそれは実現可能なのか、ということまでわかっている人はほとんどいないだろう。

樹木の成長には時間がかかる。実際には、樹木の成長による炭素の固定が、〝再生可能〟なレベルで間に合っているとは言えない。ただ燃やすものが化石燃料からバイオマスに変わっただけだ。

その燃やされている木質バイオマスそのものも、森林に蓄積された炭素である。これをどう保全していくかということも、カーボンニュートラルの達成には重要な要素なのだ。これらのことが両輪で議論されないまま、木質バイオマスの利用だけが推進されたら、逆に森林からの二酸化炭素放出量を増やすことにもなりかねない。政策の策定などのときには両輪で議論されているのだろうが、残念ながらエンドユーザーの段階では分かれてしまって、そして利用の推進だけが独り歩きしているように見える。第一、森から枯木がなくなってしまう（枯木にいる魅力的な生き物たちが見られなくなってしまう！）。

二〇二一年二月、四二の国と地域の五〇〇名を超える科学者が、アメリカ、ヨーロッパ、韓国、そして日本の首長に対し、木質バイオマスを使った発電はカーボンニュートラルではないと主張する書簡を提出した。

書簡では、バイオマスの発電利用により森林が伐採されて燃やされると、森林に蓄えられている炭素が大気中に放出されること、森林の再生には時間がかかり、数十年から数百年にわたって気候変動を悪化させること、バイオマスの発電利用は化石燃料を使用した場合の二〜三倍の炭素を放出する可能性があることが指摘されている。また、各国政府は「気候変動対策」として、バイオマスを燃焼することに対する補助金やインセンティブにより、実際は気候変動を悪化させていること、そして真の排出削減のためには、森林を燃やすのではなく、保全と再生に努めるべきことが述べられている。詳しくは、FoE Japanのブログを参照してほしい。書簡の原文と全訳を見ることができる（＊1）。

はずかしいことに、僕はこの書簡提出の動きを知らなかった。今回、本書の執筆のために調べ物をしていて、偶然発見した体たらくだ。せめて本書の出版によって少しでもこういった認識が世に広まる助けになればと思う。

本書では、生物の多様性や炭素貯留における枯木の重要性を紹介してきた。僕のスタンスは、森の中の枯木はなるべくそのままにして自然に分解させよう、というものだ。しかし、すべての枯木を森の中に残しておけないことは僕もわかっている。化石燃料への依存から脱却するためには、木質バイオマスなどの再生可能エネルギーの利用は必要だ。ただ、そればかりになって、〝枯木が薪にしか見えなく〟なり、過剰な利用が続くと、結局は森林の生態系が破壊されて、今の暮らしが脅かされることにもなりかねない、ということも考えておく必要がある。私たちの暮らしは、知らず知らずのうちに森林から多くの恩恵を受けている。本書では、森林だけでなく「枯木」からの恩恵について、生態系の安定性も含めて考えた。

枯木の本を書くために調べ物をしていて、「枯れた技術」という言葉があることを知った。広く使われている言葉らしいので、今更知ったのは単に僕が不勉強なだけだ。ここでいう「枯れた」とは、「その技術が開発されてから長い時間が経ち、不具合などが解消されて技術として成熟・安定した状態」を表す。つまり良い意味で使われている。

もちろん、枯れた技術がすべて安定というわけではないだろう。新しい技術のほうが効率よく安定的にパフォーマンスを発揮することもある。重要なのは、新旧の技術をバランスよく使い、全体のパフォーマンスと安定性を確保することだ。

これからの森林管理でも、同じことがいえるかもしれない。再生可能エネルギーとしての木質バイオマスを新技術を使って利用すると同時に、生物の多様性や炭素貯留に重要な働きをしている巨木や枯木は保全する。そのバランスを見極めることが必要だが、結果として生態系や僕らの暮らしにどんな影響が出るのか、答えが出るのもしばらく先の未来だ。だからこそ、生態系の仕組みをよく見つめ、過去の出来事から学びながら、よく考えていかなければならない。この感覚は、政策を決定する人はもちろんだが、一般の人も実感としてもっていなければ効果は小さいだろう。

＊1……FoE Japan BLOG「500名以上の科学者が日本政府に書簡を提出：森林バイオマスを使った発電はカーボンニュートラルではない」二〇二一年二月一六日
https://foejapan.wordpress.com/2021/02/16/letter-from-500-scientists/

イギリスの大学で研究していたとき、通勤で通っていた近所のビュートパークという歴史ある公園には、巨木がたくさん生えていた。そんな巨木も、風の強い日の後には根こそぎ倒れていることもあった。よく見ると、根がボロボロでキノコが生えている。こういった倒木が、邪魔になるところだけ切り取られて、公園の中にいくつも鎮座していた。散歩の途中で倒木に腰掛けてベンチとして使っている人や、倒木の上で昼寝している人もよく見かけた。チェーンソーアートになっている枯木もたくさんあった。枯木があることが普通な公園がもっと増えれば良いと思う。枯木がたくさんある公園で遊んだ子どもにとっては、枯木がある光景が普通になるだろう。枯木の放置は「もったいなくない」。

本書に紹介した内容の多くは、大勢の共同研究者や学生諸氏と行ってきた研究をもとにしている。そのうち何人かは本文の中でお名前を挙げたが、それ以外にも多くの方のご協力により、ここまで研究を進めてくることができた。ここで全員の名前を挙げることはしないが、これらの方々に心からお礼申し上げる。ただし、本書で展開されている主張は、著者の個人的なものであることは申し添えておく。中には議論の分かれる内容もあるかと思うが、枯木をめぐる問題に広く興味関心をもっていただくことができれば嬉しい。

本書の出版にあたり、その意義を認めて企画を進めてくださった築地書館の土井二郎社長に感謝申し上げる。本書の企画の始まりは、著者が日本菌学会ニュースレターに書いた書評を土井社長がTwitterで取り上げてくださったことが一つのきっかけになっている。その意味で（ややこじつけではあるが）、

上：公園の倒木で憩う人々
左：枯木を利用した木彫り
（ともにイギリス、ウェールズ地方カーディフ、ビュートパーク）

その書評のもととなった書籍『きのこと動物』の著者である相良直彦先生と、書評の依頼をくれた日本菌学会にも感謝したい。適切な助言とともに本書を読みやすく編集してくださった黒田智美氏にも感謝申し上げる。

以下の方々にはお忙しいなか原稿に有益なコメントをいただいた：稲垣善之氏、大石善隆氏、小林真氏、駒形泰之氏、杉浦真治氏、鈴木智之氏、竹本周平氏、辻田有紀氏、松岡俊将氏、森洋子氏。

以下の方々には素晴らしい写真をご提供いただいた：カナダ・ウッド、加藤富美夫氏、キャサリン・ロウスク氏、駒形泰之氏、サラ・クリストフィデ氏、杉浦真治氏、千徳毅氏、高島勇介氏、竹下典男氏、竹本周平氏、辻田有紀氏、マシュー・ウェインハウス氏、升屋勇人氏、山田明義氏、ルツィエ・ジーバロヴァー氏。また、九州大学宮崎演習林の久米朋宣林長はじめスタッフの皆様には、展示物の写真の使用を快く許可していただいた。いただいた多くのコメントや写真によって本書の内容はわかりやすさが飛躍的に増したはずだが、それでもわかりにくい点や間違いがあればそれはすべて著者の責任である。どうかやさしくご指摘いただきたい。

最後に、コケをとりに山へ連れていってくれた両親と本書執筆のための時間の捻出に協力してくれた妻と子どもたちに感謝する。本書が彼らに納得してもらえるものになっていることを願う。

二〇二三年一月三〇日　雪の降りしきる宮城の森にて

深澤遊（Twitter: @Fukasawayu）

16 Fukasawa Y, Ando Y, Oishi Y, Suzuki S.N, Matsukura K, Okano K, Song Z (2019) Does typhoon disturbance in subalpine forest have long-lasting impacts on saproxylic fungi, bryophytes, and seedling regeneration on coarse woody debris? Forest Ecology and Management 432：309－318.

17 Lockwood JD, Aleksic JM, Zou J, Wang J, Liu J, Renner SS (2013) A new phylogeny for the genus *Picea* from plastid, mitochondrial, and nuclear sequences. Molecular Phylogenetics and Evolution 69：717－727.

18 Ota T, Masaki T, Sugita H, Kanazashi T, Abe H (2012) Properties of stumps that promote the growth and survival of Japanese cedar saplings in a natural old-growth forest. Can J For Res 42：1976－1982.

19 Fukasawa, Y., Komagata, Y (2017) Regeneration of *Cryptomeria japonica* seedlings on pine logs in a forest damaged by pine wilt disease：effects of wood decomposer fungi on seedling survival and growth. Journal of Forest Research 22：375－379.

20 Fukasawa Y, Komagata Y, Ushijima S (2017) Fungal wood decomposer activity induces niche separation between two dominant tree species seedlings regenerating on coarse woody debris. Canadian Journal of Forest Research 47：106－112.

21 内山憲太郎・松本麻子（2018）スギの遺伝的地域性識別のための SNP パネルの開発と利用．森林総合研究所研究報告 17：141－148.

22 Kimura MK, Kabeya D, Saito T et al. (2013) Effects of genetic and environmental factors on clonal reproduction in old-growth natural populations of *Cryptomeria japonica*. For Ecol Manage 304：10－19.

23 Fukasawa Y (2021) Ecological impacts of fungal wood decay types：A review of current knowledge and future research directions. Ecological Research 36：910－931.

24 Hui Z, ChunSheng W, Jie Z (2018) Growth and photosynthetic physiology response of Betula alnoides seedlings to inoculation of arbuscular mycorrhizal fungi. Journal of Tropical and Subtropical Forestry 26：383－390.

dieback in a mixed natural forest dominated by *Chamaecyparis obtusa*. Ecological Research 33 : 1169－1179.

3 Fukasawa Y (2016) Seedling regeneration on decayed pine logs after the deforestation events caused by pine wilt disease. Annals of Forest Research 59 : 191－198.

4 逢沢峰昭・梶幹男 (2003) 中部日本における亜高山性針葉樹の分布様式 . 東京大学農学部演習林報告 110 : 27－70.

5 井上太樹・飯島勇人 (2013) 倒木上での樹木の更新における蘚苔類群集の影響 . 日本生態学会誌 63 : 341－348.

6 Ando Y, Fukasawa Y, Oishi Y (2017) Interactive effects of wood decomposer fungal activities and bryophytes on spruce seedling regeneration on coarse woody debris. Ecological Research 32 : 173－182.

7 Fukasawa Y, Ando Y (2018) Species effects of bryophyte colonies on tree seedling regeneration on coarse woody debris. Ecological Research 33 : 191－197.

8 Fukasawa Y, Ando Y, Song Z (2017) Comparison of fungal communities associated with spruce seelding roots and bryophyte carpets on logs in an old-growth subalpine coniferous forest in Japan. Fungal Ecology 30 : 122－131.

9 Tedersoo L, Suvi T, Jairus T, Kõljalg U (2008) Forest microsite effects on community composition of ectomycorrhizal fungi on seedlings of *Picea abies* and *Betula pendula*. Environmental Microbiology 10 : 1189－1201.

10 菅野亘 (2009) エゾマツ倒木更新初期における菌根にかかわる共生微生物相 . 北海道大学大学院農学院 環境資源学専攻　修士論文 .

11 Chen DM, Taylor AFS, Burke RM, Cairney WG (2001) Identification of genes for lignin peroxidases and manganese peroxidases in ectomycorrhizal fungi. New Phytologist 152 : 151－158.

12 Wagg C, Pautler M, Massicotte HB, Peterson RL (2008) The co－occurrence of ectomycorrhizal, arbuscular mycorrhizal, and dark septate fungi in seedlings of four members of the Pinaceae. Mycorrhiza 18 : 103－110.

13 北川学 (2009) 蛇紋岩土壌におけるアカエゾマツ更新初期の菌根相 . 北海道大学大学院農学院　環境資源学専攻　修士論文 .

14 Yamamoto K, Shimamura M, Degawa Y, Yamada A (2019) Dual colonization of Mucoromycotina and Glomeromycotina fungi in the basal liverwort, *Haplomitrium mnioides* (Haplomitriopsida). Journal of Plant Research 132 : 777－778.

15 Fukasawa Y, Ando Y, Oishi Y, Matsukura K, Okano K, Song Z, Sakuma, D (2019) Effects of forest dieback on wood decay, saproxylic communities, and spruce seedling regeneration on coarse woody debris. Fungal Ecology, 41:198－208.

world's forests. Science 333 : 988−993.

4 Martin AR, Domke GM, Doraisami M, Thomas SC (2021) Carbon fractions in the world's dead wood. Nature Communications 12 : 889.

5 Krah F-S, Bässler C, Heibl C, Soghigian J, Schaefer H, Hibbett DS (2018) Evolutionary dynamics of host specialization in wood-decay fungi. BMC Evolutionary Biology 18 : 119.

6 Ugawa S, Takahashi M, Morisada K, et al. (2012) Carbon stocks of dead wood, litter, and soil in the forest sector of Japan : general description of the National Forest Soil Carbon Inventory. Bulletin of FFPRI 11 : 207−221.

7 Zann AE, Flores-Moreno H, Powell JR, et al. (2022) Termite sensitivity to temperature affects global wood decay rates. Science 377 : 1440−1444.

8 Peplau T, Schroeder J, Gregorich E, Poeplau C (2022) Subarctic soil carbon losses after deforestation for agriculture depend on permafrost abundance. Global Change Biology 28 : 5227−5242.

9 Adachi M, Ito A, Ishida A, Kadir WR, Ladpala P, Yamagata Y (2011) Carbon budget of tropical forests in Southeast Asia and the effects of deforestation : an approach using a process-based model and field measurements. Biogeosciences 8 : 2635−2647.

10 Arai H, Tokuchi N (2010) Factors contributing to greater soil organic carbon accumulation after afforestation in a Japanese coniferous plantation as determined by stable and radioactive isotopes. Geoderma 157 : 243−251.

11 Zeng N, Hausmann H (2022) Wood vault : remove atmospheric CO2 with trees, store wood for carbon sequestration for now and as biomass, bioenergy and carbon researve fore the future. Carbon Balance and Management 17 : 2.

12 Rooney N, McCann K (2012) Integrating food web diversity, structure and stability. Trends in Ecology and Evolution 27 : 40−46.

13 Ushio M, Miki T, Balser TC (2013) A coexisting fungal−bacterial community stabilizes soil decomposition activity in a microcosm experiment. PLOS ONE 8 : e80320.

14 リチャード・バージェット+デイヴィッド・ワードル『地上と地下のつながりの生態学——生物間相互作用から環境変動まで』深澤遊・吉原佑・松木悠訳、東海大学出版部、2016年

第11章

1 Fukasawa Y (2012) Effects of wood decomposer fungi on tree seedling establishment on coarse woody debris. Forest Ecology and Management 266 : 232−338.

2 Fukasawa Y (2018) Pine stumps act as hotspots for seedling regeneration after pine

22 Lewandowski P, Przepióra F, Ciach M (2021) Single dead trees matter: Small-scale canopy gaps increase the species richness, diversity and abundance of birds breeding in a temperate deciduous forest. Forest Ecology and Management 481: 118693.

23 柿澤宏昭・山浦悠一・栗山浩一（編）『保持林業——木を伐りながら生き物を守る』築地書館、2018年

24 尾崎研一・明石信廣・雲野明・佐藤重穂・佐山勝彦・長坂晶子・長坂有・山田健四・山浦悠一（2018）木材生産と生物多様性保全に配慮した保残伐施業による森林管理—保残伐施業の概要と日本への適用—. 日本生態学会誌 68: 101−123.

25 Yamanaka S, Yamaura Y, Sayama K, Sato S, Ozaki K (2021) Effects of dispersed broadleaved and aggregated conifer tree retention on ground beetles in conifer plantations. Forest Ecology and Management 489: 119073.

26 Ueda A, Itô H, Sato S (2022) Effects of dispersed and aggregated retention-cuttings and differently sized clear-cuttings in conifer plantations on necrophagous silphid and dung beetle assemblages. Journal of Insect Conservation 26: 283−298.

27 Teshima N, Kawamura K, Akasaka T, Yamanaka S, Nakamura F (2022) The response of bats to dispersed retention of broad-leaved trees in harvested conifer plantations in Hokkaido, northern Japan. Forest Ecology and Management 519: 120300.

28 Obase K, Yamanaka S, Yamanaka T, Ozaki K (2022) Short-term effects of retention forestry on the diversity of root-associated ectomycorrhizal fungi in Sakhalin fir plantations, Hokkaido, Japan. Forest Ecology and Management 523: 120501.

29 小高信彦（2013）木材腐朽プロセスと樹洞を巡る生物間相互作用：樹洞営巣網の構築に向けて. 日本生態学会誌 63: 349−360.

30 Bunnell FL, Houde I (2010) Down wood and biodiversity - implications to forest practice. Environmental Review 18: 397−421.

31 出川洋介（2009）菌類をテーマとした2006年度特別展の開催記録. Bull. Kanagawa prefect. Mus. (Nat. Sci.) 38: 31−44.

第10章

1 篠原信『そのとき、日本は何人養える?——食料安全保障から考える社会のしくみ』家の光協会、2022年

2 Mori AS, Isbell F, Fujii S, Makoto K, Matsuoka S, Osono T (2015) Low multifunctional redundancy of soil fungal diversity at multiple scales. Ecology Letters 19: 249−259.

3 Pan Y, Birdsey RA, Fang J, et al. (2011) A large and persistent carbon sink in the

Mycoscience 63 : 131－141.
11 Ojeda VS, Suarez ML, Kitzberger T (2007) Crown dieback events as key processes creating cavity habitat for magellanic woodpeckers. Austral Ecology 32 : 436－445.
12 Morimoto J, Morimoto M, Nakamura F (2011) Initial vegetation recovery following a blowdown of a conifer plantation in monsoon East Asia : Impacts of legacy retention, salvagin, site preparation, and weeding. Forest Ecology and Management 261 : 1353－1361.
13 Ohsawa M (2007) The role of isolated old oak trees in maintaining beetle diversity within larch plantations in the central mountainous region of Japan. Forest Ecology and Management 250 : 215－226.
14 Wild J, Kopecký M, Svoboda M, Zenáhlíková J, Edwards-Jonášová M, Herben T (2014) Spatial patterns with memory : tree regeneration after stand-replacing disturbance in *Picea abies* mountain forest. Journal of Vegetation Science 25 : 1327-1340.
15 Hotta W, Morimoto J, Haga C, Suzuki SN, Inoue T, Matsui T, Owari T, Shibata H, Nakamura F (2021) Long-term cumulative impacts of windthrow and subsequent management on tree species competition and aboveground biomass : A simulation study considering regeneration on downed logs. Forest Ecology and Management 502 : 119728.
16 Mayer M, Rosinger C, Gorfer M, Berger H, Deltedesco E, Bässler C, Müller J, Seifert L, Rewald B, Godbold DL (2022) Surviving trees and deadwood moderate changes in soil fungal communities and associated functioning after natural forest disturbance and salvage logging. Soil Biology and Biochemistry 166 : 108558.
17 Birch JD, Lutz JA, Struckman S, Miesel JR, Karst J (2023) Large-diameter trees and deadwood correspond with belowground ectomycorrhizal fungal richness. Ecological Processes 12 : 3.
18 Suzuki SN, Tsunoda T, Nishimura N, Morimoto J, Suzuki J (2019) Dead wood offsets the reduced live wood carbon stock in forests over 50 years after a stand-replacing wind disturbance. Forest Ecology and Management 432 : 94－101.
19 Svoboda M, Janda P, Nagel TA, Fraver S, Rejzek J, Bače R (2011) Disturbance history of an old-growth sub-alpine *Picea abies* stand in the Bohemian Forest, Czech Republic. Journal of Vegetation Science 23 : 86－97.
20 Leverkus AB, Banayas JMR, Castro J, et al. (2018) Salvage logging effects on regulating and supporting ecosystem services - a systematic map. Canadian Journal of Forest Research 48 : 983－1000.
21 森章『エコシステムマネジメント――包括的な生態系の保全と管理へ』共立出版、2012 年

on decomposing conifer trunks in northern Finland. Karstenia 35：1−51.

10 升屋勇人・山岡裕一（2009）菌類とキクイムシの関係 . 日林誌 91：433−445.

11 小川真『炭と菌根でよみがえる松』築地書館、2007 年

12 Suominen M, Junninen K, Heikkala O, Kouki J（2015）Combined effects of retention forestry and prescribed burning on polypore fungi. Journal of Applied Ecology 52：1001−1008.

13 Olsson J, Jonsson BG（2010）Restoration fire and wood−inhabiting fungi in a Swedish *Pinus sylvestris* forest. Forest Ecology and Management 259：1971−1980.

14 小林真（2020）山火事でつくられる炭の自然界での役割 . Green Age 9：9−12.

第 9 章

1 チャールズ・S・エルトン『動物群集の様式』川那部浩哉監訳、遠藤彰・江崎保男訳、思索社、1990 年

2 Jogeir N.Stokland, Juha Siitonen, Bengt Gunnar Jonsson『枯死木の中の生物多様性』深澤遊・山下聡訳、京都大学学術出版会、2014 年

3 Tilman D, May RM, Lehman CL, Nowak MA（1994）Habitat destruction and the extinction debt. Nature 371：65−66.

4 He F, Hubbell SP（2011）Species-area relationships always overestimate extinction rates from habitat loss. Nature 473：368−371.

5 Nieto A, Alexander KNA（2010）European Red List of Saproxylic Beetles. Luxembourg：Publication Office of European Union.

6 Burner RC, Birkemoe T, Stephan J, Drag L, Muller J, Ovaskainen O, Potterf M, Skarpaas O, Snall T, Sverdrup-Thygeson A（2021）Choosy beetles：How host trees and southern boreal forest naturalness may determine dead wood beetle communities. Forest Ecology and Management 487：119023.

7 Purhonen J, Abrego N, Komonen A, Huhtinen S, Kotiranta H, Læssøe T, Halme P（2021）Wood-inhabiting fungal responses to forest naturalness vary among morpho-groups. Scientific Reports 11：14585.

8 Norros V, Penttilä R, Suominen M, Ovaskainen O（2012）Dispersal may limit the occurrence of specialist wood decay fungi already at small spatial scales. Oikos 121：961−974.

9 Norros V, Karhu E, Nordén J, Vähätalo AV, Ovaskainen O（2015）Spore sensitivity to sunlight and freezing can restrict dispersal in wood−decay fungi. Ecology and Evolution 5：3312−3326.

10 Hattori T, Ota Y, Sotome K（2022）Two new species of *Fulvifomes*（Basidiomycota, Hymenochaetaceae）on threatened or near threatened tree species in Japan.

22 Potapov AM, Guerra CA, van der Hoogen J, et al. (2023) Globally invariant metabolism but density-diversity mismatch in springtails. Nature communications 14 : 674.

23 Crowther TW, Boddy L, Jones TH (2012) Functional and ecological consequences of saprotrophic fungus-grazer interactions. ISME J 6 : 1992–2001.

24 Sawahata T, Soma K, Ohmasa M (2000) Number and food habit of springtails on wild mushrooms of three species of Agaricales. Edaphologia 66 : 21–33.

25 A'Bear AD, Jones TH, Boddy L (2014) Potential impacts of climate change on interactions among saprotrophic cord-forming fungal mycelia and grazing soil invertebrates. Fungal Ecology 10 : 34–43.

第 8 章

1 加賀谷悦子・上田明良・升屋勇人・神崎菜摘 (2016) アメリカマツノキクイムシ(コウチュウ目:キクイムシ科)の生態と随伴生物:日本への侵入リスクの考察のために. 日本応用動物昆虫学会誌 60 : 77–86.

2 Kurz W.A, Dymond C.C, Stinson G, Rampley G.J, Neilson E.T, Carroll A.L, Ebata T, Safranyik L (2008) Mountain pine beetle and forest carbon feedback to climate change. Nature 452 : 987–990.

3 Kurz WA, Stinson G, Rampley GJ, Dymond CC, Meilson ET (2009) Risk of natural disturbances makes future contribution of Canada's forests to the global carbon cycle highly uncertain. PNAS 105 : 1551–1555.

4 Giles-Hansen K, Wei X (2022) Cumulative disturbance converts regional forests into a substantial carbon source. Environmental Research Letters 17 : 044049.

5 Čada V, Morrissey RC, Michalová Z, Bace R, Janda P, Svoboda M (2016) Frequent severe natural disturbances and non–equilibrium landscape dynamics shaped the mountain spruce forest in central Europe. Forest Ecology and Management 363 : 169–178.

6 Netherer S, Kandasamy D, Jirosová A, Kalinová B, Schebeck M, Schlyter F (2021) Interactions among Norway spruce, the bark beetle *Ips typographus* and its fungal symbionts in times of drought. J Pest Sci 94 : 591–614.

7 Son E, Kim JJ, Lim YW, Au-Yeung TT, Yang CYH, Breuil C (2011) Diversity and decay ability of basidiomycetes isolated from lodgepole pines killed by the mountain pine beetle. Can J Microbiol 57 : 33–41.

8 Fukasawa Y (2018a) Temperature effects on hyphal growth of wood–decay basidiomycetes isolated from *Pinus densiflora* deadwood. Mycoscience 59 : 259–262.

9 Renval P (1995) Community structure and dynamics of wood-rotting basidiomycetes

cycle highly uncertain. PNAS 105：1551−1555.
5 ウィリアム・プルーイット『極北の動物誌』岩本正恵訳、新潮社、2002年
6 島田卓哉『野ネズミとドングリ――タンニンという毒とうまくつきあう方法』東京大学出版会、2022年
7 H.D. ソロー『森の生活――ウォールデン　上・下』飯田実訳、岩波書店、1995年
8 大園享司『生き物はどのように土にかえるのか――動植物の死骸をめぐる分解の生物学』ベレ出版、2018年
9 Nelsen MP, DiMichele WA, Peters SE, Boyce CK（2016）Delayed fungal evolution did not cause the Paleozoic peak in coal production. PNAS 113：2442−2447.
10 吉田誠（2018）腐朽メカニズムの概要と研究の展望．木材保存 44：172−175.
11 Zhang J, Presley GN, Hammel KE, et al.（2016）Localizing gene regulation reveals a staggered wood decay mechanism for the brown rot fungus *Postia placenta*. PNAS 113：10968−10973.
12 Gilbertson RL（1980）Wood-rotting fungi of North America. Mycologia 72：1−49.
13 Floudas D, Binder M, Riley R, et al.（2012）The Paleozoic origin of enzymatic lignin decomposition reconstructed from 31　fungal genomes. Science 336：1715−1719.
14 Ayuso-Fernández I, Ruiz−Dueñas FJ, Martínez AT（2018）Evolutionary convergence in lignin-degrading enzymes. PNAS 115：6428−6433.
15 Bonner MTL, Castro D, Schneider AN, Sundström G, Hurry V, Street NR, Näsholm T（2019）Why does nitrogen addition to forest soils inhibit decomposition? Soil Biology and Biochemistry 137：107570.
16 Mosier SL, Kane ES, Richter DL, Lilleskov EA, Jurgensen MF, Burton AJ, Resh SC（2017）Interactive effects of climate change and fungal communities on wood−derived carbon in forest soils. Soil Biology and Biochemistry 115：297−309.
17 深澤遊（2022）多種の菌類の共存が分解を遅らせる? 菌類の多様性と分解機能．化学と生物 60：319−326.
18 Tilman D, Naeem S, Knops J, et al.（2001）Biodiversity and ecosystem properties. Science 278：1866−1867.
19 Fukasawa Y, Kaga K（2022）Surface area of wood influences the effects of fungal interspecific interaction on wood decomposition - a case study based on *Pinus densiflora* and selected white rot fungi. Journal of Fungi 8：517.
20 O'Leary J, Hiscox J, Eastwood DC, et al.（2019）The whiff of decay：Linking volatile production and extracellular enzymes to outcomes of fungal interactions at different temperatures. Fungal Ecology 39：336−348.
21 Maynard DS, Crowther TW, Bradford MA（2017）Competitive network determines the direction of the diversity-function relationships. PNAS 114：11464−11469.

6 Kielak AM, Scheublin TR, Mendes LW, van Veen JA, Kuramae EE (2016) Bacterial community succession in pine-wood decomposition. Frontiers in Microbiology 7 : 231.

7 Tláskal V, Brabcová V, Větrovský T, et al. (2021). Complementary roles of wood-inhabiting fungi and bacteria facilitate deadwood decomposition. mSystems, 6, e01078.

8 Christofides SR, Bettridge A, Farewell D, Weightman AJ, Boddy L (2020) The influence of migratory Paraburkholderia on growth and competition of wood-decay fungi. Fungal Ecology 45: 100937.

9 Abeysinghe G, Kuchira M, Kudo G, Masuo S, Ninomiya A, Takahashi K, Utaeda AS, Hagiwara D, Nomura N, Takaya N, Obana N, Takeshita N (2020) Fungal mycelia and bacterial thiamine establish a mutualistic growth mechanism. Life Science Alliance 3 : e202000878.

10 高島勇介・太田寛行・成澤才彦 (2015) 糸状菌，特にエンドファイトの諸形質を内生細菌がコントロールするのか? 土と微生物 69 : 16–24.

11 Partida-Martinez LP, Hertweck C (2005) Pathogenic fungus harbours endosymbiotic bacteria for toxin production. Nature 437 : 884–888.

12 Zhao Y, Shirouzu T, Chiba Y, et al. (2023) Identification of novel RNA mycoviruses from wild mushroom isolated in Japan. Virus Research 325 : 199045.

13 千葉壮太郎・近藤秀樹・兼松聡子・鈴木信弘 (2010) マイコウイルスとヴァイロコントロール. ウイルス 60 : 163–176.

14 Ninomiya A, Urayama S, Suo R, Itoi S, Fuji S, Moriyama H, Hagiwara D (2020) Mycovirus-induced tenuazonic acid production in a Rice blast fungus Magnaporthe oryzae. Front Microbiol 11 : 1641.

15 Zhang H, Xie J, Fu Y, et al. (2020) A 2-kb mycovirus converts a pathogenic fungus into a beneficial endophyte for Brassica protection and yield enhancement. Molecular Plant 13 : 1420–1433.

第7章

1 Quéré C, Andrew RM, Friedlingstein P, et al. (2018) Global Carbon Budget 2018. Earth System Science Data Discussions.

2 Pan Y, Birdsey RA, Fang J, et al. (2011) A large and persistent carbon sink in the world's forests. Science 333 : 988–993.

3 Hawksworth D (2009) Mycology : A neglected megascience. In : M. Rai & PD Bridge (eds) Applied Mycology. CABI, Oxford.

4 Kurz WA, Stinson G, Rampley GJ, Dymond CC, Meilson ET (2009) Risk of natural disturbances makes future contribution of Canada's forests to the global carbon

21 Kamaluddin NN, Nakagawa-Izumi A, Nishizawa S, Fukunaga A, Doi S, Yoshimura T, Horisawa S (2016) Evidence of subterranean termite feeding deterrent produced by brown rot fungus *Fibroporia raduculosa* (Peck) Parmasto 1968 (Polyporales, Fomitopsidaceae). Insects 7 : 41.

22 Kamaluddin NN, Matsuyama S, Nakagawa-Izumi A (2017) Feeding deterrence to Reticulitermes speratus (Kolbe) by *Fibroporia raduculosa* (Peck) Parmasto 1968. Insects 8 : 29.

23 Matsuura K, Tanaka C, Nishida T (2000) Symbiosis of a termite and a sclerotium-forming fungus : sclerotia mimic termite eggs. Ecological Research 15 : 405-414.

24 Matsuura K, Yashiro T, Shimizu K, Tatsumi S, Tamura T (2009) Cuckoo fungus mimics termite eggs by producing the cellulose-digesting enzyme ß-glucosidase. Current Biology 19 : 30-36.

25 松浦健二『シロアリ——女王様、その手がありましたか!』岩波書店、2013 年

26 Komagata Y, Fukasawa Y, Matsuura K (2022) Low temperature enhances the ability of the termite-egg-mimicking fungus *Athelia termitophila* to compete against wood-decaying fungi. Fungal Ecology 60 : 101178.

27 相良直彦『きのこと動物——森の生命連鎖と排泄物・死体のゆくえ』築地書館、2021 年

28 盛口満『歌うキノコ——見えない共生の多様な世界』八坂書房、2021 年

第 6 章

1 西川洋平・細川正人・小川雅人・竹山春子 (2020) 環境細菌のシングルセルゲノム解析—微小液滴を用いたゲノム解析手法とその応用例—. Japanese Journal of Lactic Acid Bacteria 31 : 17-24.

2 Sakata MK, Watanabe T, Maki N, Ikeda K, Kosuge T, Okada H, Yamanaka H, Sado T, Miya M, Minamoto T (2020) Determining an effective sampling method for eDNA metabarcoding : a case study for fish biodiversity monitoring in a small, natural river. Limnology 22 : 221-235.

3 Lynggaard C, Bertelsen MF, Jensen CV, Johnson MS, Frøslev TG, Olsen MT, Bohmann K (2022) Airborne environmental DNA for terrestrial vertebrate community monitoring. Current Biology 32 : 701-707.

4 Hoppe B, Kahl T, Karasch P, Wubet T, Bauhus J, Buscot F, Krüger D (2014) Network analysis reveals ecological links between N-fixing bacteria and wood-decaying fungi. PLOS ONE 9 : e88141.

5 Jurgensen MF, Larsen MJ, Wolosiewicz M, Harvey AE (1989) A comparison of dinitrogen fixation rates in wood litter decayed by white-rot and brown-rot fungi. Plant and Soil 115 : 117-122.

6 Ulyshen MD (2016) Wood decomposition as influenced by invertebrates. Bological Reviews 91 : 70−85.
7 Ghahari H, Hayat T, Ostovan H, Lavigne R (2007) Robber flies (Diptera : Asilidae) of Iranian rice fields and surrounding grasslands. Linzer biol Beitr 39 : 919−928.
8 Bunnell FL, Houde I (2010) Down wood and biodiversity - implications to forest practice. Environmental Review 18 : 397−421.
9 荒谷邦雄 (2006) 幹を食べる苦労―腐朽材とクワガタムシの幼虫―.(柴田叡弌・富樫一巳 編)樹の中の虫の不思議な生活, 213−236. 東海大学出版会.
10 Wood GA, Hasenpusch J, Storey RI (1996) The life history of Phalacrognathus muelleri (Macleay) (Coleoptera : Lucanidae). Australian Entomologist 23 : 37−48.
11 Tanahashi M, Kubota K, Mutsushita N, Togashi K (2010) Discovery of mycangia and the associated xylose−fermenting yeasts in stag beetles (Coleoptera : Lucanidae). Naturwissenschaften 97 : 311−317.
12 Tanahashi M, Matsushita N, Togashi K (2009) Are stag beetle fungivorous? Journal of Insect Physiology 55 : 983−988.
13 大村和香子 (2006) 樹を使うシロアリの生活.(柴田叡弌・富樫一巳 編)樹の中の虫の不思議な生活, 237−257. 東海大学出版会
14 Amburgey TL (1979) Review and checklist of the literature on interaction between wood-inhabiting fungi and subterranean termites : 1960−1978. Sociobiology 4 : 279−296.
15 Matsumura F, Coppel HC, Tai A (1968) Isolation and identification of termite trail−following pheromone. Nature 219 : 963−964.
16 Amburgey TL, Beal RH (1977) White rot inhibits termite attack. Sociobiology 3 : 35−38.
17 Kirker GT, Wagner TL, Diehl SV (2012) Relationship between wood-inhabiting fungi and *Reticulitermes* spp. In four forest habitat of northeastern Mississippi. International Biodeterioration & Biodegradation 72 : 18−25.
18 French JRJ, Robinson PJ, Thornton JD, Saunders IW (1981) Termite-fungi interactions. II. Response of *Coptotermes acinaciformis* to fungus−decayed softwood blocks. Material und Organismen, 16 : 1−14.
19 Waller DA, Fage JPL, Gilbertson RL, Blackwell M (1987) Wood-decay fungi associated with subterranean termites (Rhinotermitidae) in Louisiana. Proceedings of Entomological Society Washington, 89 : 417−424.
20 Cornelius ML, Daigle DJ, Connick WJ, Parker A, Wunch K (2002) Responses of *Coptotermes formosanus* and *Reticulitermes flavipes* (Isoptera : Rhinotermitidae) to three types of wood rot fungi cultured on different substrates. Journal of Economic Entomology, 95 : 121−128.

120 : 229−236.

22 浜田稔「傾城奈良菌盗人足合戦(けいせいならのくさひらぬすひとのあしかつせん)−生物考」知の考古学　1975 年 5・6 月号　社会思想社

23 Yuan Y, Jin X, Liu J, et al.（2018）The *Gastrodia elata* genome provides insights into plant adaptation to heterotrophy. Nature Communications 9 : 1615.

24 亀岡啓・経塚淳子（2015）ストリゴラクトン研究の進展と環境応答における役割．化学と生物 53 : 860−865.

25 Li M-H. Liu K-W, Li Z, Lu H-C, Ye Q-L, Zhang D, Wang J-Y, Li Y-F, Zhong Z-M, Liu X, Yu X, Liu D-K, Tu X-D, Liu B, Hao Y, Liao X-Y, Jiang Y-T, Sun W-H, Chen J, et al.（2022）Genomes of leafy and leafless *Platanthera* orchids illuminate the evolution of mycoheterotrophy. Nature Plants 8 : 373−388.

26 Wang D-L, Yang X-Q, Shi W-Z, Cen R-H, Yang Y-B, Ding Z-T（2021）The selective anti-fungal metabolites from Irpex lacteus and applications in the chemical interaction of *Gastrodia eleata, Armillaria* sp., and endophytes. Fitoterapia 155 : 105035.

27 Ogura-Tsujita Y, Gebauer G, Xu H, et al.（2018）The giant mycoheterotrophic orchid Erythrorchis altissima is associated mainly with a divergent set of wood-decaying fungi. Molecular Ecology 27 : 1324−1337.

28 Cameron DD, Leake JR, Read DJ（2006）Mutualistic mycorrhiza in orchids: evidence from plant-fungus carbon and nitrogen transfers in the green-leaved terrestrial orchid Goodyera repens. New Phytologist 171: 405−416.

29 Ogura-Tsujita et al.（2012）Shifts in mycorrhizal fungi during the evolution of autotrophy to mycoheterotrophy in Cymbidium（Orchidaceae）. American Journal of Botany 99 : 1158−1176.

第 5 章

1 N. スラトコフ「子リスのしごと」『森からのてがみ 3』松谷さやか訳、あべ弘士絵、福音館書店、2002 年

2 McKeever S（1964）The biology of the Golden-mantled ground squirrel, *Citellus lateralis*. Ecological Monographs 34 : 383−401.

3 Stadler M（2011）Importance of secondary metabolites in the Xylariaceae as parameters for assessment of their taxonomy, phylogeny, and functional biodiversity. Curr Res Environ Appl Mycol 1 : 75−133.

4 ロビン・ウォール・キマラー『コケの自然誌』三木直子訳、築地書館、2012 年

5 Fukasawa Y（2021b）Invertebrate assemblages on *Biscogniauxia* sporocarps on oak dead wood : an observation aided by squirrels. Forests 12 : 1124.

between the spring ephemeral Erythronium americanum and sugar maple saplings via arbuscular mycorrhizal fungi in natural stands. Oecologia 132：181－187.

9 Matsuda Y, Shimizu S, Mori M, Ito S, Selosse M-A（2012）Seasonal and environmental changes of mycorrhizal associations and heterotrophy levels in mixotrophic *Pyrola japonica*（Ericaceae）growing under different light environments. Americal Journal of Botany 99：1177－1188.

10 Hynson NA, Preiss K, Gebauer G, Bruns TD（2009）Isotopic evidence of full and partial myco-heterotrophy in the plant tribe Pyroleae（Ericaceae）. New Phytol 182：719－726.

11 Lallemand F, Puttsepp Ü, Lang M, Luud A, Courty P-E, Palancade C, Selosse M-A（2017）Mixotrophy in Pyroleae（Ericaceae）from Estonian boreal forests does not vary with light or tissue age. Ann Bot 120：361－371.

12 Teixeira-Costa L & Suetsugu K（2022）Neglected plant parasites：Mitrastemonaceae. Plants People Planet 2022：1－9.

13 Suetsugu K, Hashiwaki H（2023）A non－photosynthetic plant provides the endangered Amami rabbit with vegetative tissues as a reward for seed dispersal. Ecology in press：e3972.

14 遊川知久（2014）菌従属栄養植物の系統と進化. 植物科学最前線 5：85－92.

15 塚谷裕一『森を食べる植物――腐生植物の知られざる世界』岩波書店、2016 年

16 Christenhusz MJ, Byng JW（2016）The number of known plants species in the world and its annual increase. Phytotaxa 261：201－217.

17 Ogura-Tsujita Y, Yukawa T, Kinoshita A（2021）Evolutionary history and mycorrhizal associations of mycoheterotrophic plants dependent on saprotrophic fungi. J Plant Res 134：19－41.

18 Suetsugu K, Matsubayashi J, Tayasu I（2020）Some mycoheterotrophic orchids depend on carbon from dead wood：novel evidence from a radiocarbon approach. New Phytologist 227：1519－1529.

19 Ogura-Tsujita Y, Yukawa T（2008）High mycorrhizal specificity in a widespread mycoheterotrophic plant, *Eulophia zollingeri*（Orchidaceae）. American Journal of Botany 95：93－97.

20 Yamato M, Iwase K, Yagame T, Suzuki A（2005）Isolation and identification of mycorrhizal fungi associated with an achlorophyllous plant, *Epipogium roseum*. Mycoscience 46：73－77.

21 Yagame T, Yamato M, Mii M, Suzuki A, Iwase K（2007）Developmental processes of achlorophyllous orchid, *Epipogium roseum*：from seed germination to flowering under symbiotic cultivation with mycorrhizal fungus. Journal of Plant Research

fungal space searching in microenvironments. PNAS 116：13543–13552.
25 Gagliano M, Renton M, Depczynski M, Mancuso S (2014) Experience teaches plants to learn faster and forget slower in environments where it matters. Oecologia 175：63–72.
26 Yamawo A, Mukai H (2017) Seeds integrate biological information about conspecific and allospecific neighbours. Proceedings of the Royal Society B Biological Sciences 284：20170800.
27 Trewavas A (2015) Plant behaviour & intelligence. Oxford University Press, Oxford, UK.
28 マルチェッロ・マッスィミーニ＋ジュリオ・トノーニ『意識はいつ生まれるのか——脳の謎に挑む統合情報理論』花本知子訳、亜紀書房、2015 年
29 Solé R, Moses M, Forrest S (2019) Liquid brains, solid brains. Philosophical Transactions of the Royal Society B 374：20190040.
30 Held M, Edwards C, Nicolau DV (2011) Probing the growth dynamics of *Neurospora crassa* with microfluidic structures. Fungal Biology 115：493–505.

第 4 章

1 Johnson D, Gilbert L (2015) Interplant signalling through hyphal networks. New Phytologist 205：1448–1453.
2 Karst J, Jones MD, Hoeksema JD (2023) Positive citation bias and overinterpreted results lead to misinformation on common mycorrhizal networks in forests. Nature ecology & evolution 7: in press.
3 Seiwa K, Negishi Y, Eto Y, Hishita M, Masaka K, Fukasawa Y, Matsukura K, Suzuki M (2020) Successful seedling establishment of arbuscular mycorrhizal-compared to ectomycorrhizal-associated hardwoods in arbuscular cedar plantations. For Ecol Manage 468：118155.
4 深澤遊・九石太樹・清和研二 (2013) 境界の地下はどうなっているのか—菌根菌群集と実生更新との関係—. 日本生態学会誌 63：239–249.
5 Dickie IA, Koide RT, Steiner KC (2002) Influences of established trees on mycorrhizas, nutrition, and growth of *Quercus rubra* seedlings. Ecological Monographs 72：505–521.
6 McGuire KL (2007) Common ectomycorrhizal networks may maintain monodominance in a tropical rain forest. Ecology 88：567–574.
7 Simard SW, Perry DA, Jones MD, et al. (1997) Net transfer of carbon between ectomycorrhizal tree species in the field. Nature 388：579–582.
8 Lerat S, Gauci R, Catford JG, Vierheilig H, Piché Y, Lapointe L (2002) 14C transfer

9 Smith ML, Bruhn JN, Anderson JB (1992) The fungus *Armillaria bulbosa* is among the largest and oldest living organisms. Nature 356：428−431.

10 Bendel M, Kienast F, Rigling D (2006) Genetic population structure of three Armillaria species at the landscape scale: a case study from Swiss Pinus mugo forests. Mycological Research 110: 705−712.

11 Wells J, Boddy L (1995) Phosphorus translocation by saprotrophic basidiomycete mycelial cord systems on the floor of a mixed deciduous woodland. Mycol Res 99：977−980.

12 Wells J, Boddy L, Evans R (1995) Carbon translocation in mycelial cord systems of *Phanerochaete velutina* (DC.：Pers.) Parmasto. New Phytol 129：467−476.

13 Wells J, Boddy L (1990) Wood decay, and phosphorus and fungal biomass allocation, in mycelial cord systems. New Phytologist 116：285−295.

14 Hughes CL, Boddy L (1996) Sequential encounter of wood resources by mycelial cord of P*hanerochaete velutina*：effect on growth patterns and phosphorus allocation. New Phytologist 133：713−726.

15 Kiers ET, Duhamel M, Beesetty Y, et al. (2011) Reciprocal rewards stabilize cooperation in the mycorrhizal symbiosis. Science 333：880−882.

16 吉原一詞・中垣俊之(2016)粘菌の用不用適応能に倣った形状最適化設計法の検討．土木学会論文集 A2(応用力学)72：I_3−I_11.

17 Nakagaki T, Yamada H, Tóth Á (2000) Maze−solving by an amoeboid organism. Nature 407：470.

18 Tero A, Takagi S, Saigusa T, et al. (2010) Rules for biologically inspired adaptive network design. Science 327：439−442.

19 Boussard A, Delescluse J, Pérez-Escudero A, Dussutour A (2019) Memory inception and preservation in slime moulds：the quest for a common mechanism. Phil Trans R Soc B 374：20180368.

20 Reid CR, Latty T, Dussutour A, Beekman M (2012) Slime mold uses an externalized spatial “memory” to navigate in complex environments. PNAS 109：17490−17494.

21 Kramar M, Alim Karen (2021) Encoding memory in tube diameter hierarchy of living flow network. PNAS 118：e2007815118.

22 Vogel D, Dussutour A (2016) Direct transfer of learned behaviour via cell fusion in non-neural organisms. Proc R Soc B 283：20162382.

23 Donnelly D, Boddy L (1998) Repeated damage results in polarised development of foraging mycelial systems of Phanerochaete velutina. FEMS Microbiology Ecology 26：101−108.

24 Held M, Kaspar O, Edwards C, Nicolau DV (2019) Intracellular mechanisms of

2003年
4 Sugiura S, Fukasawa Y, Ogawa R, Kawakami S, Yamazaki K (2019) Cross-kingdom interactions between slime molds and arthropods：a spore dispersal hypothesis. Ecology 100：e02702.
5 Takahashi K, Hada Y (2009) Distribution of myxomycetes on coarse woody debris of *Pinus densiflora* at different decay stages in secondary forests of western Japan. Mycoscience 50：253–260.
6 Fukasawa Y, Takahashi K, Arikawa T, Hattori T, Maekawa N (2015) Fungal wood decomposer activities influence community structures of myxomycetes and bryophytes on coarse woody debris. Fungal Ecology, 14：44–52.
7 Schnittler M, Novozhilov Y (1996) The myxomycetes of boreal woodland in Russian northern Karelia：a preliminary report. Karstenia 36：19–40.
8 Schnittler M, Stephenson SL, Novozhilov Y (2000) Ecology and world distribution of *Barbeyella minutissima* (Myxomycetes). Mycological Research 104：1518–1523.

第3章

1 Arnold AE, Mejía LC, Kyllo D, et al. (2003) Fungal endophytes limit pathogen damage in a tropical tree. PNAS 100：15649–15654.
2 Christian N, Herre EA, Clay K (2019) Foliar endophytic fungi alter patterns of nitrogen uptake and distribution in Theobroma cacao. New Phytol 222：1573–1583.
3 Konno M, Iwamoto S, Seiwa K (2011) Specialization of a fungal pathogen on host tree species in a cross-inoculation experiment. J Ecol 99：1394–1401.
4 Osono T, Hobara S, Koba K, Kameda K, Takeda H (2006) Immobilization of avian excreta-derived nutrients and reduced lignin decomposition in needle and twig litter in a temperate coniferous forest. Soil Biol Biochem 38：517–525.
5 Osono T, Hobara S, Fujiwara S, Koba K, Kameda K (2002) Abundance, diversity, and species composition of fungal communities in a temperate forest affected by excreta of the Great Cormorant. Soil Biol Biochem 34：1537–1547.
6 Osono T, Hobara S, Koba K, Kameda K (2006) Reduction of fungal growth and lignin decomposition in needle litter by avian excreta. Soil Biol Biochem 38：1623–1630.
7 Osono T, Ono Y, Takeda H (2003) Fungal ingrowth on forest floor and decomposition needle litter of Chamaecyparis obtusa in relation to resource availability. Soil Biology and Biochemistry 35：1423–1431.
8 Ferguson BA, Dreisbach TA, Parks CG, et al. (2003) Coarse-scale population structure of pathogenic *Armillaria* species in a mixed-conifer forest in the Blue Mountains of northeast Oregon. Canadian Journal of Forest Research 33：612–623.

参考文献

第 1 章

1 Costa J-L, Paulsrud P, Rikkinen J, Lindblad P (2001) Genetic diversity of Nostoc symbionts endophytically associated with two bryophyte species. Applied and Environmental Microbiology 67 : 4393–4396.

2 Rousk K (2022) Biotic and abiotic controls of nitrogen fixation in cyanobacteria-moss association. New Phytologist 235 : 1330–1335.

3 Zackrisson O, DeLuca TH, Gentili F, et al. (2009) Nitrogen fixation in mixed Hylocomium splendens moss communities. Oecologia 160 : 309–319.

4 Rousk K, Jones DL, DeLuca TH (2013) Moss-cyanobacteria associations as biogenic sources of nitrogen in boreal forest ecosystems. Frontiers in Microbiology 4 : Article150.

5 Bunnell FL, Houde I (2010) Down wood and biodiversity- implications to forest practice. Environmental Review 18 : 397–421.

6 Wiklund K, Rydine H (2004) Ecophysiological constraints on spore establishment in bryophytes. Func Ecol 18 : 907–913.

7 Jurgensen MF, Larsen MJ, Wolosiewicz M, Harvey AE (1989) A comparison of dinitrogen fixation rates in wood litter decayed by white-rot and brown-rot fungi. Plant and Soil 115 : 117–122.

8 Fukasawa Y, Komagata Y, Kawakami S (2017) Nutrient mobilization by plasmodium of myxomycete Physarum ridigum in deadwood. Fungal Ecology 29: 42–44.

9 大石善隆『苔三昧——モコモコ・うるうる・寺めぐり』岩波書店、2015 年

10 Fukasawa Y (2021) Ecological impacts of fungal wood decay types : A review of current knowledge and future research directions. Ecological Research 36 : 910–931.

11 Steijlen I, Nilsson M-C, Zackrisson O (1995) Seed regeneration of Scots pine in boreal forest stands dominated by lichen and feather moss. Can J For Res 25 : 713–723.

第 2 章

1 盛口満『歌うキノコ——見えない共生の多様な世界』八坂書房、2021 年

2 盛口満『僕らが死体を拾うわけ——僕と僕らの博物誌』どうぶつ社、1994 年

3 二井一禎『マツ枯れは森の感染症——森林微生物相互関係論ノート』文一総合出版、

【ワ行】

【サ行】

事項

【カ行】

索引

生物名

著者紹介

深澤遊（ふかさわ・ゆう）

1979年、山梨県生まれ。信州大学農学部卒業、京都大学大学院農学研究科修了。博士（農学）。日本学術振興会特別研究員（京都大学）、森林組合職員（和歌山県）、財団法人トトロのふるさと財団職員（埼玉県）を経て、東北大学大学院農学研究科助教。東北の森に住みつつ、枯木を訪ねて世界中の森をめぐる。

International Mycological Association Keisuke Tubaki Medal、日本生態学会宮地賞、日本菌学会奨励賞、日本森林学会奨励賞などを受賞。2021年、独創的な研究に挑戦する若手研究者「東北大学プロミネントリサーチフェロー」に選出される。著書に『キノコとカビの生態学』（共立出版）、訳書に『地上と地下のつながりの生態学』（共訳、東海大学出版部）、『枯死木の中の生物多様性』（共訳、京都大学学術出版会）など。

登山、サイクリング、生き物のスケッチ、ジェンベ演奏などが好き。

枯木ワンダーランド
枯死木がつなぐ虫・菌・動物と森林生態系

2023 年 7 月 10 日　初版発行
2023 年12月 27 日　2 版発行

著者　深澤遊
発行者　土井二郎
発行所　築地書館株式会社
〒 104-0045
東京都中央区築地 7-4-4-201
☎ 03-3542-3731　FAX 03-3541-5799
http://www.tsukiji-shokan.co.jp/
振替 00110-5-19057
印刷・製本　シナノ印刷株式会社
装丁　吉野愛

 ISBN 978-4-8067-1653-2